서울 도시계획 이야기 2

서울 격동의 50년과 나의 증언

손정목 지음

서울 도시계획 이야기 2

여의도 건설과 시가지가 형성되는 과정

존슨 대통령 방한에서 88올림픽까지

을지로1가 롯데타운 형성과정

차례

여의도 건설과 시가지가 형성되는 과정 9

1. 개발되기 이전의 여의섬 / 9
   조선왕조시대의 여의도 / 비행장으로 이름을 떨친 일제시대의 여의도 / 한국 공군의 발상지

2. 윤중제가 건설되기 이전의 과정 / 15
   1966년 수해와 김현옥 시장 / 한강개발 3개년계획과 건설부와의 타협

3. 윤중제 공사 — 110일간의 혈투 / 23
   밤섬 폭파 / 여의도에 서울이동시청 설치—110일간의 혈투 / 민족의 명운을 건 대역사 / 윤중제 준공—굿판은 끝났다

4. 김수근 팀에 의한 도시설계 / 38
   서울시 간부들의 여의도 구상 / 이상적인 도시계획—김수근 팀의 구성 / 단계의 도쿄계획과 여의도계획 / 여의도 도시설계의 내용 / 여의도 도시계획 모형 제작 / 1968년 여의도계획에 대한 평가 / 윤중제 공사 후의 김현옥 시장과 서울대교 준공

5. 양택식 시장의 여의도 건설 / 59
   서울시의 재정난을 타개하는 길 — 시범아파트 건립 / 시장이 직접 나선 여의도 시범아파트 분양 / 비행장으로 만들어진 5·16광장

6. 1971년 계획과 그 후의 발전 / 72
   다시 세운 여의도 도시계획 / 새로운 여의도종합개발계획 수립 / 시범아파트의 성공과 대규모 아파트단지 조성 / 서울의 제2도심으로 탄생

7. 건축규제 — 동고서저(東高西低) 현상 / 82
   저 돼지우리 같은 것, 뭐냐? / 국회사무처의 부당한 압력 — 동고서저(東高西低) 현상 / 건축허가 사전협의제

존슨 대통령 방한에서 88올림픽까지 — 도심부 재개발사업 97

1. 낡고 초라한 1960년대의 서울 도심부 / 97
   새로운 시대의 시작, 1966년 / 재개발의 역사 / 한국의 도시재개발

2. 도시재개발 개념의 정착 / 108
   한국의 도시계획 제2세대 / 무교동·주교동 재개발계획안
3. 도심 재개발을 촉진한 '존슨 대통령 방한' / 117
   미국 대통령 존슨의 한국방문 / 서울로 집중된 세계의 이목 / 전세계로 방송된 시청 앞 슬럼지대
4. 소공동 화교들의 축출과정 / 128
   양택식 시장과 소공동 재개발 / 재개발계획의 법적 근거 마련 / 19세기부터 시작된 중국인마을 / 20세기 들어 점차 쇠퇴해가는 중국인 세력 / 소공지구 토지소유 현황 / 화교들과 개발내용 합의 / 화교회관 건립좌절과 한국화약의 토지매수 / 양 시장의 사죄여행
5. 본격화되는 도심부 재개발사업 / 159
   도심부 재개발을 촉진한 두 가지 요인 / 재개발대상지구 지정 / 재개발지구 지역주민들의 저항 / 재개발의 선두주자, 프라자호텔 / 보험회사의 안전한 투자사업, 재개발사업 / 대한민국 1번지의 재개발로 탄생한 교보빌딩 / 상동교회가 선도한 남대문지구 재개발
6. 1980년대 마포의 공간혁명 / 179
   미국 대통령의 내한과 서울시의 입장 / 마포 귀빈로의 탄생
7. 86아시안게임·88올림픽이 촉진한 재개발 / 185
   1980년대의 도심부 재개발 / 감리회유지재단에 의한 재개발사업 – 태화빌딩, 하나로빌딩 / 2개 구에 걸친 하나의 건물 – 광화문빌딩 / 재벌기업이 주체가 된 재개발사업 / 대한주택공사·한국토지개발공사가 추진한 을지로2가 구역 / 사회악의 대명사, 서울역 앞 양동 재개발사업

을지로1가 롯데타운 형성과정 – 외자유치라는 미명하에 베풀어진 특혜 … 207

1. 조선호텔 신축 개관 / 207
   일제시대 귀빈용 숙박시설 – 조선호텔 / 서울 도심부의 고층화를 선도한 조선호텔

2. 1970년대 관광정책의 전환과 국영호텔 민영화 / 215
   1960년대 한국의 관광사업 / 관광시설의 민간이양 / 1970년대 관광정책의 대전환 / 국영호텔 민간불하로 형성된 호텔재벌들
3. 일본 롯데자본의 한국유치 / 227
   신격호 – 시게미쓰 다케오 / 일본 제과업계의 판도를 바꾸어놓은 롯데제과 / 롯데의 한국진출과 기간산업 투자 권유 / 롯데껌 사건 / 롯데재벌의 탄생 – 1970년 11월 13일 / 롯데의 호텔건설 검토
4. 롯데호텔 부지확보를 위한 배려 / 242
   반도호텔의 발자취 / 롯데의 단독응찰로 인수한 반도호텔 / 국립중앙도서관 롯데에 불하 / 특정가구정비지구 지정으로 사유지 강제매입
5. 외자유치라는 미명 아래 베풀어진 각종 특혜조치 / 254
   외자도입법에 의한 특혜 / '특정가구정비지구'라는 제도의 신설 / 특정지구 개발촉진에 관한 임시조치법의 제정
6. 한국 최고의 호텔 롯데의 준공 / 264
   36층이냐 45층이냐 / 유류파동으로 난항을 겪은 공사
7. 호텔지원시설로 지어진 롯데쇼핑센터 / 270
   강북지역 인구집중 억제정책 / 백화점이 아닌 쇼핑센터가 된 이유
8. 산업은행 본점의 기구한 운명 / 280
   조선식산은행 후신인 산업은행 / 박 대통령의 부동산투자 인식 / 산업은행 본점의 기구한 운명 / 호텔롯데의 주차장이 된 산업은행분구 / 제5공화국 정권과 산업은행 본점 축출 / 끝맺으면서

서울 도시계획 이야기 1권

서울 격동의 50년과 나의 증언

한국전쟁과 서울의 피해

서울시의 전쟁피해 복구계획

워커힐 건설 — 군사정권 4대 의혹사건의 하나

박흥식의 남서울 신도시계획안 전말

새서울 백지계획, 도시기본계획과 8·15전시

아! 세운상가여 — 재개발사업이라는 이름의 도시파괴

한강종합개발 — 만원 서울을 해결하는 첫 단계

서울 도시계획 이야기 3권

능동 골프장이 어린이대공원으로 — 온 국민의 성원이 담긴 한국 최초의 어린이공원

경부고속도로 준공으로 시작된 강남개발 — 영동 1·2지구 구획정리사업

잠실개발과 잠실종합운동장 건립 — 입체적 도시설계로 주택건축의 모범

3핵도시 구상과 인구분산정책 — 영동개발이 마무리되는 과정

서울 도시계획 이야기 4권

황야의 무법자 — 3대공간 확충정책

신무기 개발기지가 서울대공원으로 — 후손에게 물려줄 20세기의 유산

인구집중방지책과 행정수도 전말

주택 5백만 호 건설과 목동 신시가지 개발

서울 도시계획 이야기 5권

88올림픽과 서울 도시계획

주택 2백만 호 건설과 수서사건

청계천 복개공사와 고가도로 건설

남산이여!

여의도 건설과 시가지가 형성되는 과정

1. 개발되기 이전의 여의섬

조선왕조시대의 여의도

한강 하류, 용산·마포 나루터에서 당인리 앞까지, 남쪽으로는 노량진 쪽에서 양화리까지, 한강흐름의 한복판에 넓게 퍼진 백사장이 있었다. 홍수 때마다 거의 침수가 되었다가 홍수가 끝나면 수면 위로 노출되는 백사장이었다. 원래의 넓이가 얼마나 되었는지 지금은 알 수가 없지만 1880년대에 일본 육군측량부가 측량한 지도를 보고 추측할 때, 조선왕조시대 이 백사장의 넓이는 250만~300만 평 정도 되었을 것이다.

이 넓은 백사장 안에 홍수에도 침수되지 않는 두 개의 섬이 있었다. 두 개의 섬 중에서 서강 쪽의 섬은 밤섬(栗島)이었고 영등포 쪽의 것은 여의섬(汝矣島)이었다. 이 두 개의 섬에 사람이 정착한 것은 조선왕조가 서울에 도읍을 정한 이후의 일이었다. 밤섬에 처음 정착한 사람은 배를 만드는 조선공이었다고 전해지고 있다. 그러나 그후 밤섬에 거주한 사람들의 주된 생업은 양잠과 약초재배였다.

조선왕조 전기 연산군 시대에 한성판윤, 공조판서 겸 대제학 등의 벼슬을 지낸 성현이 쓴 『용재총화』라는 책은 당시의 서울 사정을 비교적 상세히 기술하고 있다. 이 『용재총화』에는 당시 서울근교의 두 개의 잠실 즉 동잠실·서잠실을 설명하면서 별도로 밤섬의 뽕나무를 언급하여 "남강의 밤섬에는 뽕나무를 많이 심어서 해마다 잎을 따서 누에를 쳤다"라고 했다. 조선왕조 후기에 편집·발간된 『신증동국여지승람』에는 밤섬을 소개하여 "길이가 7리인데 도성의 서남쪽 10리, 마포의 남쪽에 있다. 뽕나무가 많이 있는데 공상(公桑)이며 약초밭은 내의원(內醫院)에 속했다. 모래섬 가운데 늙은 은행나무 두 그루가 있는데 세상 사람들이 전하기를 고려 때 김주라는 사람이 심었다고 한다"라고 기록되어 있다.

밤섬에 관해서는 이와 같은 기록이 남아 있는데 여의섬에 관한 기록은 전혀 전해지지 않는다. 밤섬이 행정구역상 한성부에 속하여 '서강방 율도계'였는데 여의섬은 금천현(衿川縣) 하북면에 속해 있었기 때문이다. 조선시대의 여의섬 주민은 아마도 채소를 가꾸면서 간신히 끼니를 이어갔을 것 같다.

비행장으로 이름을 떨친 일제시대의 여의도

이 땅 안에서 행정구역이 크게 개편된 것은 1914년 4월 1일이었는데, 이때의 개편으로 이 밤섬과 여의섬은 고양군 용강면 여율리(汝栗里)가 되었다. 경성부가 1936년에 행정구역을 확장하기에 앞서서 조사한 바에 의하면, 1933년 말 현재 여율리 호구수는 일본인 1호 4명, 조선인 101호 608명, 합계 102호 612명이었다. 그런데 1936년 4월 1일자로 이곳이 경성부로 편입되었고, 이때 밤섬은 마포구 서강동에 포함되었고 여의섬은 영등포구 영등포동에 포함되었다. 일제 말기 호구 수는 정·동 단위로

일제시대의 여의도 비행장.

만 조사되어서 그 당시 이 지역에 얼마나 많은 인구가 살았는지는 전혀 알 길이 없다.

경기도 고양군 용강면 여율리에 간이비행장 건설이 착수된 것은 1916년 3월이었다. 이때는 아직 무전시설을 비롯한 갖가지 계기가 발달되어 있지 않았고 또 비행장 운영도 초보적인 단계였기 때문에 각종 부대시설을 필요로 하지 않았다. 따라서 비행기가 뜨고 내릴 수 있는 활주로만 있으면 되었다. 여의도 간이비행장은 1916년 9월에 활주로공사와 격납고 건축공사를 하고 이 나라 최초의 비행장이 되었다.

그때까지 거의 세인에 알려지지 않았던 여의도가 널리 세상에 알려지게 된 것은 1920년 5월이었다. 이탈리아 로마를 출발하여 3만 3천 리 창공을 날아 일본 도쿄로 가던 2대의 이탈리아 공군 비행기가 로마를 떠난 지 104일 만에 서울 여의도비행장에 도착했던 것이다. 5월 23일에 중국 베이

징을 떠난 2대의 비행기가 신의주에 내려서 1박 하고, 25일 오후 1시경 서울상공에 나타났을 때에는 미리 소식을 듣고 아침부터 여의도비행장 근처는 물론이고 노량진·용산·마포일대에 모여 기다리던 10만여 명의 관중이 만세를 불러 환영했다. 동아·조선·경성일보사 등 일간신문사들은 이 수만 리를 날아온 비행기 기착소식을 크게 보도하여 온 서울시민의 관심을 드높였다.

동아일보사가 주최한 안창남의 고국방문비행이 이루어진 것은 1922년 12월 10일이었다. 안창남은 한국사람으로는 처음으로 비행사가 되겠다는 꿈을 품고 1921년에 도쿄 오구리비행학교에 들어가 조종술을 배웠다. 그는 1922년 11월 6일에 일본제국비행협회에서 주최한 도쿄 - 오사카 간 우편연락비행대회에서 악천후와 싸우면서 왕복비행에 성공, 1등상을 받았으며 그 밖에도 일본 민간항공대회에서 여러 가지 기록을 세워 조선인의 명성을 크게 떨치고 있었다.

3·1운동 후 3년이 지난 때였다. 20세의 조선인 청년이 처음으로 조국의 하늘을 난다는 것, 조선사람도 노력만 하면 하늘을 날 수 있다는 것을 2천만 동족에게 알리는 큰 행사였다. 두 차례에 걸쳐서 이루어진 안창남의 여의도 - 서울상공 - 여의도 비행행사는 일제강점하에서 우울한 나날을 보내던 30만 서울시민은 물론이고 3·1운동 이후 끓어오르는 비분을 눌러 삼키던 이 겨레가 마음껏 환호성을 올려보는 날이었다. 일제당국도 이 날만은 특별히 서울역·용산역에서 노량진역까지 아침저녁 두 차례씩 10개의 객차를 연결한 임시열차를 운행했으며, 여의도의 군용비행장을 일반에게 공개하여 안창남의 이착륙을 관람할 수 있게 했다. 각 신문은 연일 안창남의 고국방문 관계기사를 주먹만한 활자로 크게 보도함으로써 여의도의 이름을 만천하에 널리 알렸다.

여의도가 초기의 초지(草地) 활주로와 빈약한 시설에서 정식 비행장으로 그 모습을 바꾸게 된 것은 1929년 9월 5일이었다. 그로부터 5일 후인 9월 10일부터는 만주 대련(大連) - 여의도 - 도쿄 항공노선이 취항되어 한일간 여객수송이 개시되었다. 이때부터 여의도비행장은 군과 민간이 공동으로 이용하게 되었고 태평양전쟁 중에는 글라이더 훈련장으로도 이용되었다.

한국공군의 발상지

1945년 8월 15일 광복이 되자 많은 미군장교들이 김포비행장·여의도비행장을 통해서 한국에 들어왔다. 여의도비행장과 같은 규모의 김포비행장이 건설된 것은 1936년이었으나 1941년에 태평양전쟁이 일어나자 군사전용비행장이 됨으로써 여의도비행장보다 훨씬 큰 규모의 시설로 확장되어 있었다.

TV 드라마 같은 데서 이승만 박사가 미국에서 귀국할 때, 또 김구·김규식 등 중경 임시정부 요인일행이 중국에서 귀국할 때 여의도비행장이 이용되었다고 방영되는 것을 여러 번 본 일이 있다. 그러나 1945년 10월 16일에 이승만 박사가 귀국했을 때, 또 그해 11월 23일에 김구·김규식 등 임시정부 제1진이 귀국했을 때의 비행장은 여의도가 아니고 김포비행장이었다. 중국 서안(西安)에서 미군 특별기를 타고 여의도비행장을 통해서 귀국한 분은 초대국무총리를 지낸 이범석 장군이었고 광복 3일 후인 8월 18일이었다. 광복 후, 미군진주 후의 여의도는 미국공군기지의 하나가 되었다.

여의도는 한국공군의 발상지였다. 1948년 5월 5일, 당시의 국방경비대에 항공부대가 창설되면서 여의도는 비행기 없는 비행부대의 지상훈련상소가 되었다.

한국정부가 수립되고 한 달 후인 1948년 9월 15일 태극기를 동체에 그린 우리 공군 L-4 10대가 여의도에서 이륙하여 건국기념 공중분열행사를 가졌다. 그로부터 1년 후인 1949년 9월 15일에는 제1회 항공기념일 행사가 여의도에서 거행되어 기념식에 이어 공중묘기를 자랑하는 낙하산 투하도 있었다. 6·25한국전쟁이 발발했을 때는 여의도기지에 공군 작전지휘소를 설치하고 공군부대 전원이 전투에 임하기도 했다.

서울이 수복되자 대구에 가 있던 비행단이 여의도기지로 이동하고 1955년 1월 10일에는 공군본부도 여의도기지로 복귀했으며 이때부터 K-16 여의도기지는 미군으로부터 완전히 인수되었다. 그해 3월 10일에는 공군대학이 이 기지에서 창설되기도 했다. 여의도 K-16비행장은 1971년에 지금의 성남시로 이전할 때까지 여의도에 입지하고 있었다.

일제시대부터 항공사업을 전개해왔던 신용욱이 대한국민항공사(KNA)를 설립하여 여의도를 기점으로 부산·제주·강릉 등 국내 주요도시간에 민간항공기를 운영한 것은 1950년 초반부터의 일이었다. 그러나 일본·홍콩 등 국제선 취항이 시작되는 1961년경부터는 김포공항으로 모두 이전해 갔고 KNA 자체도 거듭되는 적자운영으로 폐업하는 비운을 겪었다.

1967년 말 (주)대한기술공단이 서울시에 제출한 「침수지구(여의도) 토지이용기본계획 및 예비설계보고서」는 윤중제 조성 직전의 여의도 및 밤섬일대의 토지이용 상황을 다음과 같이 기술하고 있다.

> 현재 여의도의 토지이용 상황을 보면 중심부의 대부분을 공군용지로 사용하고 있으며 양말산 일부와 밤섬 일부만이 주거지역으로 민간주택지로 사용되고 있으나 여름철 홍수시에는 현 파천측을 포함하여 대부분 침수되므로 군용비행장은 그 기능을 상실하고 기타 양말산, 또는 밤섬 고지대의 주민들의 교통이 차단되어 고립되곤 한다.
>
> 토지사용 면적을 보면 ○○기지단에서 활주로 22,889평, 유도로 20,860평과 기

타 60만 평의 공지를 사용하고 있어 모두 65만 평 정도를 공군에서 사용하고 있으며, 그 주변에 약 30만 평 정도의 부지에 밭을 개간하여 그곳 주민들이 경작하고 있다.

개략적인 소유권별 조사에 의하면 율도동에 국공유지로서 대지가 64평, 도로가 521평, 임야가 4,966평, 하천이 479평, 합계 6,030평이 있고, 여의도동에는 대부분이 비행장이지만 지적상으로는 밭이 614,227평이고 잡종지가 448,368평, 대지가 8,836평, 임야가 50,600평, 합계 1,162,031평의 국유지가 있으며 그 외는 사유지로 인정된다.

한강윤중제 공사가 시작되기 전, 여의도와 마포 - 영등포 간에는 나무로 만든 좁다란 가교가 부설되어 있었다. 미군이 한국전쟁 때 썼던 대형 고무보트를 매달아 그 위에 나무판자를 엮어서 얹어놓은 부교(浮橋)였다. 홍수 때가 되면 이 부교는 철거되었고 공군병력도 철수했으며 홍수가 지나가면 다시 부교가 가설되고 공군도 복귀하기를 해마다 되풀이하고 있었다.

2. 윤중제가 건설되기 이전의 과정

1966년 수해와 김현옥 시장

여의도에 윤중제가 쌓아지는 1960년대 후반은 이 나라 안 도처에서 큰 변화가 일어나고 있었다.

순전한 우리나라 기술진에 의해 제2한강교가 준공 개통된 것이 1965년 1월 15일이었다. 3억 달러 무상원조를 내용으로 하는 한일협정이 정식 조인된 것이 1965년 6월 22일이었다. 부산직할시장이었던 김현옥이 서울특별시장에 임명되어 부임한 것이 1966년 4월 4일이었다. 김현옥 시장에 의해 온통 서울시내가 파헤쳐졌기 때문에 당장 건설자재 파동이 일어났다. 시멘트가 모자라 한 포대 223원에 거래되던 것이 갑자기 330원으로 뛰어오른 것이 김 시장 부임 50일 뒤인 그해 5월 25일이었다.[1]

김현옥 시장이 서울에 부임해서 정확하게 112일이 지난 7월 26일에 한강이 범람했다. 홍수가 났던 것이다. 7월 24일부터 내리기 시작한 비는 26일에 최고에 달했으며 이 날의 한강인도교에서의 물높이는 위험수위를 훨씬 넘은 10.78m로서 한강연안 일대에 많은 피해를 입혔다.

문제는 물이 불은 한강변만이 아니었다. 한강으로 흘러들어가던 생활하수가 빠지지 않아 온 시내의 하수도물이 넘친 것이다. 시내의 모든 도로가 삽시간에 물바다가 되었다. 시민들은 그렇게 대단한 홍수도 아닌데 온 시내가 물바다가 된 점에 분격했다. 하수도 정비는 등한시하고 도로 만들기에만 광분하는 김 시장을 비난하는 소리가 거리에 충만했고 모든 매스컴이 일제히 비난하는 기사를 보도했다.

이때 체험한 수해에 대해 김 시장은 다음해인 1967년 초에 쓴 「'불도저'는 고독하다」라는 제목의 수필에서 이렇게 쓰고 있다.

> 지난 여름의 장마 애기가 났으니 말이지 참 지독히도 내린 비였다.
> 우량도 우량이지만 마구 팽창된 도시구조는 기본적인 짜임새가 될 하수도의 시설을 도외시하고 겉으로만 부풀었기 때문에 곳곳에서 터져나는 물난리에 정신을 못 차릴 지경이었다
> 바다라는 배수구를 끼고 있던 부산과는 달리 한강수위는 시시각각으로 차올

---

[1] 이병철의 삼성에서 짓고 있던 한국비료공업(주)의 사카린 밀수사건이 신문지상에 보도된 것이 그해 9월 15일이었고, 한 달 반 뒤인 10월 31일에는 존슨 미국대통령이 한국을 방문했다. 제1차 경제개발 5개년계획이 끝난 것이 1966년이었고 이 66년을 끝으로 우리나라에는 보릿고개·춘궁기라는 현상이 사라지게 된다. 이제 국민이 굶어죽지는 않게 된 것이다. '경제적인 도약'이라는 말이 한창 유행하고 있었다.

라서 넘실거리는 탁류가 혓바닥을 내미는 판이었다. 담요장을 사무실에 옮겨 임전태세에 들어갔지만 새삼 도시행정의 어려움을 통감하였다. (……)

뼈아픈 경험이었기에 금년 들어서는 뒷골목 수챗구멍부터 차곡차곡 고쳐나갈 마음가짐을 단단히 벼르고 있지만 역부족 돈부족이라는 또 하나의 난제가 있다 (김현옥의 수필집, 『푸른 유산』에서).

그가 솔직히 고백하고 있듯이 바다를 끼고 있던 부산의 수해와 서울의 수해가 같지 않았다. 그는 부임 후 얼마 안 되어서 당한 쓰라린 수해 체험 때에 서울의 하수도망 정비와 더불어 한강의 근본적인 정비를 결심했을 것이다.

그러나 그는 같은 수필에서 또 이렇게 쓰고 있다.

교통난·주택난·급수난…… '난'자로서만 풀이될 수두룩한 과제 앞에 서서 어느 것부터 손을 대야 할지 엄두도 못 차릴 지경이었다.

그는 그와 같은 숱한 '난' 중에서 한강개발·하수도정비는 일단 뒤로 돌려놓았다. 앞에서 세운상가를 쓰면서 이야기했지만 그는 1967년 1년 동안 민자유치라는 이름의 무허가건물 정리, 재개발사업에 몰두했다. 세운상가, 낙원상가 그리고 청량리의 대왕코너 등을 짓는 일에 미치고 있었다.

김현옥 시장이 한강정비를 뒤로 미룬 데는 여러 가지 이유가 있었을 것이다. 그 첫째는 서울시 재정사정이었다. 1966년에 부임하자마자 온 시내를 파헤치다시피 한 도로공사 때문에 서울시 금고는 바닥이 나 있었다. 둘째는 한강정비와 동시에 하수도 정비를 병행해야 하는데 하수도 정비는 그 성격상 전시효과가 없는 사업이었다. 한강을 정비하는 일 자체도 정비만으로는 전시효과가 없었고, 무엇보다도 당시의 한강은 서울의 변두리였기 때문에 모든 시민의 관심거리가 되기에는 부적합한 사업이었다.

그 당시 김 시장의 한강정비에는 여의도 건설이 포함되어 있지 않았다. 1966년 당시 김 시장의 한강정비는 한강에 제방을 쌓아 홍수에 대비한다는 차원을 넘지 않고 있었다. 그러므로 우선 1968년도 예산에 한강인도교 남단에서 영등포 입구까지의 강변제방도로만 계상했다. 한강변에 제방도로를 쌓아 홍수에도 대비하고 김포공항 - 워커힐 간 교통소통에도 도움이 되게 할 생각이었다.

1966년 7월 24~26일에 한강이 범람하고 생활하수가 넘쳐 시내가 온통 물바다가 되었을 때 서울시 건설국 하수과장은 이종윤이었다. 하수과의 업무는 하천의 치수와 시가지 하수도 정비였다. 결국 1966년 7월의 수해에 관한 책임은 하수과장이 져야 할 일이었다. 그는 김 시장으로부터 크게 야단을 맞았다.

서울의 홍수를 근본에서부터 막는 것은 한강에 튼튼한 제방을 쌓고 유수지 펌프장을 정비하고 하수도망을 정비하는 방법밖에 없었다. 그러나 1960년대 중반까지의 가난한 서울시 재정은 그런 방법에 접근할 엄두도 내지 못하고 있었다. 시내의 하천대장도 정비되어 있지 않았으니 지금 생각해보면 한심한 일이었다.

시장의 강한 질책을 받은 이종윤 과장은 차일석 부시장을 찾아갔다. 그해 8월 초의 일이었다. 차일석이 건설담당 제2부시장이 된 것은 4월 27일이었다. 부임한 지 얼마 안 되었으니 아직은 발언권도 있었고 약간의 힘이 있을 때였다.

두 가지 용역이 발주되었다. 하나는 '한강연안정비계획'이었고 다른 하나는 '하천대장 작성 및 한강하류부 하천개수계획'이었다. 전자는 건설국장 이상련의 주선으로 (주)대한기술공단에 발주되었고 후자는 차일석 부시장의 주선으로 연세대학교 이원환 교수에게 발주되었다. 이 두 개의 보고서가 납품된 것은 1967년 2월 말이었다. 용역보고서 두 개의 정식명칭은, 「서울근교 한강연안 토지이용계획 예비조사보고서」(대한기술공단, 1966), 「서울특별시관내 하천대장 작성 및 한강하류부 하천개수계획 기본보고서」(연세대학교 산업연구소, 1966)이다.

앞의 것은 한강 양안에 제방을 쌓을 경우 각 지역별로 그 높이는 얼마로 하고 제방의 구조는 어떻게 하는 것이 바람직한가를 연구한 것이고, 뒤의 것은 중랑천·청계천·안양천 등 서울시내 한강지류의 모습을 정리하여 대장을 작성하는 동시에 동부이촌동의 백사장, 여의도백사장을 어떻게 처리할 것인가를 연구한 내용이다.

이 글을 쓰면서 두 개의 용역보고서를 찾아보았더니 여의도에 제방을 쌓아서 택지로 활용해야 한다는 점에는 두 연구가 일치하고 있다. 그런데 앞의 것은 처음부터 샛강을 없애고 영등포 쪽에 붙인다는 내용으로 한강제방 쌓기에 중점을 둔 연구이고, 뒤의 것은 샛강을 두고 여의도를 물 속의 섬으로 한다는 것으로 큰 홍수를 만났을 때의 강물의 흐름에 중점을 둔 연구로 차이가 있다.

김 시장이 이 두 개의 용역보고서 내용을 보고받았을 리가 없다. 당면한 문제를 해결하는 데만 온 정신을 쏟고 있던 김 시장에게 1966년의 홍수는 이미 잊혀진 과거사였다. 1966년 후반에서 1967년에 걸쳐 그의 관심사는 세운상가·낙원상가 그리고 청량리 대왕코너(현 청량리 롯데백화점) 등 이른바 '민자유치에 의한 재개발계획'이었던 것이다.

그가 여의도에 관심을 가지게 된 것은 1967년 여름에 접어들었을 때부터였다. 그때 제1한강교 남단에서 영등포 입구까지의 제방도로가 이미 그 모습을 갖추어가고 있었다. 1967년 3월 17일에 착공된 이 도로가 거의 마무리되어가고 있을 때 김 시장은 실로 희한한 것을 발견한다.

즉 새로 생기는 제방도로와 종전의 제방 사이에 2만 4천 평이라는 '새로운 택지'가 조성되고 있다는 것이었다. 제방을 종전보다 안으로 들여쌓은 결과로 20동 정도의 아파트가 들어설 수 있는 택지가 생기고 있었던 것이다.

김 시장의 머리를 스친 것이 있었다. 이 강변도로 북쪽에 바로 건너다 보이는 여의도라는 섬이었다. 문득 하수과장 이종윤과 토목과장 이기주에게서 들은 말이 생각났다. "저 섬을 개발하면 엄청난 넓이의 택지가 새로 생긴다. 그것을 팔면 무허가건물 거주자들에게 아파트를 지어 제공할 수도 있다. 그 밖에도 평소에 하고 싶던 여러 가지 복지시설에도 과감한 투자가 가능해진다." 평소에 그가 즐겨 써왔던 '경영행정' 바로 그것이었다. "행정을 통하여 돈을 벌고 그것을 다른 용도에 재투자하면서 또 돈을 벌고"라는 경영학적 행정이념이었다.

생각이 이에 이르렀을 때 김현옥은 미치기 시작한다. 평소에도 약간은 미치고 있었지만 이렇게 구체적인 목표가 생기면 그 광기는 걷잡을 수 없이 달아올랐다. "한강개발계획을 세워라. 그 내용은 ① 여의도에 제방을 쌓아서 가능한 한 많은 택지를 조성한다. ② 여의도와 마포·영등포를 연결하는 교량을 가설한다. ③ 한강을 사이에 두고 남북의 제방도로를 연차적으로 축조함으로써 한강홍수를 방지할 수 있을 뿐 아니라 자동차가 고속으로 달릴 수 있도록 한다"는 것이었다. 결심이 선 김 시장의 명령은 추상같았다.

여의도윤중제 공사가 준공되기에 앞서 서울시에서 발간한 『한강개발』이라는 팜플렛의 말미에 「한강건설일지」가 실려 있는데 그 맨 첫머리에 "1967. 9. 9 김현옥 서울특별시장, 오랜 꿈이던 한강정복의 구체안 마련"이라고 씌어 있다. 9월 9일보다 약 한 달쯤 앞서 "여의도를 중심으로 한 한강개발계획을 세우라"는 추상과 같은 명령이 떨어졌고 건설국 토목과·하수과에서 부랴부랴 한강개발 3개년계획이라는 것을 수립했던 것이다.

한강개발 3개년계획과 건설부와의 타협

한강개발계획을 수립한 서울시는 건설부 수자원국에 넌지시 그 내용을 알렸다. 건설부는 강변제방도로 축조는 찬성하지만 여의도 건설은 반대한다는 입장이었다. 한강 한복판을 그렇게 막아버리면 100년에 한 번 정도 있을 대홍수를 감당할 수 없다는 것이었다.

김 시장에게는 처음부터 건설부는 안중에도 없었다. 그에게는 오직 대통령 한 분이 있을 뿐이었다. 그와 같은 그의 태도는 이미 세운상가 건설과정에서 잘 나타나고 있다. 서울시가 한강개발 3개년계획이라는 것을 대통령에게 보고한 것은 1967년 9월 21일이었고 대통령은 흔쾌히 이를 결재했다. 박 대통령의 김 시장에 대한 신임도는 유별했다. 김 시장의 미친 듯한 일솜씨가 대통령의 의중에 100% 들어맞고 있었기 때문이다. 박 대통령이 김 시장을 총애한 일화는 당시의 서울시 간부공무원들의 입을 통해서 얼마든지 들을 수가 있다.

대통령 재가를 받은 서울시장은 다음날 아침 기자회견을 열어 이를 대대적으로 발표했다. 그 내용은 이미 한강개발을 설명하면서 소개했으므로 여기서는 생략한다.

박 대통령의 이른바 제3·4공화국 당시는 어느 부처든 간에 미리 대통령의 재가를 받는다는 것은 일이 다 된 거나 마찬가지였다. 대통령의 재가를 받으면 다른 부처에서 그것을 반대할 수가 없었다. 대통령의 재가는 바로 대통령의 지시였고 그에 반대하는 것은 대통령 지시를 거역하는 것이었다. 그러나 한강이 국유하천인 이상 건설부장관의 허가 없이 서울시가 함부로 손을 댈 수 없는 것도 또한 엄연한 사실이었다.

서울시는 한강개발 3개년계획의 수립·발표와 때를 같이하여 부랴부랴 (주)대한기술공단에 여의도윤중제 축조의 기술용역을 맡겼다. 즉 제방의 높이는 얼마로 하고 그 경사도는 어느 정도로 하며 고수부지를 어떻게 설치하느냐, 샛강을 두느냐 마느냐 하는 등의 순전한 하천공학적 측면의 기술용역이었다.

이 용역이 진행되면서 건설부와 서울시 간의 흥정이 시작되었다. 빨리 결정되지 않으면 내년 홍수철 이전에 제방이 완성되지 않을 수도 있는 일이었다. 만약 그런 사태가 벌어지면 서울시·건설부 양쪽 실무자가 모두 다칠 수 있는 중대한 안건이었다. 건설부와 서울시 간의 흥정은 1967년 11월 10·15·22·23일의 네 차례에 걸쳐 건설부에서 벌어졌다.

서울시장이 아무리 대통령의 총애를 받고 있다 할지라도 건설부는 서울시의 상급 감독관청이었고 또 수자원관리라는 입장에서는 서울시보다 훨씬 전문가가 많았다. 이 회의에는 (주)대한기술공단의 용역책임자도 배석했다. 네 차례에 걸친 이 회의에서 합의된 것은 다음 네 가지였다.

첫째 여의도는 샛강을 두는 윤중제로 축조한다. 샛강의 넓이는 250m로 한다. 결국 샛강이 차지하는 면적은 1.11㎢(33만 평)이며 그만큼 여의도의 택지면적은 축소된다. 다만 소양강댐이 완공되면 샛강은 폐쇄하고 서울시는 그때 가서 33만 평만큼 택지를 더 조성해도 무방하다.

둘째 한강 본류의 강 넓이는 1,300m를 유지하도록 한다.

서울시가 9월 22일에 발표한 한강개발 3개년계획에 의하면 여의도 건설의 총넓이는 126만 평이었다. 그러나 이 건설부와의 흥정에서 약 40만 평이 줄어 87만 평이 된다. 여의도 건설을 반대했던 건설부는 이렇게 그 넓이를 대폭 축소함으로써 상급관청으로서의 체면을 세운 것이다.

셋째 윤중제의 높이는 강바닥에서 15.5m로 하고 그 제방너비는 21m

로 한다. 제방 안에 조성되는 택지의 높이는 강바닥에서 13m로 한다.

이것이 건설부·서울시 간에 맺어진 약속이었다. 건설부 입장에서는 '지시'였겠지만 서울시 입장에서는 '타협'이었다.

건설부와의 타협이 이루어지자 바로 국방부와의 타협도 추진되었다. 즉 여의도를 사용하고 있는 K-16비행단의 이전에 관한 타협이었다. 「한강건설일지」에 의하면 1967년 11월 24일에 "비행장 이전에 관한 원칙에 합의"했다고 기록되어 있다. 이 문제에 관해서는 국방상의 기밀사항이라는 이유로 상세한 내용은 전해지지 않고 있다. 다만 공군당국도 이미 오래 전부터 여의도비행장에서의 철수를 고려하고 있었고 이전적지로 현재의 성남시 서편을 물색하고 있었다는 점, 그 이전비로 서울시가 약 15억 원을 지출하는 선에서 타협을 보았다고 알려지고 있다.

3. 윤중제 공사 – 110일간의 혈투

밤섬 폭파

여의도윤중제 공사 기공식은 1967년 12월 27일 오후에 있었다. 용산의 삼각지 교차로 개통식을 끝내고 바로 여의도로 직행하여 기공식을 올렸다. 기공식 사진을 보면 박 대통령·육영수 여사·김 시장·김성은 국방부장관 등 네 사람이 차례로 서서 버튼을 누르고 있다. 육 여사는 한복 두루마기 차림이고 나머지 세 명의 남자는 두툼한 외투를 입고 있다. 김 국방장관 뒤에 차일석 제2부시장의 얼굴이 보이는 외에 그 밖의 인물들은 알 수가 없다.

12월 27일에 기공식을 거행했다는 점에서 김현옥 시장다운 단면을 볼 수가 있다. 예나 지금이나 12월 25일 크리스마스가 지나면 대개의 토목공사는 동면기에 들어가는 것이 상례인데 동면기의 초입에 기공식을 한다는 것은 김 시장만이 할 수 있는 기발한 발상이었다. 비록 한강이 결빙기에 들어간다 할지라도 불도저로 백사장 모래는 긁어모을 수 있으니 윤중제에 가깝게 모아두자는 계산이었다.

국무총리실의 승인을 얻어 '한강건설사업비 특별회계 설치조례'가 발포된 것은 1967년 12월 30일자 조례 제505호였다. 여의도 건설이 중심이 된 한강건설사업비를 서울시 일반회계에서 독립시키고자 한 조례였다. 수입과 지출이 훨씬 융통성 있게 운용되었다.

여의도·한강건설을 전담할 독립기구인 '한강건설사업소'가 발족한 것은 1968년 1월 1일이었다. 사업소장의 직책은 국장급이었고 하수과장이었던 이종윤이 기용되었다. '한강건설사업소 설치조례'는 이 기구가 실제로 발족한 지 20여 일이 더 지난 1968년 1월 25일자 조례 제519호로 공포되었다. 아마도 당시 서울시를 감독하고 있던 국무총리실 입장에서는 김현옥 시장의 지나친 독주를 조례승인을 지연하는 방식으로 제동을 건 것이었을 것이다.

그해 겨울은 엄청나게도 추웠다. 김현옥은 여의도윤중제 축조를 향한 불타는 의지를 달래기 위해 무작정 낙서를 했다. 감정이 북받쳐오를 때면 낙서를 하는 것이 그의 버릇이었다.

그의 머릿속이 한강과 여의도로 채워져 있을 때 천지가 진동하는 대사건이 일어났다. 북한이 보낸 무장공비 31명이 청와대를 습격하고자 세검정-청운동 일대에 침입했던 것이다. 종로경찰서장 최규식 총경이 자하문 바로 아래에서 순직한 것은 1968년 1월 21일 밤 10시 12분경이었다. 북한산·도봉산에서 신촌일대까지가 전쟁터가 되었다. 게릴라 소탕작전을 전개하던 ○○사단 ○○연대장 이익수 대령이 북노고산에서 전

폭파되기 직전의 밤섬.

사한 것은 24일 새벽이었다. 이 사건으로 최규식 총경, 이익수 대령을 비롯하여 모두 24명의 군인·경찰관이 전사·순직했고 5명의 민간인이 사망했다. 지금도 서울시민은 '김신조사건'이라는 이름으로 이 일을 생생하게 기억한다.

원산 앞바다 공해상에 정박중이던 미 정보함 푸에블로호가 북한에 납치되어간 것은 서울 서북방에서 게릴라 소탕전이 전개되고 있던 1월 23일이었다. 미 원자력 항공모함 엔터프라이즈호가 기동함대를 이끌고 급거 북상했고 주한 미8군은 비상사태를 선포했다. 휴전선 일대가 초긴장 상태에 들어갔고 서울시민은 전쟁이 일어나지 않을까 전전긍긍하고 있었다. 그러한 중에서도 김 시장은 태연했다. 그의 관심은 오직 한강-여의도에만 쏠리고 있었다.

여의도를 막아도 강물의 흐름에 지장이 없게 하려면 부득이 밤섬을 제거해야 했다. 밤섬을 그대로 두면 건설부가 지시한 한강 본류의 넓이 1,300m가 확보될 수 없었기 때문이다. 또 윤중제를 쌓기 위해서는 엄청난 양의 석재가 필요했다. 제방을 튼튼하게 쌓기 위해 많은 돌이 필요했던 것이다. 전국 각지의 채석장에서도 공급이 되어야 하지만 우선 밤섬을 폭파해서 그 돌을 사용하는 것이 가장 쉬운 일이었다.

여의도 공사착수 직전, 이 밤섬의 면적은 134필지 1만 7,393평이었고 국유지 52필지 6,107평, 사유지 82필지 1만 1,286평이었으며 78가구 443명이 거주하고 있었다. 이들 443명으로 이루어진 밤섬주민은 조선왕조 초기부터 17대를 이어 살아온 희성의 집단마을이었다. 즉 그들의 성씨가 김씨·이씨·박씨 등이 아니었고 마(馬)·판(判)·석(石)·인(印)·선(宣) 등이었다. 그 모두가 희성 중의 희성이었으니 이곳 주민들의 성격을 짐작케 해준다. 그들은 마을 한구석에 나름대로의 부군신(府君神)을 모시고 500여 년 간 오순도순 살아왔으며 병도 없고 도둑도 없다는 신비의 마을을 이루고 있었다. 말하자면 대서울 안에서 외롭게 격리된 채 가장 밑바닥 인생을 살아온 것이었다. 서울시는 이들 주민에게 토지보상비 838만 원과 건물보상비 702만 원을 지급하고 마포구 창전동 와우산 기슭의 1천 평 대지에 연립주택을 건설하여 집단이주를 시켰다.

이 밤섬에서 모두 11만 4천㎥의 잡석이 채취되었다. 트럭으로 4만 대 분량이었다.

여의도에 서울이동시청 설치−110일간의 혈투

밤섬이 폭파된 시각은 1968년 2월 10일 오후 3시였다. 다음날 아침부터 사실상의 혈투가 시작되었다. 문자 그대로 혈투였다.

김현옥 시정 특색 중의 하나가 무슨 공사를 몇 월 며칠까지 완공하겠다는 것을 기공식에 앞서서 공약하는 것이었다. 세종로지하도, 명동지하도를 건설할 때에도 불광동·미아리 도로확장 공사 때도 모두 준공날짜를 공약했고 그 공약대로 준공했다. 그런데 여의도윤중제 공사만은 사전에 준공일자를 공약하지 않았다. 처음으로 시도한 공사였기 때문에 사전에 확실한 전망을 세울 수 없었던 것이다. 여하튼 장마철이 다가오기 전에 완공되어야 했다. 만약에 공사진행 중에 큰비가 내리면 제방이 떠내려가고 모든 것이 도로아미타불이 되어버린다. 밤섬이 폭파된 다음날 즉 2월 11일을 기점으로 일단 100일 작전이라는 것을 세웠다.

현대건설·대림산업·동아건설·대한전척·경향건설 등 이 나라를 대표하는 토건업자들 5개 업체가 참가했다. 그러나 문제는 어떤 업자가 맡느냐가 아니었다. 어떤 인력, 어떤 장비가 동원되느냐였다. 일본에서 트럭 50대를 긴급 수입했다. 모래·자갈·석재 운반용이었다. 이렇게 들여온 트럭의 운전사는 기력이 좋은 총각만으로 구성했다. 8시간씩 3교대로 24시간 철야작업이 강행되었다. 트럭의 최고속도는 30km로 제한되었다. 빨리 달리거나 한눈을 팔다가는 물 속으로 뛰어들 위험이 있었기 때문이다.

장비가 많이 동원된 공사라 하더라도 제방의 돌붙임공사는 하나하나 사람의 손이 필요했다. 85만여 개의 석축, 40만 장의 블록을 쌓기 위해 수없이 많은 인부가 하루 3교대로 부교를 통해 한강을 건넜다. 당시의 인부들 도강사진을 보면 한복차림으로 지게를 지고 가는 것이 인상적이다. 트럭에 실려온 돌은 돌붙임공사 현장까지는 지게로 운반할 수밖에 없었다. 아무리 시장이 호령한다고 해서 지게꾼의 발걸음이 빨라질 수 없었고 돌붙임 인부들의 손놀림이 빨라질 수 없었다. 그럴수록 김 시장의 속은 탔고 작업장에의 나들이가 잦아질 수밖에 없었다.

무당은 보통사람과는 다르게 언제나 약간은 신이 들려 있다. 인간 위에 귀신이 씌어 있기 때문이다. 그러나 그들이 굿판을 벌이게 되면 그때부터는 완전히 초인간적인 동작이 되어버린다. 그 굿판이 끝날 때까지 한 시간이고 두 시간이고 춤에만 몰두한다. 말하자면 귀신이 지배하게 되는 것이다. 이성이니 감정이니 하는 차원이 아니다. 완전히 춤동작에 미쳐버린다. 윤중제 공사 110일간의 김현옥 시장이 바로 그것이었다. 게다가 그를 더 미치게 하는 일이 생겼다. 대한민국 국회사무처에서 여의도에 새로 조성되는 땅 10만 평을 국회의사당 부지로 쓰겠다는 입주신청이 들어왔다. 입주신청 제1호, 그것도 국회의사당 부지이고 그 넓이가 10만 평이었으니 실로 신바람 나는 일이 아닐 수 없었다.

아침에 일어나면서 바로 여의도 작업현장으로 달려갔다. 10시쯤 되면 시청에 와서 집무를 하다가 오후가 되면 다시 여의도로 행차하는 그런 나날이었다. 토요일이니 일요일이니 하는 것이 있을 리 없었다. 여의도 여의도 여의도…… 오로지 여의도뿐이었다. 문자 그대로 진두지휘였다.

3월이 되면서부터 김 시장은 분명히 이성을 잃어갔다. 3월 12일(화요일)의 기자회견에서 김 시장은 ① 한강에 두 개의 하저터널을 뚫겠다. ② 영등포구를 양분하여 여의도에 한강구(區)를 설치하겠다. ③ 여의도에 외국공관단지를 만들어 외국공관이 모두 이곳에 모이도록 하겠다고 발표했다.

한강에 하저터널을 뚫는다는 이야기는 보다 더 구체적이었다. "올해(1968년) 안에 기공해서 1969년에 하나를 완공하고 1969년에 기공해서 1970년에 또 하나를 완공하겠다. 이미 지질조사가 진행 중에 있다. 두 개 터널을 뚫는 데 공사비는 25억 원이 소요된다"라는 것이었다.

사실은 아무런 기술적 검토도 없었다. 재정적인 뒷받침은 물론 없었다. 지질조사도 하지 않고 있었다. 두 개의 하저터널, 외국공관, 한강구의 창설 등이 모두 그의 꿈이요 희망사항이었다. 꿈과 현실이 뒤범벅이 된 상태에서의 기자회견이었던 것이다. 그러한 그의 꿈은 4월이 되면서

여의도에 설치된 이동시청의 모습.

더 크게 비약한다. '제2서울 건설'이었다.

여의도를 중심으로 피라미드형의 제2서울을 건설한다. 피라미드라는 것은 바로 삼각형을 뜻한다. 즉 삼각형의 한 개 정점이 여의도이며 동남쪽의 중점이 현재의 강남지구이고, 서남쪽의 중점이 경인고속도로변이다. 넓이는 2,500만 평에서 3천만 평, 소요자금은 200억 원, 도시형태도 피라미드형으로 하여 도심부에 건립되는 건물은 10층 이상의 대형건물로 하고, 전 시가지는 처음부터 입체로 하여 지하도나 육교가 없는 초현대적 도시계획을 이룩하겠다는 것이었다. 4월 3일 기자회견에서 대대적으로 발표했다.

아마 당시의 김 시장은 출퇴근 승용차 안에서나 식사할 때나 저녁에 잠들기 전 이부자리 안에서 여의도를 중심으로 한 여러 가지 이미지를 그렸고 그 이미지가 여물어 형태를 이루면 바로 기자들에게 발표한 것 같다. 그의 그와 같은 꿈들, 하저터널, 외국공관단지, 한강구, 제2서울

등은 그 어느 것도 실현된 것이 없었으니 꿈은 꿈으로만 끝이 난 것이었다. 생각해보면 그런 발상들을 열심히 기사화한 기자들, 그런 보도를 열심히 읽은 독자들도 한심한 구석이 있다. 여하튼 1968년 2월 11일에서 5월 말까지의 여의도는 전쟁터, 그것도 흙먼지투성이의 전쟁터였다.

여의도에 '이동시청'이 개설되어 첫 집무가 시작된 것은 4월 11일이었다. 여의도 - 시청 - 여의도 - 시청의 행차가 번거로우니 숫제 여의도에 시청을 하나 더 개설한 것이다. "시장이 여의도에서 상근할 터이니 바쁜 결재는 여의도에 와서 받아가라"는 것이었다. 여의도 현장사무소로 쓰고 있던 콘세트 막사 하나가 시장실이 되었다. 이때부터 김 시장은 밤이 늦으면 이동시청 시장실에 마련된 철제침대에서 잠을 청했다.

공사판을 누비던 트럭끼리 충돌하여 삽시간에 육중한 트럭이 불길에 휩싸인 사고가 나기도 했다. 트럭기사 하나가 졸다가 사고를 낸 것이다. 현장을 총지휘하던 이종윤이 갑자기 쓰러져서 병원에 실려가는 해프닝도 있었다. 평소에 심장이 약했던 이종윤에게 과로가 겹쳤던 것이다. 그런 가운데서도 김 시장의 호령은 퍼부어졌고 단 일초의 시간여유도 주지를 않았다. 그에게는 신(神)이 들렸으니 아프지도 쓰러지지도 않았다.

김 시장이 어느 날 밤 철제침대에 누워 눈을 감으니 시상(詩想)이 떠올랐다. 제목은 당연히 「여의도」였다.

여기 한강 여의도는 400만
우리의 기운(氣運)이다.

여기 한강 여의도는 억백(億百)의
모래로 뭉쳐 있다.
여기 한강 여의도에 우리의

지혜, 정열, 의욕, 희망
그리하여 우리의 혼마저
들어 뭉쳐 있다.

여기 한강 여의도의 내일을
우리는 지켜야 한다.

이 시에 그의 모든 것이 들어 있었다. 읊어보니 대단히 흡족했다. 이 시구가 새겨진 탑을 세웠고 영어로 번역도 시켰다.[2]

민족의 명운을 건 대역사

1945년 8월 15일, 광복 당시의 우리나라 토목·건축기술 수준은 형편이 없었다. 일제가 인재를 키우지 않았기 때문이었다. 그들의 입장에서는 조선인은 현장감독 정도만 맡아주면 되지 그 이상의 기술자는 필요가 없었던 것이다.

경성고등공업학교가 교육기관으로 처음 졸업생을 낸 것은 1923년이었다. 토목과·건축과·섬유과·기계과·전기과 등이 있었으나 졸업생의 90% 이상은 일본인이었고 조선인 졸업생은 각 과마다 하나 아니면 둘이었다. 토목과의 한국인 졸업생의 경우 철도에 하나 도로·교량 또는 항만에 하나씩을 배치하면 그만이었다.

1940년대에 들어서는 경성제국대학 이공학부에도 토목과가 생겼지만

---

2) The Islet of Yoi-do is/ the Hope of the four million citizens// In this Islet of the Han River lie/ Billions of sand// And here in this Islet are Found/ our wisdom, passion, will,/ hope, and even our soul.// Let it be a brighter/ Yoi-do when tomorrow comes.

광복이 될 때까지 단 한 명도 졸업생을 배출하지 않고 있었다. 조선인 재학생은 모두 합쳐도 5~6명에 불과했다.

광복을 맞이하고 토목과 출신자들 중 3분의 1은 이북에 남았다. 신생 대한민국에는 교량설계 하나 제대로 하는 사람이 없었다. 이렇게 초라한 인재들이 나뉘어서 한국전쟁 복구계획을 추진했고 수없이 많이 들어선 각 대학의 토목과 교수가 되었다. 1960년대의 말, 서울시청은 물론이고 건설부에도 경성고등공업학교 또는 경성대학 이공학부를 나온 토목기술자가 없었다. 겨우 일본대학 공학부가 아니면 일본의 고등공업학교 출신자가 몇 명 있을 뿐이었다.

제2한강교는 우리나라 기술진에 의해서 이루어진 최초의 대형구조물이었다. 1962년 6월 20일에 착공되어 만 2년 반이 지난 1965년 1월 25일에 준공되었다. 제3한강교가 착공된 것은 1966년 1월 19일이었고 1968년에는 아직 몇 개의 교각만이 서 있을 정도였다.

경인·경부고속도로도 남산 1·2호 터널도 착공되지 않고 있던 1960년대 중반의 이 나라 안 토목기술은 아직도 유년기의 상태였다. 그런 상황 아래에서의 윤중제 공사였다. 윤중제의 길이가 7.6km다. 7.6km나 되는 둥근 제방을 빠르면 6월부터 시작될 수도 있는 장마철 이전에 모두 쌓아야 한다는 것은 생각해보면 큰 도박과 같은 일이었다.

김현옥 시장은 "건설은 나의 종교이다"라는 말을 즐겨 썼다. 건설이 종교인 것은 박 대통령 또한 마찬가지였다. 김 시장에 대한 대통령의 총애는 특별한 것이었다. 흡사 맏형이 막내동생을 사랑하는 것과 같은 그런 감정이었다. 장마철 전에 윤중제 공사가 무사히 끝날 수 있을까를 걱정하는 간절한 마음이 대통령의 여의도 행차를 잦게 했다. 청와대에 앉아서 걱정하기보다는 차라리 현장에 가보자는 것이었다.

「한강건설일지」를 보면 3월 15일의 행차에는 정일권 국무총리·이후

윤중제 공사가 한창 진행되고 있는 초기 상황.

락 비서실장·김형욱 중앙정보부장이 수행했다. 4월 30일에도 현장을 찾았다. 5월에 들어서는 5·12·21일, 이렇게 세 번이나 행차했다. 21일의 행차에는 이후락 비서실장·박종규 경호실장·조상호 의전실장·이석제 총무처장관·김윤기 무임소장관이 수행하고 있다.

이종윤이 생전에 회고한 바에 의하면 박 대통령은 아무런 예고도 없이 경호원 한두 명만 데리고 이른 새벽에 공사현장에 나타났다고 한다. 그때마다 이종윤이 맞이하여 공사추진상황을 설명한 때문에 이종윤은 박 대통령의 눈에 들었고 남다른 총애를 받았다. 훗날, 정확히 말하면 1974년 여름에 한국조경공사가 발족했을 때 박 대통령은 조경공사 기술이사 자리에 이종윤을 지명했다.[3]

---

[3] 당시의 이종윤은 서울시 건설국장이었다. 심장병으로 몸이 좋지 않았던 그를 한지에 보내어 좀 쉬게 하기 위한 대통령의 배려였던 것이다.

그후 박 대통령은 경부고속도로 공사현장에도 다녔고 서울지하철 종로선 현장에도 여러 번 다녔다. 그러나 윤중제 공사현장만큼 자주 행차한 일은 그 이전에도 그 이후에도 없었다. 여의도윤중제 공사는 어떤 의미에서는 새로운 국토의 창조이기도 했으니 그만큼 걱정도 되었고 관심도 컸던 것이다.

장·차관 이상 부인들의 모임인 양지회 회원 60여 명을 데리고 대통령 영부인 육영수 여사가 공사현장을 찾은 것은 4월 5일이었다. 국회 건설분과위원 일행은 4월 19일에 현장을 둘러보았다. 서울시내 각 동별 통대표 302명의 현장방문은 4월 3일에 있었다.

5월 7일에는 김형욱 중앙정보부장이 혼자서 현장을 방문했다. 각 도의 시장들도 떼를 지어 찾았고 언론인 대표도 찾았다. 초등학교 학생 500여 명이 공사현장에서 사생대회를 개최한 것은 5월 11일이었다. 연세대 총장 백낙준 박사를 비롯하여 기독교 각 교파대표 30여명이 현장을 찾아 격려한 것은 5월 20일이었다. 영락교회 한경직 목사 집전으로 기도회도 가졌다.

매스컴이 다투어 보도한 것은 당연한 일이다. 공사 초기인 2월 24일에 동양TV 「카메라의 눈」이 현장을 취재했다. 3월 30일에는 KBS TV가 현장을 취재 방영했다. 5월 7일에는 동아일보사 사장 고재욱이 직접 DBS(동아방송) 아나운서를 데리고 찾아와 이종윤 사업소장·최 동아건설 사장과 「시민에게 드리는 방송」의 인터뷰를 했다. MBC TV가 「한강건설에 관해서」라는 특집프로 인터뷰를 하고 간 것은 5월 22일이었다. 김시장의 표현대로 비록 이 공사가 '민족의 예술'은 아니었을지라도 민족의 명운을 건 대역사(役事)임에는 틀림이 없었다.

윤중제 공사를 시찰하는 박정희 전 대통령. 박 전 대통령에게도 건설은 역시 종교였다. 대통령은 윤중제 공사가 무사히 끝나기를 바라는 간절한 마음으로 공사현장을 자주 찾았다. 5월 21일의 행차 때 수행한 이후락 비서실장, 박종규 경호실장, 조상호 의전실장, 이석제 총무처장관, 김윤기 무임소장관의 얼굴이 보인다.

윤중제 준공 – 굿판은 끝났다

청와대를 습격하기 위해 김신조 일당이 쳐내려 온 것은 1968년 1월 21일이었다. 그 당시의 서울인구는 400만이었다. 한국은행은 그해 8월 1일에 1967년 말 현재로 우리나라 1인당 국민소득이 123달러라고 발표했다. 서울에서 가장 높은 건물은 소공동에 있던 지상 8층의 반도호텔이었다. 3·1빌딩이니 도큐호텔이니 하는 고층건물들은 아직 착공도 되지 않고 있었다. 서울시내의 차량 보유대수는 2만 5천 대, 그 중에서 승용차는 1만 대를 겨우 넘고 있었고 아직 시내전차가 달리고 있었다. 커피

한 잔에 40원, 파고다 담배 한 갑이 40원이었다.

1인당 소득수준이 1만 달러를 넘은 지금의 시점에서는 상상도 이해도 할 수 없는 그런 시대에 윤중제 공사는 시작되고 추진되었다. 김 시장은 이 공사를 가리켜 '초돌관공사'라고 표현하고 있다. 돌관(突貫)이란 말은 일본군인들이 썼던 말이며 총에 칼을 꽂고 적진에 쳐들어가는 동작, 즉 앞도 뒤도 보지 않고 일직선으로 쳐들어가는 동작을 나타내는 말이다. 그 돌관앞에 '초'자가 더 붙었으니 얼마나 대단한 작업이었던가를 짐작할 수 있다.

실제로 그때까지의 토목공사에서는 하루의 작업량이 5만㎥가 최대량이었다. 아무리 많은 장비와 노동력을 동원해도 하루 5만㎥ 이상의 작업량은 낼 수 없다는 것이 토목공사에서의 상식이었다. 김현옥의 호령과 질타가 그 작업량을 곱으로 올려놓았다. 즉 하루 작업량 10만㎥를 실현했고 그것을 110일간 계속한 것이다. 가혹하다느니 치열하다느니 하는 낱말로 표현되는 그런 차원이 아니었다. 나는 이 장면들을 가리켜 '혈투'라는 낱말밖에 생각나지 않았다.

연 5만 8,400대의 중장비와 연인원 52만 명이 동원되었으며 850만㎥의 모래가 쌓였다. 이 모래의 부피는 트럭 280만 대분으로 당시 서울에서 제일 높은 건물인 반도호텔 만한 빌딩 450개와 맞먹는 크기였다. 24시간 쉬지 않고 움직이는 트럭들이 일으키는 먼지 때문에 대낮에도 헤드라이트를 켜야 했다. 높이 16m, 너비 21m, 총길이 7.6km의 윤중제 공사가 끝난 것은 5월 31일이었다. 둑을 지킬 호안공사에는 85만여 개의 석축과 10만㎥의 잡석이 들어갔고 돌붙임에 쓰인 40만 장의 블록을 한 줄로 연결하면 서울 - 대구 간의 거리와 맞먹는 300km 길이가 되었다.

1968년 6월 1일 오전 10시. 보슬비가 내리고 있었다. 3부요인, 주한 외교사절, 일반시민 등 1만여 명이 줄을 선 자리에 박 대통령 내외를

준공식에 앞서 제막식을 마친 박 대통령 내외. 1968년 6월 1일에 성대한 준공식이 거행되었다. 110일간의 혈투가 막을 내린 것이다.

태운 차가 당도했다. 100여 발의 불꽃이 한강상공을 수놓았고 500여 마리의 비둘기가 하늘을 날았다. 시장의 안내로 박 대통령 내외는 40만 3천 한 장째 마지막 화강암 블록을 덮은 검은 보자기를 벗김으로써 정초(定礎)를 했다. '한강건설'이라는 대통령 친필휘호가 새겨져 있었다. 내빈들이 박수를 치는 가운데 대통령 내외, 이효상 국회의장, 김현옥 시장이 오색테이프를 끊었다. 식이 끝난 뒤 서울시 향토예비군 12개 중대가 윤중제 위를 행군했다.

김 시장이 청와대로 돌아가는 대통령 내외를 전송한 뒤 시장실에 당도한 것은 11시가 약간 넘어서였다. 김 시장은 의자에 앉아 큰 한숨을 쉬었다. 흥분이 가라앉고 있었다. 흥분이라기보다는 신기(神氣)라고 표현하는 것이 좋을 것이다. 신기가 사라지고 있었고 이성이 되돌아오고 있

었다. 흰종이를 찾아 펜을 들었다. 단숨에 써내려갔다. 30분 정도가 지나 펜을 든 손이 멈췄다.4)

4. 김수근 팀에 의한 도시설계

서울시 간부들의 여의도 구상

윤중제를 만들어 한강에 수중도시를 조성할 계획을 세웠던 당초에는 아직 이 섬에 어떤 시설을 어떻게 배치할 것이냐에 관해서 서울시 간부들은 아무런 복안도 가지고 있지 않았다. 서울시가 1967년 9월 22일에 한강건설계획을 처음으로 발표할 때 신문기자들에게 나누어준 여의도 건설의 조감도를 보면, 서쪽 구석에 들어설 국회의사당 자리는 흰 바탕으로만 표시되어 있고 동쪽 구석에 10층 정도 되는 고층건물 하나를 배치했고, 중간에는 그저 3~5층 정도의 건물을 무질서하게 배치하고 있다. 1인당 국민소득 수준이 150달러도 안 되었던 당시, 서울시 간부들의 도시조형감각이 겨우 그 정도에 불과했음을 알 수가 있다.

여의도윤중제 공사의 기공식을 거행했던 1967년 12월 27일, 서울시가 출입기자들에게 나누어준 자료에는 새롭게 조성될 여의도 신시가지에 배치될 시설을 다음과 같이 소개하고 있다.

3개년계획으로 된 제방공사와 구획정리작업이 끝나면 8만 평 넓이의 '민족의

---

4) 김 시장의 수필 「윤중제」는 이렇게 해서 오늘에 전한다. 결코 뛰어난 글이 아니다. 물론 예술의 경지와는 거리가 멀다. 그러나 한국 도시개발의 역사에 반드시 남겨야 할 글이라고 생각되기 때문에 그 소재는 밝혀두어야 하겠다(『우리의 노력은 무한한 가능을 낳는다-김 시장의 시정신념』, 서울시 발행, 1969).

광장'을 마련하고 그 안에 경기장·수족관·동식물원·도서관·음악당·미술관 등을 민간자본을 유치, 건설한다.

나머지 용지에는 5층 이상의 건물만 짓도록 하여 고도(高度)도시를 이룩하고 여의도를 중심으로 마포 전차종점과 영등포를 연결하는 제4한강교(연장 1,700m)를 신설할 예정, 총공사비는 20억 원, 완공예정은 1969년 말로 잡고 있다.

12월 27일자 석간 및 28일자 조간신문에 보도된 기사를 통해서 알 수 있는 것은 첫째, 당시의 서울시에서는 여의도에 신도시계획의 수법을 도입하지 않고 구획정리 수법을 실시하겠다는 속셈이었다. 즉 당시의 서울시 간부들은 구획정리 이외의 다른 도시계획 수법을 알지 못했던 것이다.

둘째 겨우 5층 이상의 건물을 짓게 함으로써 시가지의 고도화를 기하고자 했다는 점이다. 1인당 소득수준이 150달러밖에 안 되었고 서울시내에 엘리베이터가 있는 건물이 겨우 10여 개 정도밖에 안 되었던 시대였으니 '5층 이상의 건물'이 발상의 한계였던 것이다. 셋째 민족의 광장이라는 것을 만들어 그 안에 겨우 수족관이니 동식물원 음악당 정도를 넣을 생각밖에 하지 못하고 있었던 것이다.

지금 생각해보면 실로 한심할 정도로 소박하고 유치한 발상이었지만 1967년 당시의 우리 수준이 그만큼밖에 안 되었던 것이다.

이상적인 도시계획 – 김수근 팀의 구성

김 시장이 김수근을 불러 새로 조성될 여의도 도시계획안을 의뢰한 것은 밤섬 폭파가 이루어지기 전인 1968년 1월의 일이었다. 김현옥 시장은 이미 1966년의 세운상가 계획과 설계, 1967년의 청계고가도로 계획과 설계를 통해서 김수근에 대해 깊이 신뢰하고 있었다. 아마 김현옥 시장은 그 재임기간을 통하여 우리나라 건축·도시계획계에는 김수근만이 있고 그 밖의 다른 사람은 없다고 알고 있지 않았나 할 정도로 김수근을 깊이 신뢰하고 있었다. 당시의 김수근은 한국종합기술개발공사의 부사장이었고 사실상의 실권자였다.

'3억 달러의 무상원조, 2억 달러의 장기저리차관, 3억 달러 이상의 민간 신용원조 제공'을 내용으로 하는 한일협정이 정식 체결된 것은 1965년 6월 22일이었고 막후에서 그것을 성공시킨 주역은 당시의 공화당 의장 김종필이었다. 당시의 한국에는 대규모 댐이나 항만시설 등을 설계할 큰 규모의 기술용역업체가 없었고 만약에 그것을 하기 위해서는 일본 용역업체에 의뢰해야 할 처지에 있었다. 그에 대한 대책으로 김종필 의장은 박 대통령과 상의하여 대만에 있던 국영의 기술용역업체와 닮은 것을 한국에도 설립하기로 결정했다. 그런 결정을 내린 김종필은 우선 김수근을 불러 그 기능과 조직을 의논했다.

'한국종합기술개발공사'라는 건설기술종합 용역업체가 설립된 것은 1965년 5월 25일이었고 다음달 6월 3일에 한국전력(주)·대한석유공사·대한석탄공사 등 상공부 산하 9개 업체가 1억 4,500만 원을 이 업체에 투자키로 의결함으로써 정식으로 국영기업체의 하나가 되었다.

이 회사의 초대사장은 군사정부 당시 경기도지사였고 육군소장으로 예편한 박창원이 맡았으나 실권자는 김수근 부사장이었다. 김수근은 1968년 4월에 이 회사 제2대 사장이 되었고 1969년 7월까지 사장직에 있었다. 김수근이 '한국종합'의 부사장이 되면서 김수근건축사업소는 문을 닫았다. 한국종합에 흡수·통합된 것이다. 그리고 종전까지 건축사업소였던 자리는 '공간사랑'이라는 이름으로 바뀌어 그해 가을부터 잡지 ≪공간≫을 발간했다. 김수근건축사업소에서 근무했던 설계요원들도 한국종합의 직원이 되었다.

이 회사는 그 특수한 설립목적 때문에 수자원부·항만부·전기통신부 같은 것이 주류를 이루었으나 김수근이 부사장·사장으로 재직했던 당시는 도시계획부와 건축부가 큰 비중을 차지하고 있었고 그 구성원들도 재간있는 젊은이들로 이루어졌다. 이 나라 안 최고의 건축가였던 김수근을 중심으로 모였고 뽑혔으니 당연한 일이었다. 여의도 신시가지 설계를 담당한 도시계획부의 장은 세운상가 설계의 주역이었던 윤승중이었고 그 밑에 박성규·김규오·김원·김석철·김환·김문규 등이 배치되어 이 일을 수행했다.

김수근은 한 평생을 통해서 항상 스타였고 또 스타여야 했다. 즉 스스로가 항상 보통사람과는 다른 차원의 인물이라는 자기도취에 빠져 있었고 따라서 보통사람과는 다르게 생활하고 행동했다. 우두머리가 그러하였으니 그 휘하에 모인 인재들이 뛰어났고 KS마크였음은 당연한 일이었다.[5)]

뒤에서 상세히 설명하겠지만 김수근 팀에 의한 여의도 설계는 엄청난 것이었다. 이상적이라는 표현을 넘어서 오히려 환상적이라는 표현이 맞을 것이었다. 소득수준이 1만 달러를 넘은 오늘날 보아도 실현될 가능성

---

5) 서울에서 오늘날과 같은 고등학교 평준화가 실시된 최초는 1974년이었다. 이 고등학교 평준화시책이 실시되기 이전에는 고등학교 입학시험이 치러졌고 일류고등학교니 명문고등학교라는 것이 있었다. 서울의 명문 남자고등학교는 우선 5대 공립(경기·서울·경복·용산·경동), 5대 사립(중앙·양정·배재·휘문·보성)이었다. 그러나 그 중에서도 경기·서울·경복의 3대 고등학교는 타의 추종을 불허했고 특히 경기고등학교는 서울뿐만 아니라 전국의 준재들이 모이는 뛰어난 학교였다.
'KS마크'라는 것은 '공업진흥청이 표준적이라고 인정하는 제품에 붙이는 표시' 즉 좋은 제품에만 붙일 수 있는 표지였다. 이 낱말이 인간에게도 붙여지기 시작한다. 경기고·서울대를 나온 사람은 우선 '좋은 인재'로 인정할 수 있다는 뜻으로 사용되었다. 그러나 굳이 경기고등학교에 국한해버리면 그 숫자가 너무 적어지기 때문에 K에는 경기·서울·경복 출신까지 포함되었다. 일단 KS마크를 달면 평생토록 일류 인생을 살고 있는 것으로 본인도 인식했고 세상사람도 그렇게 인식해주었다. 그것은 평준화가 실시된 지 25년이 넘는 지금에 와서도 크게 변하지 않고 있다.

이 희박한 구상이었으니 150달러 시대의 구상치고는 틀림없이 꿈과 같은 설계도였다. 그런 꿈을 그린 사람들이 과연 어떤 학교를 나왔으며 당시의 나이는 몇 살이었고 지금은 무엇을 하고 있는가를 조사해서 표를 만들어보았더니 다음과 같았다.

이름	생년	당시의 나이	출신 고등학교	서울공대건축과 졸업연도	현재의 직책
윤승중(尹承重)	1938	30	서울	1960	원도시건축연구소 소장
박성규(朴性圭)	1941	27	경기	1963	건축연구소 하나그룹 소장
김규오(金圭吾)	1941	27	경복	1964	윤중엔지니어링 대표
김원(金洹)	1942	26	경기	1965	광장건축연구소 대표
김석철(金錫徹)	1943	25	경기	1966	아키반건축연구소 소장
김환(金桓)	1939	29	경기	1965	향 종합건축사무소 대표
김문규(金文圭)	1943	25	서울	1967	하나그룹 대표

강한 엘리트 의식을 지녔던 데다 가장 연장자의 나이가 30세여서 패기에 차 있던 그들에게 김현옥 시장이 요구한 것은 '후세에까지 길이 남을 예술적 도시계획' '이상적·초현대적 도시계획'이었다. 시장의 요구가 그러하였으니 김수근 팀이 꿈에 부풀 수밖에 없었고 그 계획이 환상적일 수밖에 없었다.

단개의 도쿄계획과 여의도계획

일본의 건축가 중에는 세계적 명성을 얻고 있는 사람이 몇몇 있다.

미노루 야마자키(山崎 稔), 마에다 구니오(前田國男), 이소자키 아라다(磯崎 新) 등의 이름이 떠오른다. 그러나 그들 일본인 건축가 중에서도 단개 겐조(丹下健三)[6]는 뛰어난 존재이다.

단개가 '도쿄계획 1960'을 처음으로 발표한 것은 1961년이었고, 잡지에 발표하고 몇 권의 저서로도 발표하여 일본 국내를 놀라게 했을 뿐 아니라 온 세계의 건축가·도시계획가의 주목을 받았다.

단개는 도쿄는 물론이고 런던·파리·모스크바 등 세계의 대도시들이 공통적으로 안고 있는 공간적인 혼란과 모순은, 모두가 몇 개의 방사선이 도심부를 향해서 집중하고 그 결과로 형성된 구심형 도시구조가 점점 외곽으로 확산된다는 점에 있다고 보았다. 그것을 근본적으로 해결하기 위해 그가 제안한 도쿄 구조개혁의 방안이 해상인공도시였다. 즉 도쿄 도심부에서 지바현 기사라즈까지를 연결하는 길이 약 40km에 달하는 대규모 인공해상도시를 건설하여, 금융·생산·소비의 관리중추기능, 각종 매스컴의 중심기능, 기술개발 등의 연구기관, 외국공관, 외국상사, 백화점·상점·위락센터·문화시설·후생시설·호텔, 그리고 아파트 등의 주거시설을 집중배치함으로써 인구 500만을 수용하는 새 도시를 건설한다는 구상이었다.

즉 지상에서의 높이 40m, 해상에서의 높이 50km 되는 큰 기둥을 1km 간격으로 세우고 기둥과 기둥을 연결하는 40km의 대형 현수교 (suspension bridge)를 바다 위에 두 줄로 세우고 그 위에 여러 개의 루프로 연결되는 인공대지를 조성하여 선형(linear)의 도시축을 형성해간다는 구

---

6) 1913년 생인 단개는 1938년에 도쿄대학 건축과를 나왔고 1946년에 모교인 도쿄대학 조교수가 되었으며 1962~74년에 도쿄대학 건축과·도시공학과 교수로 재직했다. 그는 현재의 도쿄도청사를 비롯하여 국내외에 엄청나게 많은 건축작품을 남겼다. 영국왕실건축가협회 금상을 비롯하여 수없이 많은 상을 탔으며 미국·영국·독일·프랑스 각 대학의 명예박사, 각국의 예술원 명예회원 등의 영예를 입고 있다.

상이었다.

또 이 도쿄계획은 우선 인간과 물자의 공간이동을 고속 - 저속 - 보행 - 정지의 4단계로 위계화하고 그 흐름을 도시공간과 개개의 건축물에 유기적으로 흡수 통합하는 방안도 제시했다. 해상도시 축을 조성하는 데 몇 년이 걸리고 그 공사비는 얼마나 드는지 등에 관한 연구까지를 제시하고 있지 않지만 여하튼 이 구상은 대단히 기발하고 대담한 것이었고 능히 온 세상사람을 놀라게 했다.

김수근이 6년제 경기중학을 졸업한 것은 1950년 5월 말이었고 6월 1일자로 서울대학교 공과대학 건축과에 입학했다(당시는 잦은 학제변경의 시대였고 5월 말에 학년이 끝나고 6월부터 신학기가 시작되었다). 그가 공대 건축과에 입학한 지 20여 일 후에 한국전쟁이 일어났다. 그가 부산에서 밀선을 타고 일본에 건너간 것7)은 1·4후퇴 후인 1951년이었다.

일본으로 건너간 초기에는 대단한 고생을 했지만 여하튼 도쿄예술대학 건축미술과에 들어갈 수 있었고 1958년에 이 학교를 졸업했다. 그리고 바로 도쿄대학 대학원에 진학하여 다카야마 에이가(高山英華) 교실에서 대학원을 마쳤다. 1960년이었다. 대학원을 다닐 때 당연히 단게의 강의와 지도를 받았고 아마도 단게의 '도쿄계획 1960'의 작업에도 참여했을 것으로 추측이 된다. 그의 건축세계는 단게의 영향이 적지 않았으며 당연히 모방도 적지 않았다.

김 시장으로부터 여의도 도시계획의 의뢰를 받았을 때 그의 머리에는 단게의 '도쿄계획 1960'이 떠올랐다. 당시에 매월 한국에 들어오던 일본의 건축잡지 《국제건축》《건축문화》에는 단게의 계획안이 상세히 소개되어 있었고 윤승중을 비롯한 젊은이들도 그 내용을 자세히 알고

---

7) 좋게 말하면 불타는 향학열 때문이었고 나쁘게 말하면 병역을 피하기 위해서였다. 후자 쪽이 더 강했을 것이다.

단개 겐조의 도쿄 계획 1960.

있었다.

『한국종합기술개발공사 30년사』의 연표에 의하면 이 회사가 서울시와 여의도개발계획 용역계약을 체결한 날짜는 1968년 9월 25일로 되어 있다. 그러나 실제로 이 계획수립에 착수한 것은 1968년 1월부터였다. 설계팀 7명 연명으로 잡지 ≪공간≫에 발표한 글, 「여의도개발 마스터프랜을 위한 전제와 가설」에 "1968년 초"라고 밝히고 있다.

김현옥 시장이 요구한 것은 "이상적인 도시계획" "초현대적이며 후세에 길이 남을 예술적 도시설계"였다. 패기에 넘쳐 있던 젊은이들은 그들이 평소에 꾸어왔던 꿈을 마음껏 발휘하는 그림을 그렸다. 그리고 그 첫번째 구상은 그해 3월 19일에 완성되었고 3월 21일자 ≪조선일보≫에 보도되었다.

> 청사진에 따라 먼저 달려본 꿈의 서울
> 80년대의 여의도
> 보행은 2층 차는 지상으로
> 국회 - 도심 - 시청축으로 가르고 외곽에는 주택단지
> 평면 아닌 수직분배가 설계의 특징

"청사진 따라 먼저 달려보"았다고 하지만 이 제1차 구상도 이미 청사진 단계는 아니었고 모형의 사진이 소개되어 있다. 그리고 이 모형사진을 보면 뒤에 발표된 최종안보다 훨씬 현실적이다. 보행자용 인공데크는 설치되어 있지만 그것이 루프(環)를 형성하지 않았기 때문에 훨씬 실현성이 있다. 또 약간은 조잡하여 매끄럽지가 않기 때문에 생기가 넘친다. 이 그림을 보고 있으면 '동화책에 나오는 꿈의 궁전' 같지가 않다.

그런데 아마도 이 구상은 김 시장에게 보고되기 이전에 신문에 먼저 보도되어버려 김 시장의 노여움을 산 것으로 추측된다. 이 계획내용을 바탕에 둔 김 시장의 기자회견은 그로부터 10여 일이 더 지난 4월 3일에 있었다. 김 시장은 이 회견에서 '여의도를 중심으로 하는 제2서울 건설'을 표방했고 "이 제2서울 도심부에 건립되는 건물은 10층 이상으로 하고 전시가지는 처음부터 입체로 하여 지하도나 육교가 없는 초현대적 도시계획이 될 것임"을 강조했다.

1968년 3월 하순에 보고된 제1차안은 그것이 ≪조선일보≫에 사전보도된 탓에 크게 수정되어야 했고 그 수정과정에서 더욱더 이상적으로, 다시말하면 실현성이 의심되는 꿈의 도시로 변해갔던 것이다.

여의도 도시설계의 내용

이때 서울시와 한국종합 간에 체결한 용역계약 금액이 얼마였던가는 알 수가 없다. 「한강건설특별회계 예산서」에 의하면 그해의 조사·설계비는 5천만 원이었다. 당시의 5천만 원은 엄청난 액수였으니 한국종합과 5천만 원으로 계약한 것은 아니라고 생각한다. 다만 그해 한강건설사업소는 한국종합에 여의도개발계획 이외에는 다른 조사·설계를 외부에 발주한 실적이 없으니 아마 한국종합에 2천 만원 내지 3천만 원 정도의 매우 높은 용역비를 지불했을 것으로 추측된다. 용역기간은 1969년 말까지였다. 충분한 경비와 충분한 시간이 주어졌으니 꿈을 그리는 데 아무런 제약조건이 없었다. 그들이 그린 꿈의 내용을 고찰하면 다음과 같다.

① 선형계획(linear plan)
세종로 - 태평로 - 종로 - 을지로 - 퇴계로로 이루어진 서울의 기존 도심은 혼란과 모순이 뒤엉켜 구제할 수 없는 처지에 있다. 구도심을 이렇게 만든 요인은 방사선도로에 의한 단일도심 집중형 도시팽창이었다. 이러한 모순·혼란을 구제하기 위해서는 구심형 도시개발에서 선형의 개발로 전환되어야 하며 선형의 도시축에 따라 새 도심을 하나 만들어야 한다. 즉 새로 조성되는 도심에 구도심의 기능을 옮기고 구도심의 과감한 재개발을 단행해야만 한다.

그런데 새로 조성되는 도심은 함부로 아무 곳에나 만들 수 없었다. 도시발전축의 선형 위에 조성해야 한다. 연구팀은 서울 - 여의도 - 영등포 - 인천을 연결하는 선형계획을 세웠다. 즉 긴 안목으로 볼 때 서울은 어차피 인천과 연결되는 선으로 발전되어야 한다. 이른바 경인개발계획이다. 서울이 인천을 향해서 발전해가는 첫 단계에 여의도를 위치시킨다. 우선 여의도에 새 도심을 건설한다. 그리하여 구도심의 기능을 여의도로 옮기고 구도심은 과감히 재개발한다. 이상이 구도심 - 여의도 - 영등포 - 인천을 연결하는 선형이론이었다.

구도심·여의도·영등포·인천이 선형으로 연결되기 위해서는 구도심에서 여의도를 통과하는 길은 고속도로가 되어야 했다. 마포지구와 섬을 연결하는 교량은 '서울대교'로 이름지어져 있었으며 1968년 2월 28일에 착공되어 한창 공사가 진행중이었다. 섬과 영등포를 연결하는 작은 교량은 '서울교'라는 이름이 붙여져 이미 그해 8월 8일에 개통되었다. 서울대교(현 마포대교)와 서울교를 연결하는 섬의 남북간 간선도로는 고가로 올려 고속도로로 했으며 그 아래 지상부분의 북쪽에서 서쪽에 걸쳐 8만 평의 민족광장을 조성하도록 계획했다.

② 국회 - 상업·업무지구 - 시청의 축

여의도가 서울의 새도심이 되기 위해서는 우선 중요기관이 이전되어야 한다. 국회의사당의 입지는 이미 결정되어 있었지만 새 도심이 형성되기 위해서는 국회만으로는 허약했다. 그래서 시청을 이곳에 옮기기로 했다. 김 시장의 영단이었다. 이어서 대법원을 비롯한 사법부의 입지도 고려되었다. 법원행정처와의 사전협의도 없었고 국무회의의 의결을 거친 것도 아니었다. 김 시장은 대통령에게 잘 말씀드리면 사법부 전체는 어렵다 할지라도 대법원 하나만은 옮길 수 있을 것이라 생각했다. 외국공관도 집어넣었다. 미국·영국·일본 등 주요각국의 대사관과 사전에 협의된 것이 아니었다. 물론 외무부와의 협의도 없었다. 외국공관단지를 만들어 헐값으로 토지를 제공하면 기꺼이 들어올 것이라는 안이한 생각이었다. 새 도심이 되기 위해서는 종합병원도 있어야 했다. 가톨릭의대 부속병원(성모병원)과는 사전에 약간의 협의가 있었다고 전해지고 있다.

우선 10만 평인 국회지구 동남쪽에 외국공관지구를 배치했다. 섬의 서쪽 끝을 이렇게 채운 설계팀은 국회·외국공관지구와 대칭이 되는 섬의 동쪽 끝에 종합병원을, 그리고 그 앞에 시청과 대법원을 배치했다. 섬의 동서 끝의 입지는 끝났다. 다음은 중앙부였다. 섬 중앙부의 중심에 상업 업무지구를 배치했다.

여의도는 동서가 긴 타원형의 섬이다. 흡사 일그러진 럭비공과 같이 생겼다. 농구공 모양의 서쪽 끝에 국회가 들어가고 동쪽 끝에 시청과 대법원을 배치했으며 중앙부의 중앙에 길게 상업·업무지구를 배치했던 것이다. 국회권 - 상업·업무권 - 시청·대법원권으로 연결함으로써 타원형의 중앙축이 형성되었다. 그리고 이 상업·업무지구 양측 즉 섬의 동남부와 동북부에 주거지역이 배치되었다.

③ 보행자용 인공데크

구도심이 안고 있는 모순·혼란의 첫째는 상업·업무기능과 주거기능 등이 혼재하고 있다는 점이다. 새 도심이 될 여의도 계획에서는 상업업무기능과 주거기능을 엄격히 구분해야 했다. 섬의 중앙부 동서에 걸쳐 상업·업무지구를 배치했다. 그 중간에는 고속도로가 달리고 있다. 구도심부의 모순·혼란을 초래한 두번째 요인은 급격히 증가하고 있는 자동차교통을 처리할 수 없다는 점, 자동차공간과 보행자공간이 같은 지면 위에 공존하고 있다는 점이었다. 새 도심이 되는 여의도의 업무지구에서는 그것을 엄격히 구분해야 했다. 상업·업무지구의 지상은 자동차를 위해 할애되었다. 즉 자동차의 주행공간과 주차공간이 충분히 확보되도록 계획했다.

상업·업무용 건물은 10층 이상의 고층건물들이다. 이 상업·업무지구를 둘러싸고 높이 7m의 인공대지를 둘렀다. 보행자 전용공간이었다. 세운상가에서 도입했던 수법을 보다 더 연장하고 확대한 것이다. 이 보행자 전용데크는 5개의 루프로 둘러졌으며 루프와 루프의 중간에 루프를 연결하는 또 하나의 데크가 설치되었다. 이 루프의 연결은 '도쿄계획 1960'의 완전한 모방이었다.

④ 도로체계의 계층화와 건축물 모형

'도쿄계획 1960'이 교통수단을 고속-저속-보행 등으로 위계화한 예에 따라 여의도 계획에서도 도로의 계층화가 시도되었다. 관통고속도로-간선도로-분기도로-진입도로의 계층화였다. 그들의 보고서에 의하면 이와 같은 도로의 계층화는 "어떤 경우의 변동이나 상황에도 대응되도록 진입도로를 탄성도로(elastic street)로 하고 관통도로-간선도로-분기도로는 모두 논스톱으로 한다. 진입도로의 양측에는 노면주차(parking lay by)가 가능하다"라고 설명되어 있다.

'이상적인 도시계획' '후세에 길이 남을 예술적 도시설계'가 되기 위해서는 도시를 구성하는 개개의 건물까지 구상되어야 했다. 그것은 바로 단게가 제안한 '도시, 교통, 건축의 유기적 통일'의 실현이었다. 국회의사당은 이미 현상설계가 끝나 1968년 8월 29일에는 일반 응모작 최우수 작품까지 발표되었으므로 구체적인 건물모형은 제시하지 않았으나 시청권·대법원권·상업업무지구·주택지구·외국공관지구에 이르기까지 여의도에 들어설 모든 건물의 모형도까지를 그렸다. 문자 그대로 도시설계였으며 현재 유행하고 있는 도시의 상세계획이었다.

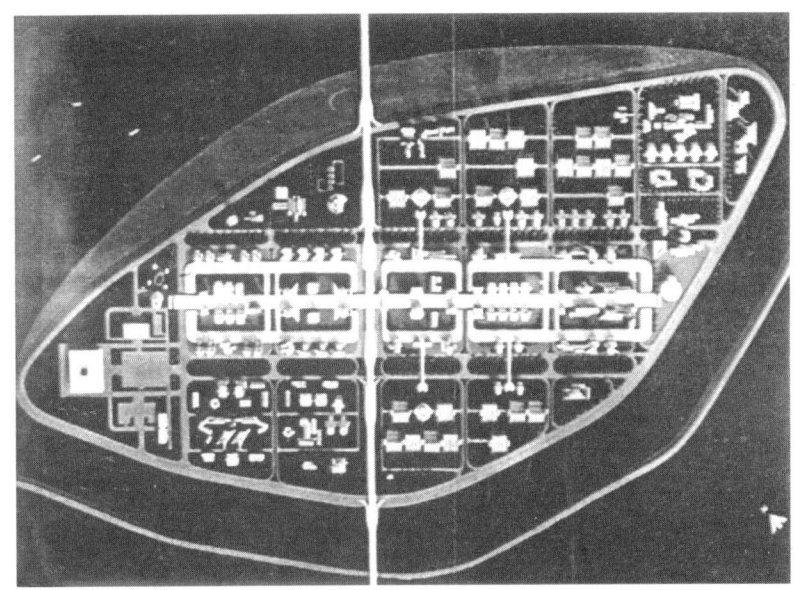

김수근 팀의 계획내용을 그대로 담아 기홍성이 제작한 모형.

여의도 도시계획 모형제작

1968~69년에 걸쳐서 이루어진 김수근 팀의 여의도계획을 보다 화려하게 한 것은 그 모형이었다. 당시만 하더라도 투시도 정도가 고작이었지 건축물의 모형이라는 것은 극히 드문 일이었다. 특히 도시계획 모형이라는 것은 1966년의 8.15전시 때 대서울기본계획을 비롯한 몇 개의 모형이 제작 전시된 전례가 있었을 뿐이다.

한국종합-김수근 팀에 의한 여의도계획은 풍족한 경비와 시간이 주어졌으니 상세한 모형까지 만드는 여유가 있었다. 풍류인 김수근이 한껏 멋을 부릴 수 있었던 것이다. 이 모형제작을 맡은 것은 기홍성이라는 젊은이였다. 모형제작가 기홍성이 그 기량과 존재를 처음으로 세인에게

알린 일생일대의 걸작이었다.[8]

여의도 모형제작은 그의 인생을 결정지었다. 그는 지금 우리나라뿐 아니라 일본에서도 높이 평가되는 모형제작자로 성장했고, 1996년 문화의 날에는 모형제작의 공로로 훈장을 받기도 했다. 지금도 마포구 서교동에 있는 기홍성모형제작공사에 가면 1968년에 만들어 그의 출세작이 된 '여의도 도시계획 모형'이 보관되어 있는 것으로 알고 있다.

1968년 여의도계획에 대한 평가

1968~69년의 여의도계획은 《공간》 1969년 4월호에 발표된 「여의도개발 마스터플랜을 위한 전제와 가설」에 그것을 계획한 과정과 그들의 구상이 상세히 보고되어 있다. 또 그것을 정리한 것이 「여의도 및 한강연안 개발계획」이란 용역보고서로 서울시에 제출되었다.

《공간》에 발표된 글의 서두를 소개하면 다음과 같다.

---

[8] 이 글을 쓰면서 기홍성에게 전화를 걸었다. 어디에서 모형제작 수업을 받았는가, 김수근과의 만남은 어떻게 이루어졌는가, 재료는 어떤 것을 썼는가, 여의도 모형의 정확한 크기는 얼마였는가를 알기 위해서였다. 그러나 이미 너무나 유명해졌고 따라서 너무나 바빠진 그에게서 만족할 만한 해답을 얻을 수는 없었다. 그는 서울 600년 기념사업의 하나로 1994년에 '100년전의 서울 모습'의 모형을 제작했고 그 제작이 끝난 후 TV에 나와 그의 모형제작 인생을 피력한 일이 있었다. 다행히 나는 TV 화면을 통해 그의 이야기를 들을 수 있었다. 나의 기억을 더듬어보면 그는 정식으로 모형제작 수업을 받은 일이 없다고 했다. 1960년대에 해군수병으로 있으면서 취미로 여러 형의 군함모형을 만들었고 그것이 너무나 정교하여 해군장성들의 인기를 끌어 여러 개의 군함모형을 여러 가지 재료로 제작하여 장성들에게 제공하는 과정을 통해 모형제작을 독습했다고 한다. 타고난 재간이 그러한 독습을 가능하게 했을 것이다. 군대생활에서 터득한 기량을 사회에 나와서도 살려 간혹 모형제작을 의뢰하는 기업체나 기관이 있으면 주문에 따라 건물모형, 공장모형 등을 만들고 있을 때 마침 추천하는 사람이 있어 김수근을 만났다고 한다.

여의도의 종합개발을 위한 마스터플랜이 처음으로 우리에게 맡겨졌던 1968년 초만 하더라도 우리는 이 거대한 계획의 실현가능성 여부에 관하여 상당한 의구심을 가지고 있었던 것이 사실이다.

우선은 재원을 확보하는 것이 가장 큰 문제로 생각되었다. 그것은 불가능하다기보다는 가장 어려운 일 가운데 하나라고 말하는 편이 정확한 표현이 될 것이다.

그리고 용역보고서에서는 이 계획을 완성하는 데 20년이 걸리며 이 기간에 1천억 원을 넘은 막대한 투자가 이루어져야 한다. 먼저 개발당국인 서울시에서 107억 6,550만 원의 선행투자를 해야 하고 그 다음에 1천억 원에 달하는 민간투자를 유치해야 한다고 전망하고 있다(「여의도 및 한강연안 개발계획」, 74~75쪽).

서울시가 선행투자해야 한다는 107억 원 중에는 인공데크의 투자예산은 포함되어 있지 않다. 그리고 뒤에서 이 사업의 집행자는 '여의도개발공단'과 같은 관민협동기구가 설립되어야 한다고 제안하고 있다.

종합개발 사업의 집행자는 서울특별시장으로 할 수 있다. 그런데 민간자본의 유치와 민간기술의 적극적인 참여를 기도하여 종합개발사업을 추진하기 위해서는 관민협동기구로서의 가칭 '여의도개발공단'을 설립하여 이를 대행케 할 수 있을 것이다. 그와 같은 예는 해외에서 볼 수 있다(「여의도 및 한강연안 개발계획」, 92쪽).

이 계획이 수립된 1968년의 우리나라 1인당 국민소득수준은 169달러였다. 그리고 1968년도 서울시 일반회계 결산액(세입)은 138억 원이었고 한강개발 특별회계의 세입결산액은 10억 9,900만 원이었다. 당시의 서울시 재정사정은 직원 봉급도 제때에 지급할 수 없을 정도로 최악의 상태였다. 김수근 팀이 그린 여의도개발계획은 당시의 서울시 재정형편으로는 실현이 불가능한 계획이었다.

또 대법원지구니 외국공관지구니 하는 것도 가공의 희망사항에 불과했다. 인공대지니 인공데크니 하는 것은 구체적인 개개의 입주자가 건설해야 되도록 되어 있는데, 당시의 우리나라 민간기업의 경제사정이 일부러 그런 여분의 경비를 들여서까지 여의도에 입지를 희망할 그런 처지가 아니었다. 김현옥 시장이 5년이나 10년간 더 재직했더라면 시청청사는 옮겨갔을지 모를 일이지만 그 계획을 세운 지 30년이 지난 오늘날에 이르기까지 시청은 태평로에 그대로 위치하고 있다. 1968년 계획이 얼마나 헛된 것이었는지를 짐작할 수 있게 한다.

재정적·사회경제적인 입장을 떠나서 순전히 도시계획적·건축적 측면에서만 이 계획을 본다면 어떻게 평가될 수 있을까?

≪신동아≫ 1984년 10월호에 실린 강홍빈의 글 「실패한 도시계획의 전형 여의도」에 의하면 1971년에 작성된 계획에 따라서 조성된 현재의 여의도가 얼마나 형편없는 시가지인가에만 초점이 맞춰져 있다. 그는 김수근 팀에 의해서 이루어진 1968년 계획에 대해서는 "그 발상과 스케일에 있어서 지나칠 만큼 의욕적이었다"는 짤막한 코멘트만을 하고 있을 뿐이다.

나는 이 글을 쓰면서 김수근 팀에 의한 1968년 여의도계획에 대한 찬반의견이 어디엔가 있을 것이라 생각하고 백방으로 찾아보았다. 1968년 여의도계획은 대담한 구상이었고 당연히 찬반논란이 쏟아질 제안이었다. 그런데 끝내 그에 관한 것을 찾을 수가 없었다. 당시는 물론이고 지금에 이르기까지 우리나라 도시계획계·건축계는 철저히 침묵을 지키고 있다.

거기에는 두 가지 이유가 있다고 생각한다. 그 첫째는 그것을 거론할 지면이 없었다는 점이다. 1970년대까지 우리나라 건축잡지는 김수근이 발행책임자였던 ≪공간≫뿐이었으니 공간에서의 의뢰가 없는 한 찬반의

견을 발표할 지면이 없었던 것이다. 둘째 이유는 한국사회를 뿌리깊게 지배하는 의리니 신의니 하는 유교적 윤리관이다. 김수근·윤승중·김원·김석철과의 동료 또는 선후배관계가 그 계획에 대한 논의를 주저하게 했을 것이다.

부득이 나는 이 안을 들고 다니면서 여러 분의 의견을 물었다. 30년 가까이 지났지만 이 계획을 모르는 사람은 없었다. 그 의견들을 간추려 소개해본다.

"한 장의 그림에 불과하다."
"계획을 한 당사자들도 이런 시가지가 실제로 실현되리라고 생각하지는 않았을 것이다. 방향제시에 불과했다고 생각한다."
"단개의 도쿄계획 모방이며 그 이상도 그 이하도 아니다."
"단개의 도쿄계획을 모방한 것인데 규모가 같지 않은 것을 무리하게 맞춘 데 문제가 있다."
"아무런 가치도 없다. 만약에 이 계획에 가치가 있다면 그 후에 이 수법의 전부 또는 일부가 계승되고 답습되었을 것인데 전혀 그런 사례가 없지 않은가."

나는 이 글을 쓰면서 이 계획을 깊이 있게 고찰할 수 있었고 이 계획이 결코 혹평만 되어서는 안 된다고 생각한다.

춘궁기니 절량농가니 하는 되풀이된 기아현상에서 겨우 해방되기는 했으나 여전히 가난하기 짝이 없던 시대에 이만한 그림을 그릴 수 있었던 젊은이들의 정열과 기백에 우선 경의를 표하는 한편으로 이런 그림을 그릴 수 있었던 그들의 정신적·경제적 환경에 부러움을 느꼈다. 그들이 한 일은 구미각국에서 한창 주창되고 있던 최신의 건축사조를 수용하려고 한 것이었지 결코 모방하려고 한 것이 아니었을 것이다. 그들의 노력이 비록 그림으로 끝났기는 하나 이런 대담한 그림이 우리나라 도시계획

역사에 남겨졌다는 사실만으로 높이 평가되어야 한다고 생각한다. 그리고 이 그림은 길이 후세에 전해져야 한다고 생각하고 있다.

윤중제 공사 후의 김현옥 시장과 서울대교 준공

1968년 6월 1일에 윤중제 공사 준공식을 거행한 여의도는 1970년에 서울대교(현 마포대교)가 준공될 때까지 동면기에 들어갔다. 윤중제 안에서는 공동구 공사와 택지조성을 위한 매립공사가 추진되고 있었지만 이미 김 시장이 관심을 가질 정도의 일은 아니었다. 이상적인 신시가지를 조성하고 싶어도 교량이 완성되지 않는 상태에서는 속수무책이었던 것이다. 잠시도 헛된 시간을 보낼 수 없고 언제나 분주하게 돌아다녀야 했던 김 시장은 윤중제 공사가 끝나자마자 시내의 수많은 판잣집 정리를 위한 근본대책 수립과 시내전차 철거대책에 골몰했다.

경기도 광주군에 대단지를 조성하여 판잣집 거주자를 집단이주시키겠다는 이른바 '광주대단지계획'을 수립 발표한 것은 6월 10일이었다. 윤중제 준공식으로부터 열흘도 지나지 않았으니 그의 정력은 그칠 줄을 몰랐다. 그리고 또 이틀이 더 지난 6월 12일에는 서대문구 영천지구에 철거민을 위한 아파트 19동을 짓겠다는 것을 결정 발표했다. 1969년 한 해 동안 그를 미치게 한 시민아파트 건설구상의 첫 신호탄이었다.

공사진척을 서두르던 서울대교 공사장에서 슬라브가 붕괴되어 24명의 부상자를 낸 사고가 일어난 것은 7월 4일이었지만 그런 사고로 김 시장이 멈칫거릴 리 없었다. 7월 12일에는 경기도 고양군 벽제리에 현대식 화장장 착공계획을 수립 발표했다.

한강인도교 북단에서 양화교 북단에 이르는 한강4로 기공식(8월 10일), 조선호텔지하도 기공식(9월 9일), 아현고가도로 준공식(9월 19일), 신설동 - 신당동 간 입체교차로 기공식(9월 23일), 동대문근로복지관 개관식(9월 24일), 북악스카이웨이 개통식(9월 28일) 등의 행사가 거의 하루걸러 한 건 정도씩 계속되는 가운데 김 시장은 다시 엄청난 일을 시작했다. 종로 3가 속칭 '종삼'이라는 이름으로 알려진 1950~60년대 이 나라 최대의 사창가를 일소하는 일이었다. '나비작전'이라는 이름으로 추진된 이 일은 정말 순식간에 해치워졌다. 해치웠다는 말밖에 다른 표현이 생각나지 않는다. 1968년 9월 26일에 시작해서 10일이 지난 10월 5일에 끝이 났다. 그의 공약대로 만 10일 후에는 그 엄청난 사창가가 자취를 감추었다.

서울시내를 달리던 전차가 운행을 중지한 것은 그해 11월 29일이었다. 12월 3일에는 시민아파트 건립계획을 발표했다.

김현옥 시장이 시민아파트 400동 건립에 미쳤던 1969년 당시 한국인 1인당 소득수준은 210달러였다. 210달러 시대에 400동의 시민아파트를 1년 만에 건립했다는 것은 전쟁을 치르는 것과 마찬가지의 벅찬 일이었다. 김 시장은 1969년의 1년간, 다른 일은 모두 잊어버리고 이 일에 몰두했다.

아마도 김 시장은 김수근 팀이 1969년 5월에 제출한 여의도개발계획의 내용을 제대로 듣지도 않았고 따라서 그런 계획을 추진하는 데 얼마나 많은 시일과 경비가 소요된다는 것도 검토하지 않았던 것 같다. 내가 그렇게 추측하는 이유는 김 시장이 그것을 면밀하게 검토했다면 반드시 수정지시를 내렸을 것이었는데 전혀 그런 지시를 내린 흔적이 없다는 점이다. 김 시장은 외면은 호탕한 것 같지만 내면세계는 대단히 치밀한 성격이었다. 돌다리도 두들기며 건너는 면이 있었다. 아마 김 시장에게는 "김수근이가 만들었으니 여부가 있겠는가"라는 신뢰감이 있었고 또 "본격적인 시가지 건설이 추진되는 것은 서울대교가 준공된 후의 일이니 그때 가서 검토해도 늦지 않다"고 생각했을 것이다. 사실 1968년 후반에서 1969년 말에 걸친 그의 하루하루는 너무나 벅차고 바쁜 날의 연속이었다.

1969년 3월 3일에는 시내전차궤도 철거공사가 착공되었고 3월 13일에는 남산 제1호터널 굴착공사 기공식이 있었으며 4월 21에는 제2호터널 기공식이 있었다. 400동 시민아파트 기공식은 4월과 5월, 9월과 10월에 나누어서 거행되었는데 특히 5월 15일에는 하루에 16개소의 기공식이 있어 아침 7시부터 시작하여 저녁 늦게까지 이곳저곳으로 뛰어다녀야 했다.

그런 1969년이 지나고 1970년을 맞이하면서 그는 시민아파트 부실공사에 대해 고민하기 시작했다. 공사부실의 실정이 그의 귀에도 들려왔던 것이다. 이 시기 그는 자주 아파트가 붕괴되는 꿈을 꿨다고 한다. 그가 꾸었다는 악몽은 현실이 되어 1970년 4월 8일에 마포구 와우산 허리에 지었던 시민아파트 한 동이 무너져 33명이 죽고 40여 명이 중경상을 입는 대사건이 일어난다. 그가 시장자리를 물러난 것은 4월 17일이었다.

서울대교는 1968년 2월 28일에 기공식을 올렸다. 밤섬 폭파가 있은 지 8일 후의 일이었다. 공사비 15억 9,800만 원을 들인 길이 1,390m의 이 다리가 준공된 것은 1970년 5월 16일이었다. 한강 위에 다섯번째로 건설된 이 교량은 당시 국내에서 가장 긴 다리였을 뿐 아니라 다리의 북단 마포 쪽은 이 나라 최초로 하프 크로버형 입체교차로가 시설되어 비록 잠깐이었기는 하나 서울의 새 명물이 되기도 했다.

박 대통령 내외분과 삼부요인 등 다수가 참석한 이 교량의 준공식을 주재한 것은 양택식 시장이었다. "이 날 개통식에 모여든 1만여 마포구민은 대통령의 시주(試走)가 끝나자 농악대를 앞세우고 다리로 몰려들어 난간을 만져보는 등 잔치기분에 들떴다"고 당시의 신문은 보도하고 있다. 별로 할 일이 없어 독서와 골프로 소일하던 김현옥은 그날 오후에 쓸쓸히 혼자 차를 타고 이 다리를 건넜다고 한다. 여의도에 건설코자 했던 '제2서울'의 꿈을 되씹어야 했던 그의 심정이 과연 어떠했던가를 짐작해본다.

5. 양택식 시장의 여의도 건설

서울시의 재정난을 타개하는 길 – 시범아파트 건립

김현옥은 실로 엄청난 일을 저질러놓고 떠나갔다. 안전이 의심스러웠던 406동의 시민아파트, 반쯤 뚫린 남산1·2호터널, 반쯤밖에 안 된 한강강변도로, 허허벌판인 여의도, 남서울(강남)과 광주대단지사업은 착수된 지 얼마 안 되어 어디서부터 어떻게 손을 대야 할지 모를 처지에 있었다.

경북지사로 있다가 서울시장이 된 양택식은 부임하는 차 안에서 자기의 재임 중에 지하철을 건설할 것을 결심했다. 그는 경북지사로 가기 전인 1966~67년의 2년간 철도청장을 역임한 때문에 철도에 대해 알고 있었고 따라서 서울지하철 건설의 시급함에 관해서도 어느 정도 사전지식이 있었다. '서울지하철건설본부'가 창설된 것은 시장부임 50여 일 후인 1970년 6월 9일이었다.

시민아파트 안전진단, 광주대단지 정비 등등 그의 앞에 놓인 수많은 일들은 모두가 시급히 처리해야 할 일이었을 뿐 아니라 엄청난 경비가 드는 일들이었다. 그런데 그가 직면한 현실은 바닥이 난 시 금고였다. 운영경비가 전혀 없는 거나 마찬가지였다. 서울시의 재정난은 김현옥 시장 부임 3개월 후인 1966년 7월부터 시작되고 있었다. 부임 직후부터 벌여놓은 건설공사 때문에 서울시내에 철근·시멘트 등의 품귀현상, 이른바 자재파동이 일어났을 정도였으니 재정사정이 어려워진 것은 당연한 일이었다.

김 시장 부임 직후의 서울시 재정사정을 1966년 7월 2일자 ≪동아일보≫는 '펼쳐논 공사 바닥난 금고, 김 시장 상은(商銀)에 SOS'라는 제목으로 상세히 보도하고 있다. 그러나 김 시장은 재임 4년간을 이른바 '경영행정'이라는 묘법으로 아슬아슬하게 넘어갔다. 재산매각, 민자유치, 은행기채 등의 방법이었다. 흡사 곡예사와 같은 재정운영이었다. 그러나 그런 술책도 4년이 지나자 통하지 않게 되었다. 매각할 시유지도 없어졌고 민자를 유치할 방법도 없었다. 은행부채는 늘어갔으며 그 이자부담만도 방대한 액수에 달하고 있었다.

양 시장 부임 당시의 시 재정난을 최초로 보도한 것은 1970년 8월 28일자 ≪매일경제신문≫이었다. '서울시 371억 적자 재정난 날로 심각'이란 제목을 단 이 기사의 내용일부를 소개해본다.

> 서울시의 예산규모는 1965년도에 75억 원밖에 되지 않았던 것이 6년 후인 70년에는 무려 592.1%가 증가한 494억 9,654만 2,500원으로 팽창했다.
> 그러나 각종시세 등 세입재원은 123억 4,533만 1천 원(20%)에 불과하여 371억 5,121만 1,500원의 적자를 빚고 있으며 지방교부세 20억 원과 기타 잡수입 등을 제외한 나머지 70%의 재원은 시가 가지고 있는 땅을 팔아 충당하고 있는 실정이다.
> 그러나 지난 1968년부터 부동산투기억제세가 실시되면서부터 부동산의 매매 부진 현상이 일어나 여의도 61만 평의 택지매각으로 300억 원의 재원을 확보, 지하철공사 등 각종 중요건설사업을 추진하려던 서울시의 계획은 좌초되고 있으며 재정악화를 더욱더 부채질하고 있다.

그리고 이 ≪매일경제신문≫은 일주일 후인 1970년 9월 5일에도 '서울시 금고 바닥나 추석자금 5억 고리로 시은행에서 기채'라는 제목으로 서울시 재정난을 보도하고 있다. 추석을 앞두고 시금고가 바닥이 나서 연리 24%의 이자를 물고 상업은행으로부터 5억 원을 기채했다는 내용이었다. 이와 같은 재정난은 가을이 되면서 점점 더 심각해져서 그해 11월 19일자 《동아일보》는 7면 1단 머리에 '서울시 재정난 심각, 세입부진으로 각종사업 무더기 삭제, 공사비 체불 4억, 봉급도 못 줄 형편'이라는 제목 아래 그 실정을 대대적으로 보도했고 다음날 사설도 '서울특별시 재정난'이라는 제목으로 그 심각성을 우려하고 있다.

서울시 재정을 이렇게 어렵게 한 요인 중 하나가 여의도윤중제 건설이었다. 서울시는 1968년에 윤중제를 건설하기에 앞서 일반회계에서 10억 원을 한강건설특별회계로 전입했고 한강건설특별회계는 별도로 상업은행에서 10억 원을 기채하고 있다. 그 자금들과 한강택지매각비를 합한 자금으로 여의도 공군시설 이전비 15억 원을 지출했고 윤중제 공사비 30여억 원을 지출하였으니, 또 은행에서 거액을 기채하지 않으면 지탱할 수 없게 되어 있었다.

한편 서울시 재정을 살릴 방안도 여의도에서 찾아야 했다. 김 시장 재임 중에 서울시는 팔 수 있는 토지재산은 거의 모두 팔아버렸다. 심지어 명동공원·서린공원도 팔아버리고 말았다. 이제 남은 것이라고는 여의도에 새로 조성한 60여만 평의 땅뿐이었다. 여의도 87만 평 중에서 도로·공급시설 등 공공용지 23만 평을 제외한 땅이 당시 서울시가 매각할 수 있는 재산의 전부였다. 서울시는 여의도 건설에 이미 50여억 원의 경비를 투자하고 있었는데 양 시장이 부임한 1970년 4월까지에 회수한 돈은 10억 원뿐이었다. 국회의사당 10만 평의 땅값으로 대한민국 정부는 1969년에 10억 원을 서울시에 지급했다. 땅 한 평에 1만 원씩 책정했던 것이다.

1970년 4월 16일에 부임한 양택식 시장은 부임 직후에 제2부시장 차

일석을 해임하고 그 후임으로 최종완을 영입했다. 미국 미네소타대학에서 토목으로 공학박사가 된 최종완은 귀국 후 잠시 모교인 서울대학에서 교편을 잡다가 1961년 3월부터 만 6년간 서울시 수도국장의 자리에 있었으며, 서울시를 그만둔 후에는 과학기술연구소(KIST) 개발실장을 거쳐 국립건설연구소 소장으로 있었다.

양시장은 새로 부임해온 최종완 부시장에게 여의도 택지매각 방안을 시급히 수립할 것을 지시했다. 최종완이 국·과장들과 상의하여 결정한 것은 여의도 일각에 고급아파트를 건립하여 일반에게 매각한다는 것이었다. 튼튼하고 외관도 아름다운 고급아파트를 시가 직접 건립함으로써 와우아파트사건으로 땅에 떨어진 서울시 건축기술 수준의 이미지를 되살린다는 것이 첫째 이유였고, 허허벌판인 여의도에 주민을 정착케 함으로써 여의도 발전의 교두보(거점)로 한다는 것이 둘째 이유였다.

여의도 고급아파트 건립을 추진하기 위한 인물선정은 최종완이 직접 담당했다. 단지계획에는 주택공사에서 홍익대학 교수로 자리를 옮긴 박병주를, 기계설비 일체에 서울대학교 공대 기계과 교수 김효경, 전기시설에 역시 서울대 전기공학과 교수인 지철근, 그리고 건축시공에 주택공사 기술이사로 있다가 퇴임한 홍사천 등이 동원되었다. 행정업무는 서울시 아파트건설사업소가 맡았고 홍사천이 운영하고 있던 (주)합동건축에 용역을 주는 형식을 취했다. 홍사천·박병주·김효경·지철근은 당시 이 나라 최고의 기술자였으며 그 이름만 나열하는 것으로도 충분히 공신력을 인정받을 만한 인물들이었다.

'여의도에 맨션아파트 건립 9월에 착공'이라는 기사가 일제히 보도된 것은 1970년 7월 21일이었다. 여의도에 12층의 고급아파트 30동을 서울시 책임하에 짓는다. 중앙공급식 냉난방 및 가스시설과 고속 엘리베이터를 갖춘 최신식 아파트인데 아파트 주변에는 어린이놀이터·유치원·탁

아소·초등학교·녹지대·소운동장까지 갖춘다는 내용이었다.

맨션아파트니 고급아파트니 하는 표현은 얼마 안 가서 '시범아파트'라고 바뀌었다. 앞으로 서울에 세워질 아파트와 아파트단지의 시범이 되겠다는 뜻이었다. 그런데 이 시범아파트가 들어설 11ha(3만 3,560평)의 땅에는 바로 김수근 팀에 의해 수립된 1968년 계획에서 대법원지구로 예정된 땅 전부와 시청지구로 예정된 땅 반 정도가 포함되었다. 김수근 팀, 젊은이들이 심혈을 기울여서 수립했던 1968년 계획은 이렇게 해서 그 일부가 무너져버렸다.

시장이 직접 나선 여의도 시범아파트 분양

양 시장은 부임 직후 얼마 안 되어 중앙공무원교육원 차장(부원장)으로 있던 나 손정목을 불렀다. "서울시에 와서 나와 같이 일해볼 생각이 없느냐"고 제의한 것이었다. 그는 양 시장의 제의를 완곡히 사양했다. 1951년에 제2회 고등고시 행정과를 합격하여 경북 예천군수 등을 역임한 손정목은 1950년에 치러진 정·부통령선거, 이른바 3.15부정선거 때 경상북도 선거사무담당과장이었던 탓으로 공직에서 추방되어 3년간 실업자로 생활했다. 소위 '공민권 제한 자동케이스'라는 것이었다.

그가 공직에 복귀한 것은 1963년 3월이었고 새로 얻은 그의 직장은 중앙공무원교육원 교수부(행정서기관)였다. 그는 이곳에 있으면서 도시문제·도시행정을 연구했고 연구발전부장을 거쳐 차장(행정이사관) 자리에 올라 있었다. 1966년 9월에 잡지 ≪도시문제≫ 창간을 주도했고 1968년부터는 중앙도시계획위원으로도 위촉되어 있었다.

양 시장이 그를 다시 부른 것은 1970년 7월 18일이었다. 서울시 '기획관리관'을 맡아 기획행정을 총괄해달라는 요청이었다. 삼고초려까지는 안 되지만 두 차례나 불러 간청을 하는데 사양하는 것은 도리가 아니었다. 조건을 하나 붙였다. "서울시 기획관리관 자리는 예산사무가 들어 있지 않습니다. 예산책정을 수반하지 않는 기획은 아무런 실효가 없습니다. 기획관리관 산하에 있는 감사과를 내무국으로 보내고 내무국장이 관장하는 예산과를 기획관리관 산하로 보내주신다면 기획관리관으로 부임하겠습니다"라는 조건이었다. 양 시장은 쾌히 승낙했다.

손정목이 서울시 기획관리관으로 부임한 것은 1970년 7월 20일이었다. 서울시가 여의도에 시범아파트를 짓는다는 계획을 신문지상에 발표하기 하루 전이었다. 서울시는 그해 8월 1일자 규칙 제1041호로 감사과를 기획관리관 소속에서 내무국으로 이관하고 예산과를 내무국 소속에서 기획관리관 소속으로 이관했다.

조선왕조시대의 좌윤·우윤, 근대에 들어와서 부시장 또는 부장·국장 등, 한성부·경성부·서울특별시에서 이른바 고급참모의 자리에 있었던 사람의 수는 수천 명에 달할 것이다. 그 수많은 참모들 중에서 손정목만큼 막강한 참모는 과거에도 없었고 아마 미래에도 없을 것이다. 양택식 시장은 손정목을 철저히 신임했다. 시정수행상 그것이 어느 국의 소관일지라도 정책과 관계되는 일이면 기획관리관을 거치지 않은 서류에는 결재를 하지 않았다. 모든 일이 기획관리관을 거쳐서 시장에게 상신되었다. 기획관리관은 시정전반에 걸쳐 모르는 것이 없게 되었다. 기획관리관이 건의를 해서 양 시장이 받아들이지 않은 것이 없었다. 손정목의 발상은 바로 시정에 반영되었다.

양택식·손정목에게 불행했던 것은 손정목이 기획관리관으로 재직했던 3년간 즉 1970~73년의 서울시 재정사정이 엉망이었다는 점이다. 만약에 재정상태가 좋았다면 보다 더한 경륜을 펼칠 수 있었을 것이며 훨씬 화려한 시정수행이 가능했을 것이다. 여하튼 양택식·손정목 체제에 의해서 여의도·영동(강남)·잠실이 개발되었으며 도심부재개발, 지하철 1호선 등이 이루어졌다.

새로 부임한 손정목이 직면한 것도 역시 심각한 재정난이었다. 재정상태가 그렇게 나쁘다는 것을 외부에 있었던 그가 알 까닭이 없었다. 매월 봉급날인 20일 가까이 되면 "이번 달 봉급지급에는 지장이 없는가"가 최대의 관심사였다. 초긴축재정이 실시되었다. 30만 원을 초과하는 경비지출은 기획관리관의 사전승인을 받을 것을 지시했다.

시민아파트 건립, 광주대단지 300만 평의 토지매입과 단지조성사업 등 재정악화의 요인은 여러 가지가 겹쳤지만 역시 귀결되는 것은 여의도 택지매각이었다. "어떤 이유로 그렇게 안 팔리는가, 현장에 가보자" 하고 여의도로 나간 것은 8월 상순의 어느 날 오후였다. 현장에 가서 내가 처음 본 여의도는 실로 장관이었다.

나는 그 이전에도 그 이후에도 '80만 평의 평지'라는 것을 본 일이 없다. 높낮음이 없었다. 옆으로 퍼진 평지였다. 고비사막·사하라사막에는 가보지 않았지만 그런 대사막에도 모래땅에 단이 져 있을 것이고 높고 낮음이 있을 것이다. 훗날 공장이 한 채도 들어가지 않은 상태의 창원 공업단지를 가보았을 때도 분명히 높낮음이 있었다. 그런데 여의도 80만 평에는 높낮음이 없었다. 사람도 집도 없었다. 오직 광활한 모래땅이었다. 어이가 없어진 내 입에서 나온 말은 "아이고! 이것을 어떻게 하나"라는 탄식이었다.

동행한 한 직원이 뱉은 말이 귀에 들어왔다. "땅이 안 팔리는 데는 너무 지나친 도시계획에도 문제가 있습니다"라는 말이었다. 나는 그때까지 김수근 팀이 작성한 여의도계획을 본 일이 없었다. 차를 몰고 그 길로 한강사업소로 직행했다. "여의도 도시계획도를 가져와보라"고 소리지른 내 앞에 펼쳐진 것이 김수근 팀에 의한 도시계획 모형사진이었다. 바로 동화책에나 나오는 꿈의 궁전을 보는 기분이었다. 어이가 없어진 나는 그 사진을 보고 또 보았다. 보면 볼수록 기가 막혔다. 이런 계획으로는 땅이 팔릴 턱이 없었다. 어디서부터 어떻게 손을 대어야 할지 구상이 서지를 않았으니 도대체 개발이 될 수가 없었다.

그때 한강사업소가 하고 있던 일은 공동구 설치작업이었다. 전기선·전화선·상수도·하수도·도시가스관을 같이 수용하는 대형관로 설치공사였고 물론 한국에서는 처음 설치되는 시설이었다. 오늘날 여의도 지하에는 6km에 달하는 공동구가 매설되어 있다.

대지면적 3만 3,619평에 24개동 1,584가구를 입주케 할 시범아파트의 성공 여부가 우선은 시급한 과제였다. 1970년 9월부터 입주자 모집을 시작했는데 입주 희망자가 없었다. 이 아파트단지가 얼마나 좋은 시설을 갖추고 있고 얼마나 튼튼하게 지어질 것인가를 선전하는 전단을 들고 양 시장을 비롯한 시청간부 모두가 가두에 섰을 정도였지만 호응하는 사람은 아주 적었다.

《조선일보》1970년 7월 22일자, '여의도용지 8만 8천 평 일반에 경매' 기사를 보면 "윤중제가 (……) 앞으로 과연 큰 홍수에도 끄떡없이 버틸 것인가 하는 의구심과 모래가 바람에 날려들 것이라는 우려 때문이었다"고 보도하고 있다. 와우아파트 붕괴사건에서부터 아직 4~5개월밖에 되지 않았으니 서울시가 짓는 아파트에 대한 불안감도 있었을 것이다.

양 시장은 훗날 당시를 회고하여 "여의도 시범아파트 선전삐라를 들고 가두에 섰을 때가 가장 비참한 심경이었다"고 나에게 말한 바 있다. 시청 간부들이 솔선해서 입주신청을 해야 할 처지가 되었다. 우선 내가 먼저 신청을 했고 한강사업소 소장 이종윤이 뒤따랐다. 몇몇 국장·과장들이 호응해주었고 구청장 중 3·4명도 신청을 했다.

비행장으로 만들어진 5·16광장

"여의도 도면을 가지고 시장이 들어오라"는 청와대 지시가 내린 것은 1970년 10월 말의 일이었다. 박 대통령은 부랴부랴 달려간 양 시장에게 "여의도에 대광장을 만들라. 빠른 시일 내에 계획을 세워 올리라"는 것이었다. 양 시장이 갖고 간 도면에는 붉은 색연필로 그 구획선이 그어져 있었다. 박 대통령이 손수 그린 선이었다.

길이 1,350m, 넓이가 280~315㎡, 12만 평이었다. 전혀 안 팔리는 땅이기는 하나, 그 중에서도 가장 중앙부의 요지 12만 평을 광장으로 하라는 것이었으니 실로 기막히는 명령이었다. 그러나 누구의 명령인데 안 따를 수 있겠는가.

홍익대학교 박병주 교수를 불렀다. 2주일 이내에 광장계획을 수립해달라고 부탁했다. 베이징의 천안문광장이나 모스크바의 붉은 광장 같은 곳은 가보지 않았으니 알 수가 없었다. 런던의 트라팔가 광장, 베니스의 산마르고, 시에나의 캄포 광장과는 스케일이 달랐으니 참고가 되지 않았다. 마침 내가 1968년에 구미 각국을 시찰할 때 가지고 온 미국 워싱턴 스미소니언 박물관 앞 워싱턴 몰의 그림이 있었다. 박 교수는 그 그림을 참고로 하여 광장계획을 세웠다. 화단과 녹지를 적절히 배합한 계획을 세워 깨끗이 채색까지 한 광장그림을 청와대 비서실로 가져갔다. 2~3일 후에 가져가라는 전갈이 와서 갔더니 "다시 그려 올리라"는 것이었다. 한 일주일 후에 다시 그려 올렸다. 역시 "안 된다. 새로 그려 올리라"는 것이었다.

다시 새로 그려서 이번에는 양 시장이 직접 가지고 가서 대통령에게 보였다. 박 대통령은 그 그림을 홀낏 보더니 "이런 것이 아니고 포장만 해서 양 시장 이마처럼 훤한 광장을 만드시오"라고 했다는 것이다.[9] 결국 박 대통령이 원하는 광장은 녹지나 화단이 없는 아스팔트 포장의 광장이었다. 이 광장건설 결정으로 김수근 팀의 여의도계획은 그 뿌리가 무너져버렸다. 즉 이 광장은 김수근 팀이 구상했던 상업·업무지구를 동서로 절단해버리는 것이었다.

광장 건설공사는 1971년 2월 20일에 착공되었고 7억 6천만 원의 공사비와 연인원 6만 7,300명, 장비 1만 1천 대가 투입되어 착공 222일째 되는 그해 9월 29일 오전 9시에 준공되었다.

광장이 준공되기 일주일 전쯤에 이 광장의 정식 이름을 정해야 했다. 양 시장은 청와대에 가기에 앞서 나에게 어떤 이름이 좋겠느냐고 했고 나는 '민족의 광장' '통일의 광장'이라는 이름을 말했다. 청와대에서 돌아온 시장의 표정이 밝지가 않아서 "어떻게 결정되었습니까" 물었더니 "5·16광장으로 하라고 하셨어"라는 대답이었다. 깜짝 놀라서 "민족의 광장, 통일의 광장을 진언하지 않았습니까" 하고 되물었더니 "여의도광장 공사가 마무리되어갑니다. 29일 아침에 준공식을 가질 예정입니다. 이름을 붙여야 하겠습니다" 했더니 대통령이 바로 "5·16광장으로 하라고 하셔서 다른 이름을 진언드릴 틈도 없었어"라는 대답이었다. 실로 기막히는 일이었지만 다른 방법이 없었다.

이 광장이 '전쟁이 일어났을 때의 군사용 비행장'임을 알게 된 것은 공사가 한창 진행되고 있을 때였다. 공사추진상황을 청와대에 보고하기 위해 공사장을 찾았던 내 머리를 스친 것이 '아! 이것은 비행장이구나'라는 인식이었다. 나의 보고를 들은 양 시장이 다음날 오후에 현장에 갔다오더니 "맞았어. 틀림없는 비행장이야"라고 했다. 그제야 "양 시장

---

9) 양 시장은 이마에 광택이 날 정도로 대머리여서 별명이 '호마이카'였다. 호마이카는 열이나 약품에 잘 견딘다는, 광택이 나는 칠의 이름으로 1960~70년대 당시 가구나 사무용품은 거의가 호마이카였다.

이마처럼 훤하게 포장만 하라"는 속뜻을 알 수 있었다.

우리 국군의 월남파병이 계속되고 있을 때였다. 라오스·캄보디아 등도 공산화될 것이 예측되었고 이른바 '공산화의 도미노현상'이 우려되고 있을 때였다. 미국 대통령은 한국 주둔 미군감축을 되풀이 발표하고 있었고 청와대 대통령집무실이 미국 정보기관에 의해 도청되고 있다는 소문이 널리 퍼져 있을 때였다. 김신조 등 무장공비 31명의 서울침입(1968년 1월 21일), 미 정보함 푸에블로호 원산 앞바다에서 북한에 피랍(동 1월 23일), 무장공비 100여 명 울진·삼척지구 침입(동 11월 2일) 등의 사건이 일어난 지 2년밖에 지나지 않을 때였다.

서울시로 하여금 북악스카이웨이를 개통시킨 일(1968년 9월 26일), 남산 제1·2터널을 굴착하면서 30만 명이 대피할 수 있는 지하대피호를 조성하게 한 일(1969년), 1970년 7월 7일에 개통된 경부고속도로에 2개소의 '비상시 군용비행장'이 설치된 일 등이 모두 같은 맥락에서의 박 대통령 안보의지의 표현이었다.

또 1970년대 전반에는 '전쟁발발, 서울포기, 서울시민 남쪽으로의 피난'이라는 종전 방침을 바꾸어 '수도사수, 수도방위사령부 설치, 충무계획 수립·정비'로 서울의 방위개념이 근본적으로 바뀌고 있었다. 1974년 8월 15일에 육영수 여사를 잃은 박정희 대통령의 안보의지는 더욱더 굳어져 1977년 2월 10일의 행정수도 건설구상 발표, 1978년 9월 25일의 과천 정부제2종합청사 건설결정으로 이어지고 있다.

이 광장이 전시 비상군용비행장으로 건설되었다는 것을 전혀 인식하지 못하고 '만남의 광장이 아니라 분열의 분리대'라는 등으로 평해버리는 것은 이 광장이 건설될 당시의 국내외 사정을 전혀 모르는, 말하자면 온실과 같은 환경에서 대학을 나오고 미국에 유학 갔다온 사람들의 피상적 견해인 것이다.

북한정부는 이 광장이 비행장인 것을 바로 알아차렸다고 한다. 확실치는 않으나 "레이더에 걸리지 않는, 나무로 된 글라이더 약 20대에 200여 명의 특수공작대원을 실어보내 여의도에 착륙시켜 한강 남쪽에서부터 서울에 침입케 한다"고 한 정보가 있었다는 것이다. 그것이 참말인지 거짓인지는 확인할 수 없으나 상당히 오랜 기간, 밤이 되면 여의도광장에 수십 개의 철책을 배열하여 비행기·글라이더 같은 것이 내리지 못하도록 대비하였던 적이 있었다.

이 광장이 일반에게 그 얼굴을 나타낸 것은 준공식이 거행된 이틀 뒤인 1971년 10월 1일 '국군의 날 행사' 때였다. 이 날 오전 10시, 박 대통령 내외, 3부요인, 주한외교사절, 자유중국 총참모장 뢰명탕(賴名湯) 대장 등 12개국으로부터의 경축사절, 한·미 고위장성, 군인·학생 등 30만 명이 모여 이 광장에서 제23회 국군의 날 기념식이 거행되었다. 이 행사에 모인 사람은 누구나 할 것 없이 이 광장의 크기에 놀랐고 그 실황중계를 TV로 본 온 국민 또한 감탄사를 토해내었다.

5·16광장이 온 나라 안에 널리 알려지게 된 것은 그로부터 1년 반 뒤인 1973년 5월 말이었다. 5월 16일에 내한하여 대전·대구·부산·광주에서 전도집회를 가졌던 미국인 빌리 그레함 박사의 서울전도대회가 1973년 5월 30일 밤부터 6월 3일까지 5일간, 5·16광장에서 개최되었던 것이다. 이 나라 안 개신교계의 모든 교회와 교파들이 참가한 이 전도대회는 첫날인 5월 30일 하루만의 집회에 51만 명의 신도가 모였다고 하며 닷새 동안 2백만을 훨씬 넘는 신도가 참가했다. 우리나라 집회 역사상 최대의 기록을 세운 것이다.

그리고 그 집회인원 기록은 그후 여러 차례 갱신되었다. 매년 되풀이된 국군의 날 행사, 방공궐기대회, 대통령 입후보자 정견발표회, 대통령 취임식, 국풍(國風)잔치, 한국방송공사가 주최한 이산가족찾기 만남의 광

여의도광장에서 거행된 한국천주교 200주년 기념대회(1984. 5. 6).

장, 개신교 기도회, 부처님 오신 날 행사 등…… 때로는 100만 명 이상이 모였다고 하고 150만 명이 모였다고도 보도되었다. 그 중에서도 1975년 5월 10일에 있었던 총력안보시민궐기대회 때 200만 명 이상이 모였다는 것이 최고기록이다.

교황 요한 바오르 2세가 한국을 찾은 것은 1984년 5월 3일이었다. 전두환 대통령과의 정상회담, 절두산 성지참배, 광주·소록도 미사를 거쳐 여의도대광장에서 한국천주교 200주년 기념대회를 집전한 것이 5월 6일 오전이었다. 이 날 광장에 모인 신도는 미리 선발된 50만 명이었지만 그 찬란하면서도 질서정연한 모임은 전파를 타고 전세계에 보도되었다.

5·16광장의 역사는 바로 한국현대사 그것이었다고 생각한다.

이 광장이 조순 시장 재임 때인 1997년 4월 10일에 기공, 1998년

12월 말까지에 걸쳐 7만 평의 공원으로 개조되었다. 100만 명 이상의 집회광장으로 탁 트인 대규모 열린 공간을 잃은 대신에 평소에는 이용자가 거의 없는 거대한 공원을 100억 원 이상의 경비를 들여 조성한 것이다. 일부 시민들의 강한 비난과 대통령당선자 김대중의 질책 때문에 서울시는 공원의 준공행사도 가지지 못한 채 슬그머니 개원하여 오늘에 이르렀다.

6. 1971년 계획과 그 후의 발전

다시 세운 여의도 도시계획

1970년 10월 하순에 박 대통령의 '광장건설 지시'가 내려진 시점에서 김수근 팀의 1968년 계획은 사실상 그 생명을 잃어버렸다. 이 광장이 조성되면 그들이 구상했던 상업·업무지구의 동서간 연결은 완벽하게 파괴되어버릴 뿐 아니라 동서간 보행교통을 위한 인공데크의 구상도 실현될 수가 없었다.

또 김수근이 여의도계획을 세웠을 때의 대전제는 구도심 - 여의도 - 영등포 - 인천을 연결하는 이른바 선형계획이었다. 그러나 1970년 7월 7일의 경부고속도로 개통으로 서울의 발전축도 구도심 - 여의도가 아닌 구도심 - 강남으로 변동될 추세에 있었다. 이 점에서도 김수근의 구상은 사실상 그 방향을 상실했던 것이다.

사태가 이에 이르렀음에도 불구하고 나는 1968년 계획의 근본적인 수정을 결심하지 않았다. 그것은 김수근과 나의 어중간한 교우관계 때문이었다. 차라리 아주 가까운 사이였더라면 전화를 걸어서 "당신네 계획은 현실성이 없으니 수정해야 되겠소. 양해해주시오" 할 수가 있다. 또 전혀 모르는 사이였으면 처음부터 무시해버릴 수도 있었다. 그러나 그와 나의 사이는 절친하지도 않았고 반대로 안 친한 사이도 아니었다. 정말 어중간한 사이였으니 이 문제를 놓고 한동안 고민을 했다. 나의 결심을 촉구한 것은 그해 1970년 11월 중순이었고 계기는 서울시 재정상태였다.

1970년 11월 19일자 ≪동아일보≫ 7면 머리기사는 '서울시 재정난 심각' '세입부진으로 각종사업 무더기 삭제' '공사비 체불 4억, 봉급도 못 줄 형편'이라는 제복 아래 당시의 서울시 재정난을 비교적 상세히 보도했고 다음날 지면에서는 '서울특별시의 재정난'을 사설로 다루었다.

사실 그때 시금고가 바닥이 나서 지방비 직원의 봉급을 못 주게 되어 있었다. 20일의 봉급지급일이 임박해지자 시금고를 담당하는 상업은행 행장에게 간청을 했지만 국무총리실의 기채승인이 나오지 않는 상태에서 은행장 단독으로 3억 원의 봉급자금을 이유 없이 융자해줄 수 없다는 대답이었다. 생각다 못한 양 시장이 한국은행 총재실에 전화를 걸었다. 다행히 당시의 한국은행 총재는 일제 말기에서 광복 후까지 서울시(경성부) 고급간부였던 김성환이었다. 양 시장이 서울시 재정사정을 설명하고 총리실 기채승인이 나오면 곧바로 반환하겠다고 이야기하자 쾌히 승낙을 했다. 나는 3억 원짜리 금권(수표)을 받아 한국은행 문을 나오면서 여의도계획을 빠른 시일 내에 바꾸어야 한다고 결심했다. 마침 미국 뉴욕시가 심각한 재정난 때문에 파산지경에 이르고 있다는 것이 세계적인 화제가 되고 있을 때였다. 이대로 가다가는 서울시 또한 뉴욕시의 재판이 될 수 있다는 강박감이 나의 결심을 촉구했다.

결심이 서면 행동도 빨랐다. 바로 박병주에게 전화를 걸었다. 박병주에게 내가 요구한 것은 4~5개월 이내에 여의도계획을 다시 세워줄 것, 입체계획이 아니고 평면계획으로 하여 여의도 택지가 쉽게 팔릴 수 있게 해 달라는 것이었다. 서울시 재정이 바닥났으니 용역비는 200만 원 정도밖에 지급될 수 없다고 했다. 박병주는 난색을 표했다. "김수근에 대한 의리상 그가 한 계획을 뒤엎을 수 없다"는 것이었다. 김수근에 대한 모든 책임은 내가 질 테니 작업을 해달라고 떼를 썼다. 간청이 아니고 강청이었다.

구체적인 작업은 1971년 봄부터 착수되었다. 한강건설특별회계 1971년도 예산에 계획비가 들어간 때문이었다. 박병주에 의한 1971년 계획은 『여의도종합개발계획 71·10』이라는 책자로 오늘날까지 전해지고 있다.10)

박병주가 계획을 수립하고 있을 때인 1971년 봄, 마침 재일교포 한 분이 벚꽃 묘목 2,400주를 서울시에 기증했다. 당시의 벚꽃(소메이요시노) 묘목은 결코 싸지 않았다. 나는 양 시장에게 그것을 여의도윤중제에 심을 것을 건의했다. 워싱턴 포토맥 강변의 벚꽃거리를 닮게 할 생각이었다.

토요일 오후와 일요일에 걸쳐 시장을 비롯한 시청간부 전원이 나가서 묘목을 심었던 것을 기억한다. 이 묘목 심기를 지휘했던 당시의 서울시 녹지과장은 허형식으로 인상 좋은 사나이였다. 그는 여의도 땅이 팔리지 않아 묘목을 심고 있는 간부들의 분위기가 침울한 것을 풀어주기 위해 여러 가지 농담으로 작업장을 웃겨주었다. 지금 윤중제 벚꽃이 서울 명소의 하나가 되었으니 당시의 감회가 새로워진다. 허형식은 지금 어디서 무엇을 하고 있을까? 한편 지금 윤중제에 심어져 있는 수양버들은 김현

---

10) 이 용역을 담당한 기관이 '사단법인 도시 및 지역개발연구소'로만 되어 있고 연구책임자가 누구라는 표기도 없다. 사실 이 연구소는 1967년에 박병주와 더불어 내가 설립해둔 연구소였다. 대표자 권혁소는 나의 대학 때 은사였으며 당시는 경희대학교 경제학과 교수(대학원장)였다. 오늘날 여의도 시가지의 기초가 되는 계획은 이렇게 해서 수립되었고 그것이 잘되고 못되고의 모든 책임은 나, 손정목에게 있다.

여의도윤중제 벚꽃거리.

옥 시장 당시에 심어진 것이다.

새로운 여의도종합개발계획 수립

박병주의 여의도종합개발계획은 1971년 7월 하순에 거의 마무리되었다. 계획안의 주요내용은 다음과 같다.

- 당초에 16만 평으로 계획됐던 주거지역을 19만 평으로 늘려 그만큼 대지매각 수입을 올리려고 했고, 반대로 20만 평이었던 상업·업무지역은 4만 평을 줄여 16만 평으로 한다.
- 광장 중앙의 서쪽 14,800평을 시 청사부지로 정하고 이곳을 중심으로 광장 서측은 모두 상업·업무지역으로 하고, 광장 동쪽은 광장에 면한 3개 블록과 주거지역 중심의 한 개 블록만 상업·업무지구로 하고 나머지는 모두 주거지역으로 한다.
- 주거지역은 모두 고밀도·고층으로 하고 야간인구 4만 명 주간인구 18만 명으로 계획한다.
- 윤중제 내부를 19개의 슈퍼블록으로 하고 블록과 블록 사이는 간선도로로 하며 100·50·35·25·20m의 도로를 적절히 배치하여 35%의 가로율을 확보한다.
- 주거지역은 모두 근린주구(近隣住區)가 되도록 계획한다.

양 시장이 기자회견을 통해 이 계획내용을 발표한 것은 1971년 8월 10일이었는데 그 내용 중에서 특기할 만한 것은 다음과 같다.

- 1972년부터 시청사 건립을 시작하여 76년까지 완공한다. 여의도에 새로 건설되는 신청사에는 본청은 물론이고 경찰국·교육위원회도 들어간다.
- 여의도 전역을 미관지구로 하여 아름다운 신시가지로 조성한다.
- 여의도 전역을 서울에서 유일한 통행금지 해제지역으로 한다.
- 여의도를 통과하는 지하철 2호선 35.5km 중 17km를 건설한다.

이것이 당시 내가 주도한 서울시 계획진의 한계였다. 1971년의 국민 1인당 소득은 278달러였다. 엄청난 부채를 안고 심각한 재정난에 허덕이고 있던 서울시의 입장에서 더 이상의 구상을 했다 할지라도 그것은 실현될 수 없는 꿈에 불과했던 것이다.

새 계획을 발표하는 양택식 시장.

시범아파트의 성공과 대규모 아파트단지 조성

1970년 9월 15일에 착공한 여의도시범아파트 24개 동이 완공된 것은 다음해 10월 30일 오전이었다. 박 대통령이 참석한 가운데 성대한 준공식이 거행되었다. 이 아파트단지 건설에 서울시는 총 60억 2,700만 원을 투자했다. 그때까지 서울시가 투자한 단위사업으로는 가장 규모가 큰 것이었다. 그러나 그 전액이 입주자부담 및 상가매각비였으니 시의 자체경비는 전혀 들지 않았다.

입주가 개시된 것은 준공식보다 15일 앞선 10월 15일부터였다. 그런데 아무도 선뜻 입주하려고 하지를 않았다. 주위는 사막과 같은 모래땅이었고 버스도 들어오지 않는, 말하자면 절해고도나 다름없었다. 내가 맨 처음 입주키로 했다. 입주가 개시된 그날 오후 4시경에 이삿짐을 옮겼다. 11동 95호가 나에게 배당된 집이었다. 가서 보니 입주자 제2호였다. 나보다 약 30분 앞서 경찰국의 계장이 이삿짐을 옮기고 있었다.

처음에는 전화회선이 부족해 전화 걸기도 불편했고 엘리베이터나 가스고장도 잦았으며 상가도 제대로 갖추어지지 않아 적지 않게 불편했지만 20여 일이 지나자 모든 불편은 해소되었다. 이 아파트단지는 성공작이었고 서울시내에 고층아파트의 붐을 일으키는 계기가 되었다.

3만 3,619평의 널찍한 단지의 배치가 일품이었다. 박병주는 주택공사 재직시에 강서구 화곡동 10만 단지·30만 단지를 설계했고, 홍익대학 교수로 부임한 후에는 여의도와 잠실계획, 경주·마산·전주 도시계획, 경주 보문단지계획, 서울 도심부 재개발계획 등등 엄청나게 많은 도시계획·시가지설계를 했지만 지금도 그가 자랑하는 것은 여의도시범아파트단지 계획이다. 실제로 여의도시범아파트단지는 걸작 중의 걸작이며 그후 이 나라 안 단지계획의 표본이 되었다. 문자 그대로 시범이었다. 중앙공급식 난방은 국내 최초로 도입되었고, 도시가스는 동부이촌동에 이어 국내에서 두번째, 공동구도 국내 최초, 엘리베이터가 달린 고층아파트도 국내최초였다.

아파트단지의 준공과 더불어 초등학교, 중·고등학교도 개교를 했다. 내가 서울시 교육위원회와 교섭을 해서 여의도초등학교 졸업자는 여의도중학교로, 중학교 졸업자는 무조건 여의도고등학교로 진학되도록 했다. 이른바 특수학군의 설정이었다. 이 특수학군의 설정이 여의도아파트단지 형성에 결정적인 계기가 되었다. 당시의 조사에 의하면 시범아파트 입주자 어머니들의 70% 이상이 대학졸업자였다고 한다. 여의도의 동장은 여성으로 임명했다. 우리나라 여성동장 제1호였다.

24개 동 1,596가구로서 '최대규모의 최대시설'이었던 이 아파트단지는 모든 매스컴의 취재대상이 되었고 신문과 TV가 다투어 보도했다. 당초의 분양가격은 가장 규모가 큰 40평형이 571만 2천 원, 30평형이 422만 8천 원, 가장 작은 15평형이 212만 8천 원이었으니 평균해서 1평당 14만 2천 원 정도였다. 그런데 아파트 입주가 시작되면서 프리미엄이 붙기 시작하더니 그해 연말에는 40평형이 1천만 원을 가볍게 넘어섰고 그 가격은 매일이다시피 뛰어올랐다.

시범아파트가 이렇게 성공하자 민간업자들이 다투어 뛰어들었다. 시범아파트 바로 남쪽에 삼익주택(주)의 삼익아파트(4개동 360가구분), 한양주택(주)의 은하아파트(4개동 360가구분)가 건립된 것이 1974년이었고, 이어서 1975년에는 역시 삼익주택의 대교아파트, 한양주택의 한양아파트가 들어섰으며 삼부토건(주), 라이프주택(주) 등도 참여하여 마침내 대규모 아파트군이 형성되었다.

이렇게 여러 개의 아파트단지가 들어서서 구매력이 형성되고 시가지로서의 활력이 생기자 점차로 큰 시설들이 하나둘씩 들어서게 되었다. 맨 처음 들어간 시설은 여의도순복음교회와 순복음아파트였으며 1974년에 입주했다.

시범아파트공사가 진행되어가자 여의도 택지가 팔리기 시작했다. 입체적 도시계획이 평면적 도시계획으로 바뀌었으니 일반의 건축계획에 방해가 될 요인도 제거되었다. 여의도 택지를 구입한 개인·법인 중에는 실수요자가 있는 한편 가수요자도 적지 않았지만 서울시 입장에서는 땅을 사주는 것만으로 감사한 일이었다. 시범아파트가 준공되었던 1971년 중에 매각된 것만 《조선일보》 1971년 12월 16일자 기사를 근거로 해서 추려보면 다음과 같다.

통일교회 1만 4천 평 4억 2천만 원, 국방부 9,290평 5억 원, 동아일보사 3,690

평 1억 9,750만 원, 지방행정협회 3천 평 9천만 원, 농업개발공사 2,100평 7,600만 원, 동방생명(주) 900평 5,700만 원, 유도회관 2,600평 7,500만 원

윤중제 안의 총면적 87만 600평 중에서 광장·도로·공원녹지 등 공공용지 32만 6,420평을 빼고 난 나머지 54만 4,140평이 서울시가 매각할 수 있는 땅이었다. 이 54만 평 중 1971년 12월까지에 매각한 땅은 24만 8,875평이었고 서울시 수입은 70억 632만 8천 원이었다. 그때까지 서울시가 여의도에 투자한 직접경비가 54억 1,900만 원이었으니 1971년 말 현재로 15억 8,700만 원의 순수익을 올렸다. 서울시는 15억 원의 순수익 중에서 이미 1971년에 10억 원을 지하철건설비로 전용할 수 있었다. 빈사상태에 있던 서울시 재정이 회생되어가고 있음을 실감한 것은 바로 1971년 말이었다.

1972년은 제1차 석유파동이 일어난 해였고 전세계가 불경기의 늪에 빠져 서울시내에서도 부동산 매매는 거의 이루어지지 않았다. 그럼에도 불구하고 서울시가 가졌던 여의도 택지만은 여전히 잘 팔려서 한강건설 특별회계는 29억 5천만 원의 순수익을 올릴 수 있었다. 그리고 이 특별회계는 1972년 말로 폐지되었다.

서울의 제2도심으로 탄생

1969년에 기공식을 거행한 국회의사당이 준공된 것은 1975년 8월 15일이었다. 섬의 서쪽 끝이 메워진 동시에 여의도동 1번지가 탄생한 것이었다. 한국방송공사(KBS)가 준공된 것은 1976년이었고, 동양방송(현 KBS 제2방송국)은 1980년에, 문화방송 여의도스튜디오는 1982년에 준공되었다. 서울방송이 개국된 것은 1991년이었다. 여의도는 이 나라 전파방송 매체의 메카가 되었다.

여의도 발전의 결정적인 계기는 증권거래소와 증권협회의 입지결정이었다. 증권협회가 재무부장관의 추천을 받아 서울시로부터 8,873평의 부지를 매입한 것은 1974년 1월 21일이었고 우여곡절을 거친 끝에 1979년 6월 말에 15층의 증권거래소 건물을 준공하여 7월 2일부터 새 증권거래소가 개소되었다. 바로 여의도가 이 나라 금융·증권업의 중심이 되는 역사적인 날이었다.

지하 3층 지상 20층, 연건평 15,447평에 달하는 전국경제인연합회 건물 기공식은 1977년 10월 10일에 있었고 1979년 11월 16일에 준공식을 거행했다. 박 대통령이 서거한 뒤여서 최규하 대통령 권한대행이 임석했다. 여의도동 60번지에 대한생명(주) 사옥, 속칭 63빌딩이 기공식을 가진 것은 1980년 2월 19일이었고 1985년 5월 30일에 준공식을 가졌다. 지하 3층, 지상 60층, 지상으로부터의 높이 249m, 해발 264m, 연면적 16만 6,097㎡(5만 245평)로서 준공 당시 동양 최고·최대의 건물이었다. 도쿄 이케부쿠로의 60층짜리 선샤인빌딩(지상고 240m)보다 지상고가 7m 더 높으며 1986년 10월 3일에 준공된 싱가포르의 72층짜리 래플즈시티(지상고 227m)보다도 20m나 더 높아 1980년대의 말까지 이 건물은 동양 최고의 자리를 지켰다. 유리만으로 된 외벽, 태양광선의 방향과 시간에 따라 여러 가지로 변하는 외벽의 색채, 상층부로 올라가면서 폭이 좁아지는 건물모양, 한강에 드리워지는 그림자의 모습 등으로 이 나라 안에서 가장 아름답고 훌륭한 건축물이라는 평가를 받고 있다.

광장의 동북단, 여의도동 20번지 4,460평의 대지 위에 럭키금성 트윈타워가 착공된 것은 1983년 4월 4일이었고 50개월이 경과된 1987년 6월 19일에 준공되었다. 지하 3층 지상 34층의 쌍둥이빌딩은 63빌딩과 더불어 여의도 고층건축을 대표할 뿐 아니라 한국 건축수준을 전세계에 과시한 기념비적 건축물이 되었다.

이 글을 쓰면서 정말 오랜만에 여의도를 찾았다. 내가 이곳에 정열을 쏟은 지 만 25년, 4반세기가 지나고 있었다. 1970년 여름에 내가 처음 보았던 그 황량한 섬은 전혀 새로운 모습으로 바뀌어 있었다. 내가 서울시청 자리로 정했던 여의도동 16번지, 1만 4천 평의 대지 위에는 한국산업은행 본점과 중소기업회관, 수출입은행 등이 입지하고 있었다. LG쌍둥이빌딩 남쪽의 땅, 통일교회가 47층의 건물을 짓겠다고 확보해둔 땅은 아직 공지로 있었고 그 남쪽의 땅도 안보전시장이라는 이름으로 아직 공터로 남아 있었다. 그러나 그밖에는 놀고 있는 땅이 없었다. 시범아파트단지는 그대로 건재하고 있었다. 아파트, 아파트, 아파트…… 여의도에는 현재 97개동, 8,594가구가 거주하고 인구수는 3만 4천 명으로 집계되고 있다. 아파트단지를 벗어나면 비즈니스 거리다. 10층 이상의 건물들이 즐비했다. 1995년 말 현재로 6,253개 업체에 16만 명이 취업하고 있다는 것이다.

박병주와 내가 1971년에 구상한 그대로의 도시는 아니지만 그렇다고 크게 벗어나지도 않은 시가지가 형성되어 있었다. 나, 손정목은 여의도를 계획하고 실천에 옮긴 것을 자랑으로 생각하고 있다.

7. 건축규제 – 동고서저(東高西低) 현상

저 돼지우리 같은 것, 뭐냐?

광화문네거리, 세종로 139번지에 동아일보사 사옥이 세워져 낙성식이 거행된 것은 1927년 4월 30일이었다. 지하 1층, 지상 3층, 연건평 473평. 지금이야 초라하기 짝이 없는 건물이지만 1920년대에는 엄청나게 큰 건물이었다. 동아일보사는 4월 30일의 낙성기념식에 이어 다음날, 그 다음날까지 축하행사를 벌였고 전국 각지의 지국에서는 어린이 그림 그리기, 백일장 등의 행사를 벌여 본사 사옥 낙성을 축하했다. ≪동아일보≫ 4월 30일자에는 '신축낙성 기념'이라는 사설을 실어 이 건물이 "동아일보의 이상의 일단인 동시에 본보의 광영인 것을 자신하는 바이다"라고 자랑하고 있다.

  1927년에는 그렇게 대단한 건물이었지만 그후 발행부수가 늘고 종업원의 수가 증가함에 따라 당장에 협소해졌다. 광복 후에는 더욱더 협소해져서 부득이 4·5·6층을 증축했고 남측의 공지에 가설의 부속건물을 세워 간신히 지탱해갔다. 그러나 1960년대 말에 이르러서는 잡지 ≪신동아≫와 ≪여성동아≫ '라디오 동아방송'까지 겹쳐서 그 협소함이란 말로 표현할 수 없는 지경에 이르러 있었다.

  신문사의 위치로서는 광화문네거리보다 더 좋은 자리가 있을 수 없었다. 그 낡은 건물을 헐고 그 남쪽 공지까지 합쳐서 고층건물을 짓는 것이 동아일보사 경영진·편집진의 간절한 바람인 것은 너무나 당연한 일이었다.

  그런데 그 자리는 한국전쟁 복구계획이었던 1952년 3월 25일자 내무부고시 제23호로 확정된 7만 700㎡의 '광화문네거리대광장' 범위에 들어가 있었다. 그것은 당시의 도시계획과장 장훈이 수립한 실로 과감한 계획이었다. 이 7만 700㎡라는 넓이는 바로 광화문네거리 중심에서 반지름 150m의 원을 그리는 넓이였다.

  이 광화문네거리 광장계획은 그후 이 광장에 포함되는 주변지역의 정부기관 및 민간 지주들의 강한 압력 때문에 크게 축소되었다. 즉 박정희 군사정권 때의 1962년 12월 8일자 건설부고시 제177호에 의해 종전의 7만 700㎡에서 3만 3,228㎡(반지름 102.87m)로 크게 축소되었다. 그러나 이렇게 축소되었음에도 불구하고 동아일보사 자리는 여전히 광장계획 범위에서 벗어날 수 없었다.

1970년 4월 1일은 동아일보사 창립 50주년이 되는 날이었다. 이 날을 맞이하면서 동아일보사는 또 한 번 사옥신축을 계획했다. 즉 광화문 사옥 남쪽 별관자리에 지하 2층 지상 15층(일부 22층), 연건평 7천 평 규모의 사옥을 짓겠다는 사고를 투시도와 함께 크게 보도한 것은 4월 2일이었다. 그때부터 서울시는 동아일보사의 끈질긴 교섭에 시달리게 되었다. 그 시달림의 중심에 기획관리관 손정목이 있었다. 손정목만 공략하면 안 될 것이 없다는 것이었다.

그러나 아무리 막강한 언론권력일지라도 광화문네거리 광장계획을 바꿀 수는 없었다. 그것이 정부기관지인 서울신문사였어도 어려운 일인데 하물며 박정희 대통령의 '눈엣가시'였던 동아일보사의 압력에 서울시가 굴할 수는 없었다. 당시의 동아일보사와 제3·4공화국 정부와의 관계는 1974년 12월 15일부터 시작하여 1975년 7월 14일까지, 장장 212일간 계속된 '광고탄압사건'이 너무나 잘 말해주고 있다. 7개월간 《동아일보》·동아방송·《신동아》·《여성동아》의 광고게재가 정부권력에 의해서 방해 탄압된, 실로 엄청난 사건이었고 세계언론사상 특기할 대사건으로 후세에 길이길이 남을 것이다.

여하튼 동아일보사 사옥건립의 끈질긴 공세에 시달리다 만 손정목이 생각해낸 것이 "여의도에 새 사옥을 건립하라. 가장 노른자위 땅을 귀사에 제공하겠다"는 제안이었다. 나는 당시의 이동욱 주필을 직접 찾아가서 여의도의 장래성을 역설했던 것을 기억하고 있다.

이때 손정목이 제안한 땅은 국회의사당 입구, 광장과 100m도로가 만나는 서남쪽의 땅이었다. 바로 길 건너에 서울시청 청사예정부지 1만 4천 평이 자리하고 있는 노른자위 중의 노른자위 땅이었다. 손정목의 간청에 동아일보사도 수긍했다. 광화문을 포기하고 여의도로 가겠다는 것이었다.

여의도 노른자위 땅을 동아일보사에 매각하는 것을 양 시장 단독으로 결정할 수는 없었다. 미니차트를 만들어 양 시장이 직접 청와대로 올라가 대통령에게 보고하고 결재를 받을 수 있었다. 동아일보사와 서울시 간에 매매계약이 체결된 것은 1971년 7월 20일이었다. 이때 동아일보사가 서울시로부터 사들인 여의도 땅은 3,689평이었고 토지대금은 1억 9,764만 3,230원이었다. 한 평에 5만 3,549원이었던 것이다. 지금은 그 땅값은 한 평에 5천만 원 이상을 호가할 것이라 생각한다.

　만약에 당시의 동아일보사 경영진 중에 5년 후를 예측할 안목과 결단력을 가진 사람이 있었다면 이 자리에 20층 정도의 큰 사옥을 지었을 것이고 그렇게만 했다면 오늘날 광장 양쪽의 스카이라인은 전혀 다른 모습이 되어 있을 것이다. 그러나 당시의 동아일보사는 얼마 안 가서 한국방송공사, 문화방송, 동양방송이 여의도에 들어서게 된다는 것도, 63빌딩, LG 쌍둥이 빌딩이 들어서게 된다는 것도 예측하지 못했던 것이다. 그리하여 그들은 그 노른자위 땅에 3층짜리 건물을 설계하여 1971년 10월 5일에 기공식을 가지고, 건물이 지어지고 있을 때 4층으로 설계를 변경하여 1972년 10월 20일에 준공식을 올렸다. 연건평 2,514평의 동아일보사 여의도 별관은 이렇게 해서 이루어졌다.

　이 건물의 외장이 끝나고 한창 내부공사를 마무리하고 있던 1972년 10월 1일 10시부터 여의도광장에서 국군의 날 행사가 거행되었다. 광장 동편에 마련된 사열대에 앉은 박 대통령 앞에 국군 각 부대의 늠름한 장병들과 신예기들이 도열해 있었고, 광장 건너편 시청예정부지에는 높은 단이 만들어져서 500여 명 학생들의 카드섹션이 화려하게 전개되고 있었다. 그런데 이 카드섹션장 바로 남쪽에 지어진 새 건물이 눈에 들어왔다. 315㎡ 넓이의 광장을 끼고 시야에 들어온 그 건물은 너무나 초라해 보였다. 박 대통령은 옆에 선 경호원에게 "저 돼지우리 같은 건물이

뭐냐?"라고 물었다고 한다. 315㎡ 넓이의 광장 옆에 들어선 4층짜리 건물, 평면과 입체의 비례가 전혀 맞지 않은 그 건물이 대통령 눈에는 돼지우리같이 보였던 것이다.

며칠 후 청와대에 불려갔다 돌아온 양 시장의 침울했던 얼굴색을 아직도 기억하고 있다. 여의도에 들어설 건축물의 높이와 크기 등에 대해 대단한 꾸중을 들은 것이다.

부랴부랴 여의도 건축규제안을 세웠다. 19개 블록별로 최저고도를 정했다. 광장과 100·50m 도로변에는 15층 이상, 모든 건물의 최저는 5층 이상으로 규제하는 안이었다. 당시 이 건축규제계획을 세웠던 도시계획과장은 훗날 비록 짧은 기간이지만 서울시장 자리에 오른 우명규였다. 서울시는 이 최저고도 규제안을 바로 《서울신문》 1972년 10월 12일자로 보도했다.

이때 여의도 전역 각 블록별로 규정한 이 최저고도 기준을 건설부고시로 제도화하지 않은 데는 다음과 같은 이유가 있었다.

첫째 이 규제안을 성안 발표한 지 일주일도 안 된 10월 17일에 비상계엄이 선포되었고 '비상조치에 관한 특별선언'이 발표되면서 국회가 해산되었다. 이른바 유신(維新)이라는 이름의 백색테러였고 제3공화국이 제4공화국으로 바뀌었던 것이다. 이 비상사태로 대통령의 독재권력은 더욱더 강해졌으니 여의도 건축규제 정도는 구태여 제도화할 필요 없이 행정규제로 가능하다고 판단했다.

둘째 당시는 도시계획국장 산하에 건축심의회가 설치되어 있어 미관지구 내의 모든 건축물은 반드시 사전심의케 되어 있었으므로 여의도 건축고도는 충분히 규제할 수 있다고 판단했던 것이다.

셋째 비록 행정방침이기는 하나 한번 정해놓은 최저고도규제안은 도시계획국장이 바뀔지라도 그대로 지켜지리라고 생각했던 것이다. 지금 돌이켜보면 정말로 안이한 생각이었다.

여하튼 사정이 어떠했던 간에 손정목이 서울시 기획관리관·도시계획국장을 역임한 1970년 7월부터 1975년 3월까지의 기간을 통하여 가장 실패하고 잘못했던 것은 1972년 10월에 '여의도 전역에 걸친 최저고도 규제지구 지정'을 게을리 했다는 점이다. 만약에 이때 제4공화국의 막강한 독재권력을 배경으로 여의도 전역에 걸친 보다 구체적인 최저고도규제지구 지정을 해두었더라면 오늘날 여의도의 모습은 훨씬 더 높은 늠름한 시가지가 되어 있을 것이다. 나는 이 점을 깊이깊이 후회하고 있다.

국회사무처의 부당한 압력 − 동고서저(東高西低) 현상

지금은 여의도동 1번지가 된 땅에서 국회의사당 기공식이 거행된 것은 1969년 7월 17일이었고 6년여 만인 1975년 8월 15일에 준공식을 가졌다. 지하 1층 지상 6층, 연면적 8만 1,443.5㎡(2만 4,636.65평)의 이 건물은 처음 설계가 시작되었을 때부터 온갖 잡음이 있었고 준공될 때까지 그 잡음이 끊이지 않았다. 누군가가 한국 현대건축사를 쓴다면 이 건물 이야기만 가지고도 능히 몇백 장의 원고지를 채울 수 있을 만한 건물이다.

이 건물은 똑 부러지게 한 사람의 설계책임자를 거명할 수가 없다. 안영배·김정수·김중업·이광로 등 네 사람이 공동으로 책임져야 한다. 그러나 이 네 사람에게만 책임이 있는 것이 아니다. 박정희 대통령, 국회의장단, 몇몇 국회의원, 국회사무처장 등이 여러 가지로 간섭했다. 이 건물은 바로 "길가에 집을 지으면 3년이 지나도록 다 짓지 못한다(作舍道傍 三年不成)"라는 속담 그대로의 건물이었다.

결과적으로 이 건물은 아주 좋지 못한 건물이 되었다. 우리나라를 대표하는 건물 100개를 두고 가장 좋지 못한 건물 5개를 고르라고 하면 사람에 따라 견해의 차이는 있겠지만 세운상가·국회의사당 그리고 서초동의 법원종합청사 건물 등은 반드시 들어가리라고 생각한다(낙원상가 등은 100개 건물 중에 처음부터 들어가지 않을 터이니 논의대상조차 되지 않는다).

서초동 법원건물이 지나치게 권위를 상징하는 데 반해 국회의사당 건물은 왠지 허약하고 위축된 느낌을 준다. 수평·수직의 비례도 맞지 않는 것 같고 옥상의 돔은 볼수록 빈약하다. 당시의 국회사무총장이 "동양최대의 국회의사당"이라고 한 데 이어 "우리나라 건축기술의 비약적인 발전을 가져다준 모체"라고 자랑하고 있지만(『국회사무처 38년사』, 700쪽) 적어도 건축을 아는 사람이면 고개를 갸우뚱할 것이다. 설계담당자였던 안영배 교수 본인이 이 건물설계에 참여한 것을 크게 후회하고 있으니 말이다(『안영배 건축작품집』, 15쪽).

서울시가 1995년 2월 28일에 여의도 16번지 1만 4천 평 부지에 새 청사 건물을 현상설계했을 때 높이의 제한을 두지 않았다. 그러므로 이때 들어왔던 응모작품들은 거의가 15층 이상으로 설계되어 있었다.

국회사무처가 여의도광장 서쪽일대의 건축물 높이를 간섭하기 시작한 것은 국회의사당이 들어선 직후의 일이었다. 그때 내가 서울시 도시계획국장이었다면 박 대통령에게 직소하는 형식을 취하더라도 완강하게 거역했을 것이다. 나 손정목은 국회의사당이 준공되기 5개월 전인 1975년 3월 19일자 발령으로 도시계획국장에서 내무국장으로 자리를 옮겼으니 국회사무처에서 그런 어이없는 간섭이 자행되고 있다는 것을 알지 못했다.

국회사무처가 "국회주변일대 즉 광장 서측 77만㎡(23만 3,300여 평)의 광역에 국회건물보다 높은 건물은 지어질 수 없다. 반드시 지상 40m 이하의 건물만 짓게 하라"는 압력을 가해온 것은 1975년 8월 15일 국회의사당 준공 직후의 일이었다.

당시의 구자춘 시장은 뚝심이 강했을 뿐 아니라 박 대통령의 두터운 신임을 받고 있었다. 그러므로 그는 그런 압력이 들어왔을 때 얼마든지 맞설 수 있었고 자기 혼자 힘으로 감당할 수 없으면 대통령의 힘이라도 빌렸을 것이다. 그런데 구자춘은 여의도에 매력을 느끼지 않고 있었다. 그의 입장에서 보면 여의도는 이미 완성된 것이었고 그가 시장으로서 정력을 쏟을 곳이 아니었다.『서울 도시계획 이야기 3』의 '3핵도시 구상'을 설명하는 글에서 상세히 언급되지만, 그의 관심은 영동지구로 옮겨가 있었다. 새 시청사를 여의도에 건립한다는 것도 그의 입장에서는 말도 안 되는 일이었다.

그에게 여의도는 국군의 날 행사나 반공궐기대회 행사가 거행되는 곳 이상이 아니었다. 그는 "광장 및 100·50m 도로변에 15층 이상 건물만 짓게 하라"는 박 대통령 지시가 있었다는 것도 알지 못했다. 그러므로 국회로부터의 압력을 박 대통령에게 보고도 하지 않았다. 그의 전임자인 양택식 시장이 여의도에 관한 일이면 무엇이든 청와대에 보고했던 것과는 크게 다른 일이었다. 구 시장에게는 그런 것 일일이 보고하지 않아도 대통령 신임을 받고 있다는 오만이 있었다. 아마 국회측에서 그런 압력을 가하고 있다는 사실을 박 대통령은 전혀 모르고 있는 상태에서 저 세상으로 간 것이 아닌가 추측한다. 나의 이런 추측이 틀림이 없을 것이다.

국회사무처가 이런 압력을 가해왔을 때 제시한 것이 미국 워싱턴에서의 건축규제였다. 워싱턴에서도 국회의사당보다 높은 건물은 짓지 못하게 되어 있으니 여의도의 경우도 그에 따라야 한다는 것이었다. 정말 어이없는 억지였던 것이다.

워싱턴에 있는 미국 국회의사당은 정말 웅장한 건물이다. 1800년부터 짓기 시작하여 1827년에 1차 완공했으나 기구가 커지고 인원이 많아지자 증개축을 거듭한 끝에 오늘날의 모습으로 완성된 것은 1863년이었다. 르네상스식 돔의 끝까지 이 건물의 높이는 287피트를 넘는다. 87.5m에 달하는 건물이다.

이 건물이 웅장하게 보이는 까닭은 그것이 언덕 위에 서 있을 뿐 아니라 그 바로 앞에 길이 3km, 넓이 500m의 몰이 전개되어 있기 때문이다. 워싱턴에서의 시가지정비계획은 1900년, 워싱턴 설립 100년제를 계기로 국회 상원에 콜롬비아 특별구위원회가 설치되면서의 일이고, 특히 1910년에 당시의 태프트 대통령이 대통령 직속의 미술위원회를 설치하여 공공 및 일반건축물의 형태와 높이, 분수·공원 등에 관한 규제를 하게 되면서 강화되었다. 즉 대통령 직속의 미술위원회는 워싱턴 전역에 걸친 시가지 및 건축물 전반을 규제하고 있다.

그리고 이러한 규제가 가능한 것은 워싱턴이라는 도시 자체가 정치·행정기능만을 가진 특수도시이고 비즈니스 기능 등을 가진 복합도시가 아니기 때문이다. 미국 국회의사당처럼 처음부터 웅장한 건물을 지어놓고 나보다 더 크면 안 된다고 한다면 문제될 것이 없다. 처음부터 빈약하고 초라한 건물을 세워놓고는 나보다 더 크면 안 된다는 것은 놀부 심보와 다를 것이 없다.

국회의사당 건물의 당초설계는 지상 5층 높이였다. 이 설계안을 본 박 대통령이 "5층짜리 중앙청(구 조선총독부) 건물보다 한층 더 높이라"는 지시를 내려서 지상 6층, 높이 40m의 건물이 된 것이다(돔 제외). 국회사무처가 서울시에 요구한 것이 지상 40m, 해발 55m 이하로의 고도제한이었다. 실로 어이없는 요구였다. 국회사무처가 이런 지시를 내렸을 때 그런 사실을 국회의원 전원이 알고 동의한 것은 아니었을 것이다. 의장단과 운영위원장, 운영위원회 의원 몇 명, 그리고 사무처장·차장 정도가 합의했을 것이다.[11]

---

11) 참고로 당시 이 결정에 참여했을 것으로 생각되는 요인들을 조사해보았더니, 국

국회측의 압력에 굴복한 서울시 건축담당자는 처음에는 내부방침으로 이 지시에 따랐다. 즉 여의도광장 서측에 건물을 짓겠다는 희망자에게 건물고도를 낮게 하도록 사전에 권고하는 방식이었다. 그러나 그와 같은 내부방침이 언제까지나 통할 리 없었으므로 건설부 도시계획국에 공문을 보내 광장 서측 일대를 숫제 최고고도지구로 지정해버렸다. 건설부장관이 국회측의 요청을 거역할 수 있는 처지가 아니었다. '1976년 7월 19일자 건설부고시 제109호'에서였다. 이로써 '국회 앞 77만㎡의 넓이가 최고고도 표고(해발) 65m 이하의 높이로 제한된' 제도적 장치가 마련되었다. 그런데 건설부고시는 표고 65m였음에도 불구하고 실제의 건축허가는 표고 55m, 지상으로부터 40m 높이가 강요되었다. 국회측의 요청 때문이었다.

　이 부당한 압력에 가장 먼저 희생된 것은 한국방송센터 즉 KBS 본관 건물이었다. KBS가 그 본관건물 설계를 현상으로 모집한 것은 1972년 10월 30일이었고 12월 말일에 마감되었으며 모두 33점이 접수되었다. 다음해(1973년) 1월 17일에 발표된 결과는 당선작은 없었고 가작 1·2·3등이 선정되었다. 건축잡지 ≪공간≫ 1973년 1월호에 게재된 이 가작 입선작품을 보면 모두가 옥탑을 포함해서 15층 이상으로 설계되어 있다. 이 시점에서는 고도제한이 없었던 것이다. 그러나 이 건물이 1976년 12월 1일에 준공되었을 때는 지상 7층의 매우 초라한 건물이 되어 있었다. 박춘명이 설계하는 과정에서부터 방송공사에 국회측의 압력이 가해졌던 것으로 추측할 수밖에 없다. 1977년에 발간된 『한국방송사』를 보면 이 점에 관하여 "건립계획의 재조정에 따라 고층부를 폐지, 지상 5층 옥상

　　회의장 정일권(1973. 3. 12~79. 3. 11), 부의장 김진만(1973. 3. 12~76. 3. 11), 부의장 이철승(1973. 3. 12~76. 3. 11), 운영위원장 김용태(1973. 3. 16~79. 3. 11), 사무총장 선우종원(1971. 7. 30~76. 3. 12), 사무차장·총장 이호진(1970. 12. 12~80. 10. 29) 등이었다.

1층(중 2층) 지하 1층 도합 8층으로 하고"라는 실로 궁색한 설명을 늘어놓고 있다. 대한민국 국회의 강한 영향을 받고 있는 방송공사의 입장에서 건립계획이 왜 재조정되었는가, 무엇 때문에 고층부를 폐지하였는가에 관한 진실을 밝힐 수 없는 안타까움을 느낄 수 있는 기술인 것이다. 나는 KBS 본관건물이 들어섰을 때 "희한한 일이다. 저기 저렇게 낮은 건물이 들어설 수는 없는데? 방송시설은 원래 높은 건물에는 들어갈 수 없는가보다"라는 정도밖에 다른 생각은 하지 않았다.

건축허가 사전협의제

나는 도시계획국장 자리를 물러난 1975년 이후 여의도에 별로 관심을 가지지 않았다. 나의 거처도 여의도를 떠나 있었고 여의도에 가볼 일도 별로 없었기 때문이다. 이 글을 쓰면서 여의도를 다시 고찰할 기회를 가졌다.

그런데 유심히 들여다보고 깜짝 놀라야 했다. 광장을 중심으로 동쪽은 높고 서쪽은 낮다는 실로 엄연한 동고서저(東高西低) 현상이 이루어져 있었다. 그리하여 부랴부랴 그간의 경위를 조사해보았고 정말 어안이 벙벙해지는 것을 느꼈다. 그리고 "광장을 사이에 두고 양쪽을 고층화하겠다는 계획가의 논리가 이렇게도 무참히 짓밟힐 수 있는가"에 대해 강한 분노를 느꼈다.

최고 고도를 표고 55m로 규제하는 과정에서 실로 웃지 못할 해프닝이 벌어졌다. 1977년에 라이프개발(주)이 국회의사당 본관 정면 남쪽에 5층짜리 아파트 건물을 짓기 시작했던 것이다.[12]

---

12) 원래 내가 여의도계획을 수립했을 때 광장 서쪽에는 주택이 들어가지 못하도록 계획했는데 왜 이 자리에 아파트가 건립되었는지는 알 수가 없다. 여하튼 아파트 업자의 입장에서는 최고 고도를 지상 40m로 제한하는 경우 고층아파트는 지을 수 없었다. 높이를 7~10층 정도로 하면 엘리베이터 설치 등 때문에 단위건축비가 높

동고서저 현상(1990년 8월).
가운데 보이는 도로의 위쪽 즉 국회의사당이 위치한 곳이 서여의도, 도로의 아래쪽이 동여의도다.

   이 건물이 한창 올라가고 있는 것을 보고 난처해진 것은 국회측이었다. 국회 정면에 바로 붙어 저층아파트가 들어서서 별로 소득이 높지 않은 서민층이 입주하여 베란다에 빨래를 널고 아이들이 국회 앞 도로에서 놀게 되면 국회의 체면이 말이 아니게 되었다. 당황한 국회사무처는 부랴부랴 이 아파트단지 일체를 사들여 설계변경함으로써 의원회관으로 사용했다. 아파트단지를 매수한 것은 1977년 6월 20일이었고 설계변경 후 의원회관으로 완공한 것은 다음해 3월 28일이었다. 국회의사당 주변 건축물 저층화정책이 낳은 웃지 못할 사건이라 하지 않을 수 없다.
   그리고 이 의원회관이 완공되기에 앞서 1978년 2월 20일에 국회측은 서울시에 더 가혹한 요구를 해왔다. 즉 앞으로 국회의사당 앞 최고고도지구에 지을 건축물은 건축허가 전에 국회사무처와 사전협의를 하라는

   아지므로 숫제 5층 아파트를 짓게 되었던 것으로 추측이 된다.

것이었다. 라이프아파트와 같은 전철을 밟지 않겠다는 뜻이었다. 실로 어처구니없는 요구였지만 서울시로서는 응하지 않을 수 없었다. '건축허가 사전협의제'는 이렇게 해서 시작되었다. 건축허가 사무처리기간이 지연되었고 당연히 민원도 사게 되었다.

제5·6공화국이 끝나고 군출신이 아닌 순수 민간인출신이 대통령이 된 것은 1993년 2월 25일이었다. 이른바 문민정부의 출범이었다. 모든 것이 보다 더 민주화되었다.

서울시가 국회사무처에 대해 건축허가 사전협의제 폐지를 협의하기 시작한 것은 1994년 3월 14일이었다. 3월에서 6월까지 여러 차례 계속된 협의에서 국회측은 끝내 서울시 요구를 받아들이지 않았다. 사전협의를 없애려면 그에 앞서 1976년 7월 19일자 건설부고시 제109호에서 정한 '표고 65m 이하'를 '표고 55m 이하'로 고치라는 것이었다. '국회의사당의 존엄성과 기존건물과의 형평성 유지'를 위해 그렇게 해야 된다는 것이 국회측의 태도였다.

'국회의사당의 존엄성'이라는 말은 군주주의나 군국주의국가에서나 하는 말이 아닌가. 유권자의 선량한 머슴이 되겠다고 공약한 사람들이 모인 자리는 존엄성이라는 것을 갖추게 되는 것일까. 지금의 국회의장과 부의장들 그리고 국회의원들은 국회사무처에 의한 이러한 건축규제의 실태를 알고 있는 것인가, 알고 있다면 그것을 타당한 처사로 생각하고 있는가가 궁금해진다.

지금 서초구 서초동에 있는 법원·검찰청 앞 12만 1천㎡의 땅도 최고고도지구로 지정되어 있다. 높이 18m, 6층 이상 건축물은 들어서지 못하게 되어 있다. 1980년 12월 31일자 서울특별시 고시 제437호에 의해서이다.

너무 길게 늘어놓고 싶지 않다. 여하튼 시가지 전체의 경관계획이라든가 고도의 조형감각에 바탕을 두지 않고 입법권이나 사법권 등 국가권력을 등에 업은 이와 같은 규제가 자행되는 상황 아래서의 대한민국은 결코 민주주의 국가라고 할 수는 없으며 하물며 선진국의 대열에 낄 수도 없다고 생각한다.

(1996. 11. 12. 탈고)

참고문헌

강홍빈. 1984, , 「실패한 도시계획의 전형 여의도」, ≪신동아≫ 1984년 10월호.
국회사무처. 1987, 『國會史』, 제9대 국회자료, 국회사무처.
김석항. 1972, 「여의도」, ≪신동아≫ 1972년 9월호.
김현옥. 1967, 『푸른 遺産』, 평화출판사.
丹下健三. 1966, 『日本列島の將來像』, 講談社.
_____. 1970, 『建築と都市』, 彰國社.
대한생명보험(주). 1987, 『大韓生命40年史』, 대한생명보험(주).
동아일보사. 1990, 『東亞日報史』 卷4, 동아일보사.
「서울근교 한강연안 토지이용계획 예비조사보고서」, 서울특별시, 1966.
「서울특별시 관내 하천대장 작성 및 한강 하류부 하천개수계획기본보고서」, 서울특별시, 1966.
「여의도 및 한강연안개발계획」(김수근 팀 보고서), 서울특별시, 1969.
「여의도종합개발계획」, 서울특별시, 1971.
영등포구. 1995, 『영등포 통계연보』(제10회), 영등포구.
_____. 1996a, 『영등포 아파트 소개』, 영등포구.
_____. 1996b, 『영등포의 명소와 지리』, 영등포구.
「우리의 노력은 무한한 가능을 낳는다-김 시장의 시정신념」, 서울특별시, 1969.
전국경제인연합회. 1991, 『全經聯三十年史』, 전국경제인연합회.
정인하. 1996, 「여의도 도시계획에 관한 연구」, 『건축학회논문집』, 통권 88호, 1996. 2.

「침수지구(여의도) 토지이용기본계획 및 예비설계보고서」, 서울특별시, 1967.

한국방송공사. 1997, 『韓國放送史』, 한국방송공사.

_____. 1997, 『韓國放送史』 別冊, 한국방송공사.

한국증권협회. 1993, 『證協四十年史』, 한국증권협회.

희성산업(주)·럭키개발(주). 1988, 『럭키금성 트윈타워 건설지』, 희성산업(주)·럭키개발(주).

존슨 대통령 방한에서 88올림픽까지
도심부 재개발사업

1. 낡고 초라한 1960년대의 서울 도심부

새로운 시대의 시작, 1966년

한국역사상 특기해야 할 해가 몇 해 있다. 일제에 의해 강점된 1910년, 3·1운동이 일어났던 1919년, 광복이 된 1945년, 한국전쟁이 일어난 1950년 등이 특기해야 할 해들이다.

나는 1966년도를 특별히 기억해야 할 해라고 생각한다. 제1차 경제개발계획이 끝난 해였다. 그해를 고비로 춘궁기·보릿고개·절량농가 등의 낱말은 없어졌던 것이다. 5천 년간 이어온 지긋지긋한 굶주림에서 벗어날 수 있었던 것이 1966년이었다.

1965년에 치러져야 했던 국세조사(센서스)가 정부예산 5% 삭감이라는 어이없는 이유로, 한 해 늦게 1966년에 실시되었다. 그런데 이 1966년 센서스는 대단히 큰 뜻을 갖는다. 즉 이 나라 안 모든 농촌·산촌·어촌의 인구수, 다른 말로 표현하면 전국의 모든 시·군·읍·면의 인구수가 가장 크게 집계된 센서스였던 것이다. 이 1966년 센서스를 고비로 그 이후의 센서스 때마다 농촌인구의 대량유출, 대폭감소 현상이 나타났다.

잡지 ≪도시문제≫가 발간된 것이 1966년이었다. 그리고 이호철의 소설 『서울은 만원이다』가 ≪동아일보≫에 연재된 것이 1966년이었고, 김현옥이 서울특별시장으로 부임한 것이 1966년 4월 4일이었고, 린든 B. 존슨 미국 대통령이 서울을 방문한 것이 1966년 10월 31일이었다. 한마디로 '1960년대'라고 하지만 그 전반기와 후반기는 확연하게 달랐다.

1960년 4·19혁명, 제2공화국 탄생
1961년 5·16군사쿠데타, 중앙정보부, 군정실시
1962년 제1차 경제개발 5개년계획 시작, 그리고 환(圜)을 원으로 10대 1의 통화개혁, 한일국교 정상화를 위한 김종필·오히라 메모
1963년 각 정당 창당작업, 국회의원·대통령 선거
1964년 이른바 3분(粉)폭리사건, 대일굴욕외교 반대데모, 6·3사태(비상계엄령 선포), 국군 월남파병 시작
1965년 한일협정 반대데모 계속, 6월 22일에 한일협정 정식조인, 8월 22일에 이른바 위수령(衛戍令) 발포, 군인들 각 대학 점령

1960년대의 전반을 돌이켜보면 사회는 혼란과 불안의 연속이었고 국민대중은 여전히 빈곤했음을 실감할 수 있다. 많은 국민학교 학생들이 여전히 검정고무신을 신고 다녔다.

1960년대 후반에도 소란한 일이 일어나지 않았던 것은 아니다. 그 대표적인 것이 1968년 1월 21일에 있었던 무장공비 31명의 서울침입사건이었다. 이른바 김신조사건으로 불리는 이 사건이 있은 후에 향토예비군이 생겨났고 주민등록증도 모두 새로 발부되었다. 그러나 1960년대 후반은 전반에 비해서 훨씬 안정되었다. 서울에서는 불도저 시장 김현옥이 온 시가지를 파헤치고 있었다. 새로운 서울을 예고하는 작업이었다.

1960년대 후반의 서울 도심부(을지로1가).

지금에 와서 곰곰이 생각해보면 1966년은 헐벗고 굶주렸던 시대가 종말을 고하고 바야흐로 새로운 시대가 시작되는 갈림의 한 해였다. 「서울의 찬가」13)가 처음 불려진 것이 1967년 봄이었다. 당시의 서울은 결코 아름답지 않았지만 「서울의 찬가」 가사 그대로 종은 울리고 꽃은 피어 아름다운 내일을 예고하고 있었던 것이다.

1940년대부터 1965년경까지, 서울에서는 건축행위라는 것이 거의 없었다고 해도 지나친 표현이 아니다. 물론 전혀 없었다는 것이 아니고 '거의 없었다'는 것이다.

1937년에 중일전쟁이 일어나고 1941년에 태평양전쟁이 일어났던 일제시대에는 목재니 시멘트니 하는 건축자재를 구할 수 없었으므로 건축을 할 수 없었다. 자재를 구할 수가 없어 건축을 할 수 없는 상태는 한국

---

13) 길옥윤이 작사·작곡하고 패티 김이 불러 크게 히트한 가요.

존슨 대통령 방한에서 88올림픽까지 – 도심부 재개발사업　99

전쟁이 끝나는 1953년까지 계속되었다.

한국전쟁이 끝난 1953년에서 1955년에 걸쳐 건물을 건축하기는 했다. 전쟁으로 주택과 점포가 모두 불타서 없어졌으니 자재를 가장 적게 들이고 아주 적은 돈으로 집을 지었다. 을지로·충무로 등에는 그래도 2~3층짜리 건물이 들어섰다. 종로네거리에 '신신백화점' 건물이 세워진 것이 그때였다. 자재를 적게 써서 내실은 형편없었지만 바깥에서는 그럴듯해 보이는 건물들이 이 시기에 적지 않게 들어섰다. 그러나 그것도 한계가 있었다. 1인당 국민소득이 겨우 80달러 정도밖에 안 되던 시대였으니 서울시민의 경제력에도 한계가 있었던 것이다.

목조건물은 그 수명을 대략 30년 정도로 본다. 30년이 지나면 헐어버리고 새로 짓거나 크게 개축해야 한다. 1940년대 이후로 1965년까지 약 25년간 건축행위라는 것이 거의 없었으니 1960년대 중반 서울의 모든 건축물은 낡고 병들어 있었다. 물론 지역에 따라서 차이가 있었음은 당연한 일이었다.

종로구 신문로, 청운동·효자동 일대에 있던 총독부 관사촌은 여전히 일등 주택지였다. 지금 장충체육관이 들어선 자리 맞은편, 장충동 2가 일대 그리고 중구 신당동 일대의 일본식 저택들, 남대문로·충무로·을지로 등의 큰길을 가다가 뒷골목에 들어가면 비교적 규모가 큰 일본식 주택들이 밀집되어 있었다. 넓이도 꽤 되고 정원도 있었다. 그 당시 부자들이 이 일대에 살고 있었다. 일본식 건물들이 비교적 규모가 컸던 데 반해 한옥들은 규모가 작았다. 종로구 가회동 일대, 명륜동·혜화동·동숭동 일대 그리고 서대문구 북아현동 일대에 비교적 튼튼한 한옥들이 밀집되어 있었지만 일본식 고급주택지에는 미치지 못했다.

당시의 서울시가지는 한강 이북만이었다. 마포나 왕십리, 동대문 밖 신설동·안암동, 답십리·전농동 등지에는 아직도 논밭이 있었다. 엄밀히 말하면 1960년대 중반의 서울은 사대문 안과 그 바로 바깥인 독립문·신촌·신설동·돈암동·신당동·용산 등지까지였다. 그 범위를 다르게 표현하면 노면전차가 다니고 있던 일대의 지역, 동으로는 청량리·왕십리까지, 남으로는 한강을 건너 노량진·신길동·영등포까지, 서쪽으로는 마포 종점과 신촌까지, 서북쪽은 독립문까지, 동북쪽은 돈암동 전차종점까지가 서울이었다.

그 정도의 범위밖에 안 되었던 서울에서 예외에 속하는 고급주택지를 제외한 서의 80%의 지역은 형편없었다. 한국전쟁 때 피해를 입고 복구할 여력이 없어 되는 대로 수리해 살아가는 집도 있었다. 겨우 20평 정도의 대지에 15평 정도의 주택, 그 사이사이에 무허가불량건물이 들어서 있었다. 1960년대 중반, 즉 김현옥 시장 부임 직후의 조사에서도 이미 10만 동이 넘는 무허가불량주택이 집계되고 있었다. 청계천을 사이에 둔 양쪽 제방 위, 세운상가가 들어선 이른바 소개도로 위, 남산 어귀, 사직공원 뒤인 인왕산 입구와 인왕산 서쪽허리 일대, 서대문형무소 뒤 금화산 일대에 무허가건물이 밀집되어 있었다.

숫제 마을 전체가 무허가건물로 이루어진 곳도 있었다. 지난날 일본군대의 연병장이었던 자리는 비교적 넓은 국유지였다. 이곳에 한국전쟁 전부터 이북 피난민이 조금씩 모여들다가 전쟁이 끝나자 수많은 피난민이 몰려들어 무허가건물을 짓고 살았다. 8·15해방 후에 새로 생긴 마을이라고 해서 오랫동안 해방촌이라는 이름으로 불렸고 동사무소 이름도 해방동이었다. 오늘날의 용산구 용산 2가동이다.

오늘날 성동구 금호 1·2·3·4가동 그리고 옥수동 등도 무허가건물 집단취락으로 출발한 곳이다. 한국전쟁이 일어난 1950년 6월까지 신당동에 살고 있던 나는 주말이면 뒷산에 올라갔는데 그곳이 오늘날의 금호동이었다. 내가 오르내릴 때는 집이라고는 보이지 않던 그곳에 1960년대 초에 가보았더니 무허가건물이 밀집되어 발디딜 틈도 없을 지경이 되어 있었다. 삼선교 건너편 동소문동 일대도 사정은 마찬가지였다.

1966년 4월 4일에 부임해온 김현옥 시장은 부임 15일 후인 4월 19일에 세종로지하도·명동지하도의 기공식을 가졌고 세종로지하도는 그해 9월 30일에, 명동지하도는 10월 3일에 각각 준공 개통되었다. 서울에 지하도라는 명물이 생겨나자 이 두 개 지하도 계단을 가장 먼저 점령한 것은 수십 명의 구두닦이였고 그 다음이 거지들이었다. 구두닦이의 연령층은 이십대 후반 아니면 삼십대 전반이었다. 한쪽 계단에 10여 명씩이 진을 치고 호객행위를 했고 육교 위도 사정은 마찬가지였다. 서울시내에는 넝마주이들이 3~4명씩 떼를 지어 활보하고 있었는데 그 수를 모두 합하면 수백 명은 되었을 것이다.

구두닦이와 넝마주이가 남자들의 전업이었고, 사창과 다방 아가씨는 여자들 몫이었다. 종삼(鐘三)은 이 지구상에서 최대의 규모였지만 청량리역전, 영등포역전, 서울역전, 용산역전, 동대문 밖 등에 진을 쳤던 사창들의 수효도 그에 못지 않았다. 이태원의 기지촌 또한 빠뜨릴 수가 없다. 1950년대 후반에서 1960년대에 걸쳐서 가장 많이 생긴 것은 기독교 교회와 다방과 직업소개소였다. 한 집 건너 하나씩 교회와 다방이 생겼다고 하면 과장이 되겠지만 열 집 건너 하나씩 생겼다고 하면 결코 과장이 아닐 정도였다.

한마디로 1960년대 중반의 서울은 가난하고 초라하고 지저분한 도시였다. 건물도 거리도 사람들도 모두가 가난하고 모두가 초라했다.

재개발의 역사

'도시재개발'이라는 말이 사용되기 시작한 것은 그렇게 오래된 것이 아니다. 어떤 교과서에서 1666년의 런던대화재 복구계획에서부터 도시재개발이 시작되었다고 설명하고 있는 것을 본 일이 있다. 그러나 그러한 설명은 마치 우리나라 신도시(new town) 건설의 역사가 조선왕조 태조에 의한 한양 신도건설 때부터 시작된다고 설명하는 것과 비슷한 발상이다.

유럽의 경우 re-development라는 개념이 최초로 사용된 것은 영국이었고 1946~49년경부터의 일이다. 독일공군의 폭격으로 파괴된 런던시내 중심부를 재건하면서 종전과 같은 저층·밀집 상태를 과감하게 바꿔버리는 것을 구상한다. 즉 영세한 대지를 집단화하고 그 위에 고층건물을 세우면서 도로·주차장·공원·광장을 마련하겠다는 것이었다. 런던 중심가의 바비컨지구 재개발이 그 초기의 예에 속한다.

그와 같은 시도가 영국에서 가장 빨리 이룩된 것은 제2차대전의 전재복구를 위해서 입법된 '도시 및 지방계획법'에 "시 정부는 전재를 많이 입은 지역의 토지를 강제로 매수할 수 있다"고 규정하였기 때문이다. 예를 들어 충무로 1·2가가 많은 전재를 입었다고 하자. 건물소유자가 종전과 같은 규모와 모양의 건물을 지을 생각을 하기 전에 시 정부가 그 일대의 땅을 강제매수해서, 새로운 설계에 따라 건물을 몇 배로 고층화하고 그 결과로 얻어진 남은 공간을 도로·주차장·공원·광장으로 이용할 수 있게 된 것이다.

런던에서 시작된 이 방법은 우선 영국의 코번트리나 플리머스 등 지방도시로 파급되었고, 도버해협을 건너 네덜란드의 로테르담, 프랑스의 르아브르, 독일의 하노버 등지로 퍼져나갔다. 도버해협을 건넜는데 대서양을 못 건널 리가 없었다. 토론토와 뉴욕에서도 시도되었다.

1945년에서 1970년대까지, 즉 초기에 실시된 도시재개발 사례 중 가장 규모가 크고 성공한 예는 뉴욕 맨해튼 중앙부에 위치한 록펠러센터였다. 약 4.8ha밖에 안 되는 작은 공간에 19세기에 세워진 3~4층짜리 건물 200여 개가 밀집되어 있었다. 당시 세계 제일의 재력가였던 록펠러가 이 건물들을 사모으기 시작한 것은 1930년대 초부터였으며 1947년에 재개발사업이 완료되었다. 70층의 RCA빌딩을 중심으로 모두 15개의 고층건물군으로 이루어졌으며, 모든 건물은 지하 1층의 쇼핑광장과 연결되도록 설계되어 있다.

이 사업은 공권력의 뒷받침이 전혀 없이 2억 1천만 달러라는 막대한 재력의 힘으로 민간기업이 이룩한 사업이었지만, 토지이용의 고도화라든가 지구 내의 공원과 플라자 배치 등의 수법으로 1970년대까지 전세계 재개발계획의 시범이 되었다.

높이 49층의 유엔본부는 원래 통조림공장이었던 땅을 양도받은 유엔이 미국정부로부터 6,700만 달러의 융자를 얻어 1947~51년에 이룩한 재개발사업이었고, 60층의 체이스맨해튼은행은 1956년에 시작한 재개발사업으로 건축되었다. 이렇게 뉴욕에서 시작한 미국의 재개발은 바로 필라델피아·시카고 등지로 파급되었다.

일본에 도시재개발이라는 개념이 최초로 도입된 것은 1956년이었다. 1950~53년의 한국전쟁으로 경제회복기에 들어선 일본은, 1956년부터는 이른바 고도성장을 구가하고 있었다. 일본에서의 도심부 재개발은 바로 경제의 고도성장과 발맞추어 이루어졌다.

일본에서 1956~60년에 이루어진 초기 재개발은 구획정리법이 규정해 두었던 입체환지의 수법을 준용했다. 그러나 1961년에 두 개의 법률, 시가지개조법과 방재건축가구조성법(防災建築街區造成法)을 다시 제정했다. 이 두 법률은 바로 도심부 재개발을 추진하기 위한 것이었다. 그리고 이 두 법률은 1971년에 '도시재개발법'으로 통합되었다.

한국의 도시재개발

일본도시센터라는 연구기관에서 『도시의 재개발』이라는 책자를 발간한 것은 1960년 9월이었다. 일본에서 발간된 도시재개발 관계 책자로는 최초의 것이었다. 비록 172쪽밖에 안 되는 얄팍한 책이지만 유럽·미국 등지에서의 도심부 재개발 사례를 사진과 도면으로 소개하고, 1950년대 말 일본에서의 재개발사례와 그 문제점도 소개한 책자였다.

한국에 도시재개발이라는 개념이 들어온 것은 정확히 언제였으며, 누구를 통해서, 어떤 형식으로였을까를 알 수는 없다. 일본도시센터에서 충실한 내용의 개설서가 발간된 것이 1960년 9월이었으니, 그것이 발간된 직후에 바로 들어오지 않았을까 생각하기가 쉽다. 그러나 되풀이해서 이야기하지만 한일국교가 정상화되는 1965년 이전, 일본과 한국은 서로가 가깝고도 먼 나라였다. 물론 국교정상화 이전에도 일본서적은 수입되고 있었고 명동 뒷골목에 가면 여러 가지 잡지류도 팔긴 했다. 그러나 일본도시센터는 일본의 각 도시가 공동출자한 연구기관이었기 때문에 거기서 발간된 책은 일반 상업서적처럼 선전도 되지 않았고 일본의 대형서점에 가서도 쉽게 살 수 없었다. 나는 그 책을 1967년에 일본에 갔을 때 도시센터에 직접 가서 한 권 구해 왔다.

한국에서 도시계획법이 처음으로 제정 공포된 것은 1962년 1월 20일자 법률 제983호였다. 물론 이 법에서는 '재개발'이라는 용어가 사용되지 않았다. 그런데 이 법 제2조에 '이 법에서 도시계획이라 함은' 아래와 같은 시설을 말한다라고 하여 도로·광장·공항·주차장·철도 등의 시설을 설명한 끝에 '일단의 불량지구 개량에 관한 시설'이라는 것을 규정한다. 즉 이 최초의 도시계획법은 "토지구획정리, 일단의 주택지 경영, 일단의 공업용지 조성 또는 일단의 불량지구 개량에 관한 시설"이라고 규정함으로써 재개발사업을 할 수 있는 길(방안)만은 터놓고 있었던 것이다.

아무리 각종 정보가 고립되어 있었다고는 하나 1960년대 전반에도 일본과 미국의 주요 일간신문은 들어오고 있었고 일본잡지 ≪도시문제≫도 2~3부씩은 들어오고 있었다. 그리하여 1960년대 중반의 건설부 도시계획과 직원들도 "재개발이라는 것이 있다. 미국·일본 등지에서는 재개발사업을 활발하게 전개하고 있다"는 사실 정도는 알고 있었다.

재개발은 한국의 도시에서 더 절실한 문제였다. 토지구획정리의 평면환지방식을 입체환지로 바꾸어 적용하는 것이 불가능한 것은 아닌 것 같았다. 우선 지구지정을 할 수 있는 길을 터놓아야 했다. 1965년 4월 20일자 대통령령 제2106호로 '도시계획법시행령'이 개정되었다. 풍치지구·미관지구 등을 규정한 시행령 제14조에 제2항 "불량지구 재개발사업을 촉진하기 위하여 재개발지구를 지정할 수 있다"라는 조문을 신설하여, 한국 도시계획법제에 재개발이라는 용어가 처음으로 등장한 것이다.

오늘날 '도시재개발'이라는 말은 여러 가지로 사용되고 있다. 우리나라의 경우 가장 많이 사용되는 것이 '도심부 재개발사업'이라는 것과 '불량지구 재개발'이라는 개념이다. 그런데 발생사적으로 볼 때 '재개발'이라는 개념은 도심부 재개발이 먼저였다. 우선 도심부 재개발부터 먼저 시작하고 난 뒤에 변두리의 슬럼이나 무허가건물지구의 재개발을 시작하는 것이 상례가 되어 있다. 얼굴화장부터 먼저 하고 그리고도 여력이 있으면 손과 발, 피부미용을 하는 것과 같은 이치일 것이다.

그런 의미에서 1965년에 처음 등장한 '재개발지구'라는 개념은 도심부 재개발사업이어야 했다. 그리고 구미각국 및 일본에서의 많은 선례에 따라 사업의 내용 및 실시의 수법도 거의 확정되어 있었다. 그런데 도시계획법시행령이 '재개발지구'라는 것을 처음으로 규정했던 1960년대 중반의 한국 도시계획계에서 그것을 정확히 알고 있었던 사람은 과연 얼마나 되었을까.

오늘날의 세운상가 일대를 재개발지구로 지정한 것은 1966년 10월 15일자 건설부고시 제2819호였다. 우리나라 도시계획사에서 재개발지구로 지정된 제1호인 셈이다. 그러나 이 지정은 이미 결정되어 있는 도시계획 가로 위에 건물을 짓겠다는 김현옥 시장의 행위를 합법화해주는 방편이었을 뿐 결코 재개발사업은 아니었다.

이어서 1966년 1월 18일자 건설부고시 제2153호는 4대문 안팎 6개 지구 135만 6,100평을 재개발지구로 시정했다. 용산구 한남동·보광동, 해방촌, 광희문 밖 신당동과 옥수동, 동대문 밖 창신동, 서대문 밖의 냉천동과 현저동 그리고 마포구의 신공덕동·만리동이었다. 즉 비교적 높은 지대에 입지하여 보기가 매우 흉했던 무허가불량주택지구를 재개발지구로 지정했던 것이다.

이 시점에서 건설부가 고시한 재개발지구라는 것은 방향을 잡지 못하고 방황하고 있음을 알 수가 있다. 즉 재개발사업이 어떤 내용이고 어떻게 하는 것인지를 모르고 있었던 것이다. 그와 같은 고시는 건설부 도시계획과 실무자 선에서 결정된 것이 아니라 서울시에서 요청한 내용을 그대로 고시했을 것이다. 이 시점에서는 분명히 서울시·건설부의 관계자 그리고 그들을 둘러싸고 있던 주원·최경렬·민한식·이천승·이봉인 등, 이른바 도시계획 제1세대들은 도시재개발이라는 것이 무엇인가, 그것을 어떻게 하는가를 모르고 있었던 것이다.

윤정섭·이용구가 공동으로 저술한 대학교재 『도시계획』이 발간된 것은 1967년 11월이었다. 도시계획에 관한 한국 최초의 대학교재였다. 그런데 이 책에서는 도시재개발이라는 용어 자체를 찾을 수가 없다. 아마 이 책의 원고를 썼을 때인 1967년 전반까지, 이 책의 저자들도 도시재개발을 몰랐음을 알 수가 있다.

도시재개발에 관한 그와 같은 방황도 1967년 전반이 끝이었다. 1965년의 한일국교 정상화를 계기로 엄청난 정보가 홍수처럼 쏟아져 들어왔고 외국으로 출장가는 공무원·상사원의 수도 늘어났으며 유학생 또한 적지 않게 불어났다. 1966년 1월 18일에 엉뚱한 지역 6개 지구를 재개발지구로 지정한 것을 끝으로 그후 5년간 건설부는 재개발에 관한 일체의 작업을 중단하고 있다. 도시재개발에 관한 연구를 처음부터 새로 시작했던 것이다.

2. 도시재개발 개념의 정착

한국의 도시계획 제2세대

한국에 도시계획·국토계획이라는 개념을 처음 도입한 것은 주원이었다. 그는 서울대학교 공과대학 건축과에 출강하면서 우선 두 사람의 제자를 키웠다. 한정섭과 윤정섭이었다. 공대 건축과를 1952년에 졸업한 한정섭과 1953년에 졸업한 윤정섭은 은사인 주원의 부름을 받아 서울시 도시계획위원회 연구원이 되었다. 한정섭·윤정섭 등이 대학을 졸업했던 1950년대 당시 주원은 서울시 도시계획위원회 상임위원으로서 도시계획의 연구와 실무를 총괄하고 있었다.

윤정섭은 서울시 도시계획위원회 연구원으로 있으면서 대학원에 들어가서 석사과정을 다녔고, 석사과정을 마치자 바로 미국 미네소타대학으로 가서 2년간 수학했다. 그가 모교인 서울대학교 건축학과 전임강사가 된 것은 1959년이었다. 이 시점에서 그는 한국에서 도시계획을 체계적으로 공부한 학계의 유일한 인물이었다.

윤정섭이 건축학과를 졸업한 1953년, 이성옥은 토목학과를 졸업하고 내무부 토목국 도시계획과에 들어갔다. 또 윤정섭보다 건축과 한 해 선배인 한정섭은 대학졸업 후 2년간 무학여고 교사로 있다 서울시 도시계획위원회 연구원이 되었고, 1962년에 서울시 도시계획과장으로 특채되었다.

우리나라 도시계획의 제1세대는 주원·최경렬·이봉인·민한식·이천승 등이었다. 그러나 엄격히 따지면 제1세대들은 도시계획을 잘 알지 못했다. 최경렬은 도로공학, 이봉인은 철도공학, 민한식은 항만공학, 이천승은 건축설계가 전공이었다. 주원만은 도시계획을 알았으나 그도 도시계획가라기보다는 경국제세가(經國濟世家)라고 표현하는 것이 어울리는 편이었다.

우리나라에 도시계획기술사제도가 처음 도입된 것은 1964년이었고, 1965년에 박병주·이성옥·한정섭이 기술사가 되었다. 이 최초의 기술사 시험위원은 주원·이봉인·윤정섭이었다. 그리고 1966년에 윤정섭이 기술사가 되었는데 그때의 시험위원은 주원·이봉인·박병주였다.

1965~66년에 도시계획기술사가 된 4명에 이어 1957년에 공대 건축과를 졸업하는 장명수(현 전북대학교 총장), 1957년에 졸업하는 주종원·한건배, 그리고 일본 도쿄대학 도시공학과에서 박사까지 취득한 강병기, 일본과 호주에서 공부한 김형만 등이 물리적인 측면에서의 도시계획 제2세대들이었다. 일본에서 공부를 했고 오랫동안 동아대학·한양대학 등에서 교수생활을 한 이일병, 한양대학 토목과와 미국 버클리대학에서 수학하여 건설부와 세계은행에서 오랜 경력을 쌓은 황용주도 빠뜨릴 수가 없다. 홍익대학 교수였던 나상기가 이들 이름에 끼어야 하는 것은 당연한 일이다. 그는 건축 쪽의 비중이 더 크기는 하지만 반월(안산)·구미·창원 등 3개 공업단지의 설계업무를 주도한 업적은 대단히 크다고

생각한다.

　노융희·손정목·김의원이 사회과학적 측면에서 도시계획 제2세대를 함께 형성한다. 노융희는 국토계획학회 회장, 서울대학교 환경대학원 설립 및 초대원장, 국토개발연구원 설립 및 초대원장 등의 경력 때문에 제2세대 중에서도 큰 비중을 차지하지만, 도시계획의 이론과 실무면에 기여한 바는 그리 크지 않다. 그의 공로는 많은 인재를 배출했다는 점과 지방자치 실현의 선도자라는 측면, 그리고 말년에 가서는 환경이론과 운동에 앞장 선 측면이 높이 평가된다고 생각한다.

　경북대학교 사범대학 사회과학과에 다닐 때부터 개인적으로 주원에게 배웠다는 김의원은 서울시와 건설부, 국토개발원장, 경원대학교 등에서 쌓은 경력 때문에 도시계획에 기여한 바가 대단히 크다. 그러나 그는 학문적으로는 국토계획 쪽의 비중이 더 컸다. 앞으로 국토계획이라는 학문체계가 발전해간다면 그것은 전적으로 김의원의 공로로 돌려야 한다.

　우리나라의 도시계획 이론은 제2세대에 의해서 체계화되었다. 제2세대가 전성기를 이룬 1960년대 후반에서 1980년대 말에 이르는 25년간은 한국도시의 내·외부 구조가 형성되고 발달된 시기였다. 도시인구가 급격히 증가하는 데 따라 도시계획에 관한 새로운 수요가 엄청나게 창출되었다. 숱하게 많은 신도시·공업도시가 조성되었고 이른바 도시재개발도 활발히 추진되었다.

　도시계획 제2세대는 실로 신바람 나는 시대를 살 수 있었다.

　첫째, 그들에게는 선배라는 것이 없었다. 그러므로 출발에서부터 권위자일 수가 있었다. 둘째, 그들에게는 무한정의 일자리가 마련되어 있었다. 연구발표의 장, 연구용역의 장, 세미나·심포지엄 등 의견을 개진할 수 있는 장 등도 열려 있었다. 그러나 그들의 세계에도 치열한 경쟁이 있었다. 건강 때문에 탈락하는 자도 생겼고 타협하지 못하는 성격 때문에 스스로 이탈하는 자도 생겼다. 외국생활이 길었기 때문에 손해를 본 자도 있었고 술버릇이 말썽이 되어 뒤처지는 자도 있었다. 더 부지런한 자와 그렇지 못한 자의 차이가 생기는 것은 당연한 일이다.

여하튼 큰소리치면서 1980년대 말까지를 살아온 제2세대도 1990년대에 들면서 서서히 현역생활을 마감해가고 있다. 제2세대라는 표현, 그것은 제3세대라는 집단이 있음을 전제로 하는 낱말이다. 그렇다면 제3세대는 언제부터 언세까지인가. 제3세대의 하한, 즉 그 끝이 어디인지는 그들이 정해야 한다. 그러나 분명한 것은 시작이다. 서울대학교 행정대학원에 도시 및 지역계획학과가 설치된 것은 1968년이었다. 그것은 5년 후인 1973년에 환경대학원으로 발전했다. 제3세대의 시작은 '서울대학교 행정대학원 도시 및 지역개발학과가 창설된 1968년 이후부터 도시관련 학문을 전공하기 시작한 세대'가 제3세대를 형성하게 된다. 권태준·최상철·김안제·김원·조정제·서의택·임강원·김형국 등의 이름이 당장에 떠오른다.

제2세대와 제3세대 간에는 뚜렷한 차이가 있다.

첫째가 학력의 화려함이다. 제2세대 중에도 좋은 학력을 자랑하는 사람들이 있기는 하다. 그러나 박병주·손정목·김의원 등이 거의 독학으로 그 길을 개척했듯이 그렇게 화려한 학력자는 오히려 예외에 속한다. 그에 비해 제3세대는 화려한 학력을 자랑한다. 그들 중 상당수가 구미의 일류대학에서 박사학위를 받았다. 둘째가 외국어 능력이다. 제2세대에도 영어를 잘하는 사람들이 있기는 하나 대개는 일본어가 더 능한 편이다. 그런데 제3세대의 외국어는 거의가 영어이고 일본어는 잘하지 못한다.

제3세대가 박사학위를 받아 외국에서 돌아왔을 때 마침 한국사회는 세미나·심포지엄 시대를 맞이하고 있었다. 그리하여 그들은 귀국하자마자 사회자·주제발표자 또는 토론자로서 각 세미나에서 스타가 되었다. 그런 의미에서 그들도 또한 행운아들이었다. 그러나 그들에게도 불행은 있었다. 제2세대와는 학문적 세대차는 분명히 있었는데 연령차가 10여 년 정도밖에 안 된다는 점이다. 그리하여 그들은 싫건 좋건 간에 제2세대를 선배로 모셔야 했고, 또 그 선배들과 오랜 기간 현역생활을 같이해야 했다. 그리고 제2세대가 하나둘씩 현역에서 은퇴할 즈음, 제3세대도 환갑을 맞이하는 연령층이 되어 있었다.

윤정섭과 이용구의 공저 『도시계획』이 발간된 것은 1967년 11월이었다. 윤정섭이 중앙도시계획위원회 위원이 된 것은 1968년 4월이었는데, 손정목도 같은 날짜에 위촉되었다. 도시계획을 공부한 사람이 중앙도시계획위원이 된다는 것은 대단한 영예였다. 이 시점에서 윤정섭은 그의 동학들 보다 분명히 한발 앞서고 있었다. 그런데 그는 도시계획위원 자리를 두 달인가 석 달 만에 내놓았다. 이디오피아 정부 도시계획 고문관으로 가 있기 때문이었다.

그가 떠난 자리는 박병주로 메워졌다. 그후 박병주는 중간에 잠깐 중단된 시기는 있었지만, 1990년 9월까지 만 20년 넘게 중앙도시계획위원을 지냈다. 박병주가 그렇게 오랜 기간 그 자리를 지킨 데 반해 윤정섭은 다시는 그 자리에 돌아오지 못했다. 이디오피아에 가 있던 1년 사이에 윤정섭은 제2세대 제1인자의 자리에서 밀려났던 것이다. 우리나라에서의 1960년대 후반기에 한 해 한 해가 얼마나 가혹하고 치열했던가를 실감하게 해주는 일이었다. 그는 그후 자주 과음을 했고 그 과음도 원인이 되어 조금씩 더 뒤처졌다. 윤정섭은 1997년 4월 7일에 저 세상으로 갔다. 제2세대 중에서 가장 먼저 등장한 만큼 가기도 빨리 간 것처럼 느껴진다.

무교동·주교동 재개발계획안

1966년 8월 15일부터 9월 15일까지의 장장 32일간에 걸쳐 서울시청 앞 광장에서 실시된 '8·15전시'에는 모두 23개의 계획안이 전시되었다. 분량으로는 트럭으로 9대분이었다고 한다.

그 8·15전시에 관한 일을 취재하면서 여러 사람들에게서 들은 이야기는 "그것 내가 다 했다"는 말이었다. 일의 분량이 많았기 때문에 종사한 사람 모두가 "내가 가장 많은 일을 했다"고 느꼈던 것이다. 그렇게 자랑스러운 일도 아닌데도 여러 사람의 입에서 "내가 다 했다"는 말을 들었던 나는 당시의 그 일을 주관했던 서울시 도시계획과장 윤진우에게 "8·15전시 때 제일 많이 수고한 분이 누구냐"라고 물어보았다. 이미 30년 전의 일인데 윤진우의 회답은 명쾌했다.

"강건희, 그 친구가 제일 수고했어. 그 친구 그 당시는 서울시 도시계획과에 매일 출근하다시피 했어. 많은 일을 한푼의 보수도 받지 않고 도와주었어."

8·15전시 때 가장 많은 공간을 차지한 것은 강건희가 만든 서울 도시기본계획 모형이었다. 전체 공간의 반 이상을 기본계획 모형이 차지했던 것이다. 그런데 1939년 생으로서 8·15전시 당시에는 아직 27세밖에 되지 않았던 젊은이에게 기본계획 모형제작이라는 큰 일이 맡겨졌다고 하는 사실 자체가 이상한 일이다.

강건희가 홍익대학 건축학과를 졸업한 것은 1964년이었다. 당시는 건축공학과가 아니고 건축미술학과였기 때문에 그가 받은 학사증은 미술학사였다. 바로 석사과정에 진학함과 동시에 건축과의 조교가 되었다. 그는 총명하기도 했지만 남달리 부지런하여 당시 한국 건축학계 대표자의 하나였던 성인국 교수의 총애를 받았다. 건축과 조교 겸 대학원생이었지만 그렇게 바쁜 생활이 아니었고 오후시간은 거의 자유로웠다. 건축설계를 제대로 하려면 도시계획, 그것도 도시계획 실무를 알아야 한다는 생각이 들었다. 시간만 나면 서울시 도시계획과, 도시계획 상임위원회에 나가서 일을 도왔다. 도면 그리는 일도 도왔고 브리핑 차트 그리는 일도 도왔다. 도시계획과의 과장·계장·주임, 그리고 상임위원회의 위원·연구원들과도 친해졌다. 8·15전시 때 모형제작을 맡은 것도 그런 인연 때문이었다.

1967년 6월경이었다고 한다. 상임위원 이성옥이 좀 보자고 해서 갔더니 윤정섭 선생도 와 있었다. "도시계획조사비 예산에 여유가 있다. 조만간 서울시에서도 도심부 재개발사업을 실시해야 할 것이다. 김현옥 시장의 성격상 언제 '재개발을 하자'는 불호령이 떨어질지 모르니 미리 준비를 해두는 것이 좋겠다"는 것이었다. 도시계획과장과도 협의가 된 일이라는 것이었다. 당시의 과장은 윤진우였다.

우선 대상지구의 선정부터 해야 했다. 시청에서 가장 가까운 무교지구(무교동·다동·서린동 일대)와 세운상가 건설 때문에 김 시장이 현황을 잘 알고 있는 주교지구(청계로4·5가~을지로4·5가)로 정했다. 무교지구를 강건희가 맡았고 주교지구는 윤정섭이 맡았다.[14]

거의 모두가 그러했지만 건축을 전공한 이십대 젊은 나이인 그가 재개발을 알 리 없었다. 홍대 건축과에 교수로 재직중인 정인국·강명구 두 교수의 연구실, 이미 퇴직했지만 지난날의 은사였던 김중업·김수근의 설계사무소까지 뒤졌다. 김수근의 사무실에서 일본도시센터가 발간한 『도시의 재개발』을 찾았고 이곳저곳 선생들 연구실에 있는 ≪건축문화≫ ≪국제건축≫ 등의 잡지에 일본의 재개발 사례가 소개되어 있었다.

---

14) 이 글을 쓰고 있던 당시 윤정섭은 건강이 나빠서 만날 수가 없었기에 주로 강건희의 무교동계획안을 설명키로 한다.

재개발 이전의 무교동 뒷골목.

그것들을 빌려와서 탐독을 했고 복사도 했다. 마침 우리나라에 복사기가 도입된 직후였다. 1939년 생이니 일본어를 알 수가 없었다. 일본어를 잘하는 분에게 번역을 부탁했고 그렇게 알게 된 지식을 요약하여 『재개발용어집』을 만들었다.

홍익대 부총장을 지냈고 지금은 홍익대 건축가 출신들의 모임인 금우회(金友會)의 영도자로서 학계의 원로가 된 강건희의 회고담을 들으면서 하나의 제도가 도입되어 정착되기까지 얼마나 많은 노력과 희생이 들어가는가를 알 수가 있다.

기본조사를 실시하고자 홍대 건축과 재학생과 숙명여대 가정과 학생을 섞어 20명의 조사요원을 선발해서 훈련을 시켰다. 9월 1일부터 15일까지가 조사기간이었다.

남북은 종로 1가에서 을지로1가까지, 동서는 남대문로에서 태평로까지로 설정된 무교지구의 전체 넓이는 22만 1,460㎡(6만 572평)였고 모두 794개의 건물에 건물주·가구주·세입자 등 2,442명이 거주하고 있었다. 그 중 1,464명을 상대로 건물구조, 건축연대, 땅값과 집값, 건축허가 관계, 소유권관계 등을 조사하는 한편 재개발이 무엇인지 어떻게 하는 것인지 아느냐, 생활하는 데 어떤 해가 있느냐, 어떤 공공시설이 필요하냐 등도 조사했다. 이 지구는 음식점·바·카바레·여관 등으로 이루어진 당시 서울 제일의 환락가였다. 폭언을 당한 조사원이 적지 않았고 그 중 몇 명은 폭행까지 당했다고 한다. 윤정섭은 조교와 대학원생이 도와주었겠지만 강건희는 훨씬 더 외롭고 힘든 작업이었다. 조사결과의 분석, 재개발 도면과 모형제작, 용역보고서 원고작성까지를 거의 혼자서 해야 했다.

강건희·윤정섭 개인의 이름으로 용역계약이 될 수가 없었기 때문에 서울시에 출입하던 업자의 이름을 빌렸다. 강건희의「무교지구 보고서」는 (주)서울기술단의 이름으로, 윤정섭의「주교지구 보고서」는 (주)우일설계공사의 이름으로 납품되었다. 강건희의 당시 나이는 만 28세로, 홍익대학 건축과 조교 겸 대학원생의 신분으로 한국최초의 재개발계획안을 작성했으니 흥분이 절정에 달했음은 당연한 일이었다. 그와 같은 흥분은 '보고서 제출문'에 완연하게 나타나 있다. 한국 도시계획 역사에 길이 남을 글이니 전문을 소개해둔다(일부 현대어로 고침).

    1967. 11
    (주) 서울기술단 대표이사 조홍균
    서울특별시장 귀하
    무교지구재개발계획 종합보고서 제출
    1967년 7월 3일자 귀시(貴市)와 저희 회사 간에 용역계약한 무교지구 재개발계획을 홍익대학 공학부 姜健熙 선생의 기술자문을 받아 우리 회사 기술사원의 성의를 다하여 1967년 11월 20일자로 완료하였기, 각종 조사서 및 도면을 별도

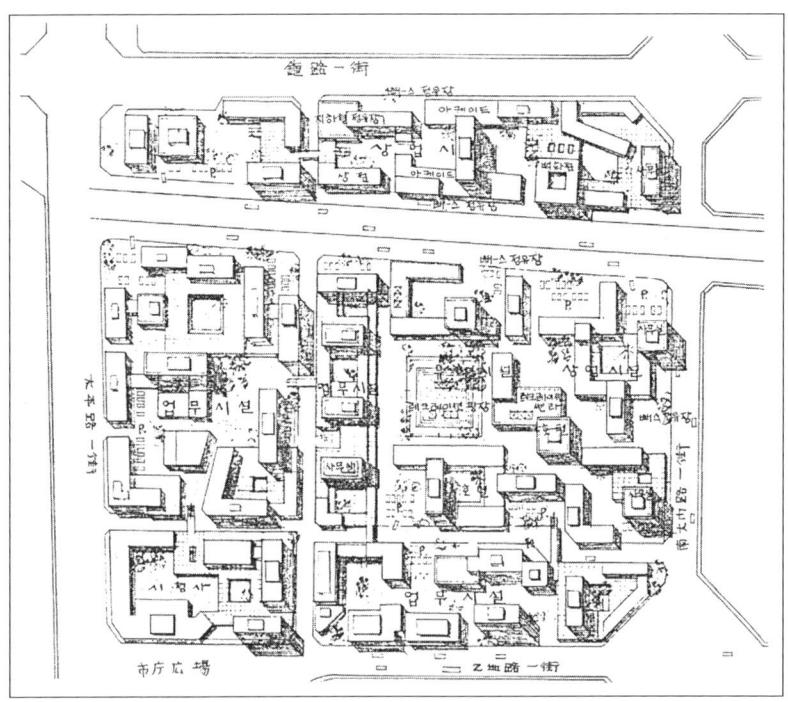

1967년의 무교동 재개발계획안.

첨부하여 여기 보고서를 제출합니다.

3. 도심 재개발을 촉진한 '존슨 대통령 방한'

미국 대통령 존슨의 한국방문

미국 제36대 대통령 존슨이 한국에 온 것은 1966년 10월 31일이었다. 미국 대통령이 한국에 온 것은 그가 처음이 아니었다. 한국전쟁이 교착

상태에 있던 1952년 12월 2일에는 미국 대통령 당선자 아이젠하워 장군이 내한하여 직접 일선을 시찰하고 돌아간 일이 있고, 1960년 6월 19일에는 1957년에 다시 대통령이 된 아이젠하워가 정식 대통령 자격으로 방한한 바 있다.

제38대 포드 대통령이 한국에 온 것은 1974년 11월 22일이었다.

한국전쟁 이후로 미국은 한국최대의 맹방(盟邦)이었고 따라서 미국 대통령이 방한할 때는 언제나 범정부적인 환영행사가 대대적으로 전개되었다. 특히 입국할 때, 김포공항 - 서울시청 앞까지의 거리에 동원되는 환영인파는 지금 냉정하게 돌이켜보면 오히려 수치스러울 정도로 광적인 것이었다. 그 중에서도 특히 존슨 대통령이 방한한 1966년 10월 31일~11월 2일까지의 2박 3일간은 만 30년이 더 지난 지금까지 한 편의 화려한 연극무대처럼 잊혀지지 않는다.

우선 이때 존슨 내외의 태평양·아시아지역 순방여행 자체가 어마어마하게 큰 규모였다. 주된 목적은 10월 24~25일에 필리핀 마닐라에서 개최되는 베트남전쟁 참전 7개국 정상회담에 참석하는 것이었다. 존슨 대통령이 주최한 회담이었다. 그리고 이 회담을 사이에 두고 뉴질랜드·호주·필리핀·태국·말레이시아·한국을 차례로 방문하고 미국으로 돌아가는 긴 여행이었다. 10월 17일에 워싱턴을 출발하여 11월 2일에 귀국하는 17일간, 4만 220km에 달하는 긴 여행은 미국 역대 대통령 중 그 누구도 감행하지 못했던 장거리여행이었다.

당시의 존슨 대통령은 베트남전쟁을 '반공(反共)의 성전(聖戰)'이라 자처하고 있었다. 그러므로 그의 행차는 세계인류에게 '반공성전을 수행하는 자유세계 영도자로서의 체모를 과시하는 여행'이었다.

날개길이 145피트 9인치, 기체길이 152피트 11인치, 시속 600마일, 항속거리가 6천 마일에 이르는 대통령 전용기는 당시 미국이 도달한 과학기술의 정수가 동원된 특수비행기로서 '미공군 1호기' 또는 '나는 백악관'이라 불려졌고 초단파장치로 워싱턴과 직접통화가 가능했다. 그리고 이 전용기에 바로 붙어 공식·비공식 수행원 350명을 태운 3대의 비행기가 뒤따르고 있었다.

또 130명의 수행기자가 보잉 707 제트 전세기 두 대에 분승하여 항상 1시간 앞서 다녔다. 즉 대통령 전용기 출발 1시간 전에 출발하여 기착지마다 대통령 도착 1시간 전에 기자들이 먼저 도착해 있어야 했다. 수행기자들만이 아니었다. 마닐라·방콕·서울에는 미리 와서 진을 치고 기다리는 세계 각국 기자들로 호텔마다 만원이었다. 특별송신소가 마련된 김포공항과 프레스센터가 설치된 조선호텔, 대통령 내외가 숙박하는 워커힐호텔 로비는 각종 통신장비로 시장바닥이나 다름없었다.

유사 이래 최대의 손님을 맞게 된 중앙정부와 서울시도 환영행사에 만전을 다했다. 우선 환영인원이 동원되었다. 김포공항에서 한강대교 - 용산 삼각지 - 시청 앞 광장에 이르는 양쪽연도에 학생과 시민이 양국국기를 들고 있었고, 시청 앞 광장에는 30만 명이 넘는 학생·시민이 모여 있었다. 이때 학생들은 양국 국기 이외에도 존슨의 얼굴만화가 그려진 도화지·나무판자·피켓 등을 들고 있었다. 환영식을 마치고 청와대를 향하는 연도에도 깃발을 흔드는 학생과 시민으로 꽉 차 있었고, 광화문네거리에는 한복차림을 한 연예인들, 영화배우·TV탤런트들이 꽃다발·꽃바구니를 들고 나와 있었다.

이때 정부가 계획한 환영인원은 학생 100만, 시민 155만, 공무원 20만 명 등 모두 275만 명이었다. 그리고 존슨이 도착하는 31일은 월요일이었지만 오후시간은 학교·관청·은행·회사 등 모든 기관이 임시휴무하기로 국무회의에서 결정했다. 이 날 정확히 얼마나 많은 인원이 동원되었는지는 알 수 없다. 200만 명이 넘었다는 것만은 확실히다.

1966년 당시 2백만 명이라는 숫자는 실로 엄청난 것이었다. 첫째, 그 당시 서울시민의 총수가 350만 명밖에 안 되었다. 고속도로는 착공도 되지 않았으니 지방 거주민을 관광버스로 동원해올 수는 없었다. 향토예비군도 민방위대도 생겨나기 이전이었다(1970~80년대의 인원동원은 예비군·민방위대의 연간 의무화된 훈련시간에 편입시켜 대량차출이 가능했다). 국민학교에서 고등학교에 이르는 각급 학교 학생 전체가 동원되었고 공무원·회사원, 통·반장도 동원되었다. 재향군인회·반공연맹 등 각종 친여적 단체, 부인단체도 동원되었다.

그저 동원된 것만이 아니었다. 각급 학생들은 존슨의 얼굴을 닮은 만화를 그려서 그것을 들고 흔들라고 했다. 만화의 물결을 헤치면서 김포가도 - 제1한강교 - 시청 앞에 당도하라는 것이었다. 5만 장의 포스터, 11개의 대형아치, 19개의 대형탑, 7개의 현판, 9개의 대형플래카드 등. 정부도 미쳤고 350만 서울시민도 미쳐 있었다.

시청 정문 앞에 동서로 64계단으로 이루어진 넓은 단상이 마련되었다. 단은 평화대라는 이름이 붙여졌고 계단에는 미모의 아가씨들이 늘어서 있었다. 300~400평이나 되는 평화대 주위는 수백 개의 국화꽃 화분으로 덮여 있었다. 시청 건물 상단에는 박 대통령과 존슨 대통령의 대형 초상화가 걸렸고 하늘에는 특별히 크게 만든 태극기·성조기가 나부꼈다.

30만 명의 환영군중은 이미 오후 3시 전부터 질서 정연히 기다리고 있었다. 환영의 노래를 부를 수도여사대(현 세종대학교) 부속고등학교 3천 명 학생들이 상기된 얼굴로 평화대 앞에 줄지어 있었다. 40분간에 이르는 시청 앞 시민환영식이 끝나면 양국 대통령 내외를 태운 승용차는 태평로·세종로를 서행하여 청와대로 향하는데, 이 길에는 이미 5천 개의 대형 국화화분이 배치되어 그 향기가 온 시내를 덮을 정도였다.

1966년 10월, 우리 국군은 청룡부대(해병대)·맹호부대·백마부대라는

존슨 대통령 환영 시민대회에 운집한 시민들(시청 앞 광장).

이름의 전투병력 1개군단 규모가 베트남전쟁에 참전하고 있었다. 베트남정부군·미군에 다음가는 대병력이었고 그 용맹함은 세계에 널리 알려지고 있었다.

나는 정치학자가 아니기 때문에 이때 존슨 대통령과 그 수행원들 그리고 박 대통령과 주요각료들과의 회담에서 어떤 내용이 협의되었고, 어떤 교섭이 이루어졌는지는 정확히 알지 못한다. 다만 당시의 신문기사를 통해서 알 수 있는 것은 첫째, 2만 명이 넘는 우리 국군을 베트남에 파병하는 대신에 주한미군을 그만큼 더 파견하여 한반도 안전보장에 지장이 없도록 해달라, 둘째, 차제에 한국 육·해·공군 장비가 최신식장비로 교체되도록 도와달라, 셋째, 1967년부터 시작되는 제2차 경제개발 5개년계획과 관련되는 경제원조를 해달라는 것이 한국측 요구였고, 미국측은 그런 요구의 대부분을 응낙했다는 것이다. 그리고 미국측에서는 당시 박 대통령이 '자주국방'을 표방하면서 구상하고 있었던 '현대적 중(重)무기의 자체 생산계획을 포기할 것'을 요구하였으며 박 대통령은 포기할 것을 약속했다는 것이었다.[15]

서울로 집중된 세계의 이목

1966년 당시 아직 우리나라는 인공위성에 의한 송·수신이 안 되고 있었다. 한국이 국제위성통신기구에 가입한 것은 1967년 2월 24일이었고 금산지구국을 개설한 것은 1970년 6월 2일이었다.

미국→일본 간의 위성방송이 시작된 것은 1963년 11월 23일이었다. 이때 위성TV로 첫 방영된 내용은 공교롭게도 케네디 대통령이 암살되는 장면이었다. 일본→미국 간의 첫 중계는 1964년 3월 25일이었다. 이때 TV화면에서 송신인사를 하게 되어 있던 주일 미국대사 라이샤워가 출연 직전에 괴한이 휘두른 칼에 맞아 중상을 입어 출연치 못하고 대신에 일본수상 이케다가 화면에 직접 나와 사과방송을 한 일은 TV방송의 역사에 길이 남을 이야기이다.

존슨 방한 뉴스를 가장 빨리 TV화면에 담기 위해서는 일본 위성통신

---

15) 당시 이 환영행사를 취재하기 위해 서울에 왔던 내외신 기자의 수는 TV·라디오·신문·잡지를 합해 약 1천 명은 넘었을 것이다. 나는 TV와 뉴스영화 제작팀을 위해서 베니어판과 각목을 엮어 만든 탑이 덕수궁 정문 앞과 소공동 입구에 설치되었던 것을 기억한다. 미국에서 NBC·CBS·ABC 등의 TV방송국이 많은 스탭을 보낸 것은 당연한 일이다.

망을 전세내야 했다. 서울에서 녹화한 것을 전세기 또는 여객기로 일본에 보내 일본 인공위성을 이용하여 미국·유럽에 보내는 방법이었다. 넉넉잡아 오후 5시경에 서울시청 광장을 출발한 필름은 도쿄 위성국에서 오후 7시면 미국에 보낼 수 있다. 그러나 서울·도쿄의 저녁 7시면 샌프란시스코는 새벽 2시이고 워싱턴과 뉴욕은 새벽 5시였다. 미국 동부·중부·서부 각지는 미리 받은 필름을 아침방송 시간대에 일제히 방영하도록 준비했다. 그와 같은 TV방영방식은 이미 마닐라와 방콕에서 시도된 바 있었다.

김포공항에 도착할 때까지의 존슨 일행은 결코 유쾌하지만은 않았다. 이미 미국 국내에서는 베트남파병을 반대하는 기운이 팽배해 있었다. 호주에서도 필리핀에서도 말레이시아에서도, 존슨의 비행기가 내리고 뜨는 지역마다 반미구호가 나붙었고 '존슨 고홈!(Johnson Go Home!)'을 외치는 대학생들의 시위가 이어졌다. 31일 오전 말레이시아 쿠알라룸푸르 공항을 떠날 때는 학생·시민들의 시위가 아주 격화되었고 그것을 보면서 비행기 트랙에 오르는 존슨 내외의 뒷모습은 보기가 민망할 정도로 축 처져 있었다고 보도되고 있다.

거구의 존슨 대통령이 김포공항에 첫발을 내디딘 것은 31일 오후 3시 2분이었고 약 20분간의 환영절차를 마친 일행이 공항을 출발한 것은 3시 25분이었다. 김포에서 시청 앞까지 24km의 길은 환영인파로 메워져 있어 존슨이 탄 전용차는 멈추고 또 멈추어야 했다. 아홉 번이나 차에서 내려 환호하는 시민에 답례를 했다. 꼬마를 안고 입을 맞추었고 환영하는 시민들과 기념촬영도 했다. 그가 시청 앞 광장에 도착한 것은 공항출발에서 1시간 40분이 지난, 5시 3분이었다.

경찰군악대의 「텍사스의 황색장미」가 울려퍼졌고 3천 명 합창단이 경쾌한 「아리랑」을 불렀다. 한복차림의 여고생 20명이 꽃가루를 뿌리는 가운데 존슨 대통령은 평화대에 마련된 옥좌에 앉았다. 환영식은 정확히 35분이 걸렸다. 존슨 대통령 연설은 정확히 13분이 걸렸는데 시민들은 열두 번 박수를 치며 환호성을 울렸다. 존슨 대통령에게는 생애 최고의 날이었다.

한·미 양국 TV방송국에 의한 실황중계는 김포공항 출발부터 시작되었고 시청 앞 광장에서의 환영식이 하이라이트였다. 그러나 시청 앞 환영식도 공항에서부터 계속되어온 환영의 연장에 불과했으니 그것을 35분간이나 방영한다는 것은 솔직히 말해서 지루한 것이었다. 미국측 TV 촬영기사는 두 대통령 내외가 앉아 있는 평화대에만 초점을 맞추던 카메라의 방향을 돌리기 시작했다.

시청 맞은편에 위치한 중국인마을의 모습이 가장 먼저 전파를 탔다. 실로 어이없는 슬럼지대였다. 서울의 가장 중심인 시청 앞 광장에 면한 일대가 슬럼지대라는 사실만으로도 충분한 뉴스거리였다. 이어서 카메라는 천천히 중국인마을 뒤쪽, 남창동·회현동을 거쳐 남산 중턱까지를 비추었다. 고층건물이래야 3~4층에 불과한 한국은행 본관·신세계백화점 정도가 고작이었다. 1930년대 이전에 지은 일본 적산가옥의 연속, 그리고 그 사이사이에 무허가 판잣집들. 이 광경을 본 미국인은 물론이고 전세계인이 놀라워했다.

전세계로 방송된 시청 앞 슬럼지대

존슨의 방한 1주일 전인 10월 24~25일, 필리핀 마닐라에서 베트남 참전 7개국 정상회담이 개최되었다. 한국·미국·베트남·호주·뉴질랜드·필리핀·태국 등 7개국 원수들의 모임이었다. 그런데 한마디로 베트남 참전국이라고 하나 전투부대가 투입된 것은 한국·미국·베트남 3개국뿐이었다. 따라서 7개국회담에서 한국 대통령 일행은 존슨 대통령 일행과 더불어 당당한 주역으로 행세했으며 자유세계 언론도 그렇게 보도하고 있었다. 실제로 당시 베트남 전선에서의 한국군의 용맹에는 전세계인이 경탄해 마지않고 있었다.

한국이 현역군인 1개군단 규모를 베트남전선에 파견한 것은 결코 그 전쟁을 '반공의 성전'이라고 생각한 때문이 아니었다. 미국측의 강한 권유가 있었고 그것을 거절하는 것보다 응낙하는 것이 국가이익이 된다고 판단한 때문이었다. 나는 군사·외교 전문가가 아니기 때문에 확실한 것은 모르지만 일종의 외인부대, 미국의 용병과 같은 성격의 파병이었다고 알고 있다.

그러나 당시의 미국·유럽·일본·동남아시아 등 자유진영 쪽 사람들 중에서 나와 같은 생각을 한 사람이 과연 얼마나 되었는지는 매우 의심스럽다. 아마 거의 모든 보통사람은 표면에 나타난 대의명분 즉 '자유와 평화를 위해서 공산화를 방지하는 데 앞장서기 위해서'라고 생각했을 것이다. 부국강병이라는 말 그대로 강병은 부국에만 있을 수 있다. 한국은 스스로의 국방을 담당하고도 남을 정도로 군사력에 여유가 있어 베트남에 보냈다고 생각하는 것은 당연한 일이다.

한국의 베트남 파병으로 대다수의 보통 미국인과 유럽인들은 한국을 제법 잘사는 나라로 인식하게 되었다. 그런 인식을 가지고 TV로 방영되는 존슨 대통령 환영식 광경을 보고 있었는데 어찌된 일인가. 한국은 저렇게도 가난한 나라였던가. 실로 놀라운 사실이었다.

한국정부와 서울시민이 정성을 다해 치른 존슨 대통령 환영식은, 한국이라는 나라가 정말로 가난한 나라라는 것을 자유세계인이 실감하게 한 행사가 되고 말았다. 그런데 서울거리의 지저분한 모습이 미국·유럽 등지 TV에서 방영된 사실을 정작 대다수 한국인은 알지 못했다. 그런데 그렇게 가난하고 지저분한 실상을 가장 뼈저리게 느끼고 부끄럽게 생각한 한국인 집단이 있었다. 미국에 이민 가서 살거나 유학생으로 가 있는 교민들이었다. 훗날 내가 들은 바에 의하면 이때의 TV방영이 있은 후 한참 동안, 많은 교민들은 얼굴을 들고 다닐 수 없었다고 한다.

1966년 당시 미국에 살고 있는 한국인의 수는 약 10만 명 정도밖에 안 되었다. 로스앤젤레스를 중심으로 약 2~3만 명, 샌프란시스코 일대에 약 2만 명, 시카고를 중심으로 약 2만 명, 보스턴·뉴욕에서 워싱턴까지의 동부지역에 약 3만 명이 전부였다. 그렇게 수가 적었기 때문에 단결도 잘 되었고 애국심도 강했다. 몇 명의 한국인이 모이면 화젯거리는 언제나 같았다. '존슨 환영식에서 비춰진 서울의 모습'이었다.

1966년 말 망년회 자리나 1967년 초 신년회 자리에서 누군가가 발의를 했다. "서울시청 주변의 슬럼지대를 깨끗하게(clearance) 해달라는 탄원서를 교민 공동의 이름으로 작성하여 청와대로 보내자"는 내용이었다. 반대할 사람이 있을 리가 없었다. L. A. 교민회, 시카고교민회, 뉴욕교민회 등 미국의 거의 모든 지역 교민회로부터의 탄원서가 1967~68년에 청와대민원비서실에 접수되었고, 그 내용이 박 대통령에게 직접 보고되었다.

박 대통령은 냉철한 사람이었다. 작고한 지 20년이 넘었는데 지금도 그 사람을 생각하면 '얼음장같이 차가운 분'이라는 기억이 가장 앞선다. 박 대통령이 '도시재개발'이라는 개념을 인식한 것은 아마도 1967년 하반기에서 1968년 전반기쯤이었다고 추측된다.

한국 내에서 도심부 재개발이라는 개념을 가장 먼저 인식하고 빠른 시일 내에 그것을 실천하겠다고 결심한 최초의 인물이 바로 절대권력자였던 박 대통령이었다는 점이 훗날 이 사업이 비교적 순조롭게 추진될 수 있음을 예고하고 있었다. 그러나 박 대통령은 구체적으로 "어디어디를 재개발하라"라는 지시를 내리지 않았다. 그런 지시를 내리면 바로

재개발되기 전의 소공지구.

김현옥 시장이 광적인 반응을 보일 것이라는 것을 예견하고 있었기 때문이다. 박 대통령의 냉철함은 '재개발지시를 내릴 적절한 때가 오기를 기다리는 점'에 있었다. 그런 기다림의 자세를 통하여 그 사람은 역시 뛰어난 영도자였구나 하는 것을 실감한다.

당시의 박 대통령에게는 시청광장 앞 중국인마을 재개발보다도 더 시급히 해결할 문제가 있었다. 하루가 다르게 늘어만 가고 있는 무허가판잣집을 정리하는 일이었다. 산허리 하천변이면 어디든지 생겼다. 4대문 밖만이 아니었다. 4대문 안에도 수없이 많이 생겨서 그것을 정리하는 것이 선결과제였다.

김현옥 시장이 1967년에 미치고 있던 일은 세운상가, 낙원상가, 청량리의 대왕코너 건설이었다. 민자유치라는 이름의 무허가건물 정리사업이었고 넓은 의미에서는 도시재개발사업이었다. 1968년에 미쳤던 일은 한강건설 특히 여의도에 윤중제를 쌓는 일이었다. 윤중제 공사가 끝나자마자 무허가건물의 과감한 정리계획이 발표되었다.

당시에 파악되고 있던 서울시내 무허가건물 총수는 13만 6,650동이었다. 김 시장의 계획은 그 중 9만 동은 시민아파트와 광주대단지에 이주시키고, 나머지 4만 6,650동은 그 자리에 세워둔 채로 개량하여 양성화한다는 것이었다. 김 시장은 1969년 1년 동안 시민아파트 400동을 짓는 일에 미쳐 있었고 구청장들은 무허가건물의 현지개량·양성화에 미쳐 있었다. 그렇게 심혈을 기울인 시민아파트 중 한 동이 무너졌기 때문에 김현옥 시장은 그 자리를 물러났다. 1970년 4월 16일이었다. 결국 박 대통령은 김 시장에게는 끝내 도심부 재개발 지시를 내리지 못하고 그가 퇴임하는 날을 맞이했다. 아마 이 시점에서는 박 대통령도 중국인 마을 재개발을 잊고 있었던 것이 아닌가 추측된다.

4. 소공동 화교들의 축출과정

양택식 시장과 소공동 재개발

양택식이 서울특별시장에 임명된 것은 1970년 4월 16일이었다.

1924년에 경남 남해군에서 출생한 양택식은 충직한 일꾼이었다. 박 대통령은 내무부 기획관리실장이었던 그를 철도청장으로 발탁했고, 철도청장에 부임하여 1년이 지난 후에는 자신의 고향인 경상북도지사로 기용할 정도로 그를 신임하고 있었다. 그런데 박 대통령이 양택식의 충직함에 감탄한 것은 이른바 연소공식 식목이었다고 한다.

1970년 7월 7일에 완전개통된 경부고속도로 공사는 많은 산을 서 있는 채로 잘라야 했고, 그렇게 절단된 산은 나무와 풀이 새롭게 자랄 때까지는 흉한 모습 그대로 방치되어 있었다. 토질이 좋아서 잔디와 나무가 잘 자라는 산은 그래도 다행이었다. 시간이 지나면 푸르름을 되찾을 수 있기 때문이다. 문제는 돌산이었다. 산 전체가 바윗돌로 된 산은 한 번 잘리고 나면 풀도 나무도 자라지를 않았다.

　대구를 지나 경산으로 향하는 길에 흉하게 절단된 돌산이 있었다. 양택식 지사는 도청 산림과에 근무하는 한 직원의 건의를 채택하여 이 산에 수백 개의 연소공(燕巢孔)을 뚫었다. '제비집과 같은 모양의 구멍'이라는 데서 연소공이라는 이름이 붙었다. 며칠간의 작업이 아니었다. 몸에 생명줄을 감은 십여 명의 인부가 붙어 여름철 몇 달 동안에 걸쳐 실시한 고되고 지루한 작업이었다. 그 작업을 처음부터 끝까지 양택식 지사가 직접 진두지휘했다. 그리고 그 많은 연소공에 흙을 묻어 히말라야시타 묘목을 심고 물을 주었다. 실로 우직한 작업이었다. 박 대통령이 이 작업현장을 시찰하고 감탄을 했다. 와우아파트가 무너져 많은 인명이 희생된 책임을 물어 김현옥 시장의 사표를 수리할 때 대통령의 머리를 스친 것이 양택식 지사의 연소공 작업현장이었다.

　1970년 4월 20일에 부임한 양 시장이 맨 먼저 시작하려고 한 것은 지하철을 뚫는 일이었다. 서울시청 안에 '지하철 건설본부'가 설치된 것은 시장부임 50일 만인 1970년 6월 9일이었다.

　양 시장은 그 재임 4년 5개월간 엄청나게 많은 일을 했다. 김현옥 시장처럼 일에 미치는 타입은 아니었지만 우직한 집념의 사나이였다. 나의 이 시리즈가 예정대로만 진행되면, 다른 말로 표현해서 나의 건강이 앞으로 4~5년간 더 계속되면 김현옥론도 쓰고 양택식론도 쓸 생각이다. 그러므로 양택식 시장에 관한 자세한 이야기는 그때까지 미루기로 한다.

양택식 시장에 의한 최초의 인사발령은 부임 후 2주일이 지난 1970년 5월 2일에 단행되었다. 이때의 인사발령으로 도시계획과장 윤진우가 국장으로 승진했고 공석이 된 과장자리에 토목과 가로계장이었던 이민창이 역시 승진해서 부임했다.16)

도시계획과 사무실은 시청 본관 4층 동남쪽 구석방이었다. 창문을 내려다보면 소공동 중국인상가가 정면으로 보였고 좀 위를 쳐다보면 남산이었다. 창 너머로 중국인상가를 내려다보고 있던 이민창 과장이 구획정리과에 근무하는 김익진을 불렀다. "저 지저분한 마을을 철거하고 고층화하는 방안이 없겠는가"를 상의하기 위해서였다.

1939년 생으로 이민창보다 다섯 살 아래였던 김익진은 집념의 사나이였고, 시청내 기술직직원 중에서 드물게 보는 학구파였다.17) 양택식이 서울특별시장으로 부임한 1970년 그는 겨우 6급 기사에 불과했지만, 도시계획이론에도 밝았고 구획정리 환지업무에서는 타의 추종을 불허할 정도가 되어 있었다. 그는 일본에서 나온 여러 서적들을 통해서 '재개발'이라는 개념도 어렴풋이는 이해하고 있었다. 평면환지의 수법을 입체환지로 바꾸면 되지 않겠느냐를 모색하고 있는 단계였다.

서울대학교 공대 화공과 출신인 양 시장에게 도시계획은 전혀 생소한 분야였다. 중국인상가를 현대화하기 위해서는 우선 양 시장을 계몽하는 일부터 시작해야 했다. 출입하는 건축(설계)업자를 시켜 2층짜리 대형건

---

16) 이민창은 서울대학교 공대 토목과를 1958년에 졸업하고, 바로 서울시에 기원보(9급)로 들어와 만 12년 만에 과장이 되었다. 이민창은 몸집이 큰 데다 얼굴도 눈도 커서 소 같은 인상이었다. 마음씨도 소처럼 양순했으며 낙천적 호인이었다.
17) 함경도에서 태어나 1·4후퇴 때 월남한 김익진은 당시 월남자들이 거의 다 그랬듯이 무척 어려운 환경에서 공부했다. 한양대학교 공대 토목과도 2부(야간)를 다녔고 대학생 신분으로 서울시 직원이 되었다. 낮에는 시청에 다니는 토목직 공무원이었고 밤에는 대학생인 생활, 이른바 주경야독하는 생활은 대학졸업 후에도 계속되었다.

물 위에 각각 10·23층의 건물이 왼쪽에서 오른쪽으로 배치되는 조감도를 그리게 했다.

시청사 3층 중앙부 서쪽에 위치한 시장실에서도 중국인상가는 눈 아래에 보였고 아침저녁으로 대하는 장면이었다. 서울시의 도심부 재개발 의지를 담은 최초의 기사는 1970년 6월 11일 ≪중앙일보≫에 보도되었다. '태평로2가·소공동 일부 화교상가(華僑商街)를 현대화'한다는 기사가 시청 앞 광장 분수대와 그 앞에 고층건물이 들어서 있는 조감도와 함께 실려 강한 인상을 주었다. 그런데 이 기사에서는 '화교상가 현대화'라는 말을 쓰고 있을 뿐이었고 '재개발'이라는 용어는 쓰지 않고 있었다.

당시 김익진은 구획정리과 계획계장 직무대리였다. 그러나 이 기사가 보도된 후부터는 도시계획과에서 일하는 시간이 더 많아졌다. '소공지구 재개발계획안'을 마련하기 위해서였다. 다행히 1967년에 강건희가 작성해둔 '무교지구재개발계획안'이 있었다. 강건희는 이민창의 경복고등학교 5년 후배였고 김익진과는 같은 1939년생의 친구간이었다.

김익진이 양 시장에게 재개발을 이해시키기 위해서는 스스로가 공부를 더 해야 했다. 일본에서 출판된 재개발관계 서적 몇 권을 구해서 동네 복덕방 할아버지들에게 히라카나만 번역을 시켰다. 그렇게 얻은 지식으로 소공·무교 양 지구 재개발계획안 브리핑 차트를 만들었다. 우선 양 시장을 교육시켰다. 하루에 2~3시간씩, 이틀이 걸렸다. 당시를 회상하면서 김익진은 "소공동재개발은 전적으로 시장의 끈기에서 시작되었다"는 것을 강조했다. 양 시장이 소공·무교 2개지구 재개발계획안 브리핑 차트를 들고 청와대로 간 것은 그해 11월 20일이었다. 박 대통령의 입장에서는 간절히 기다렸던 내용이었으니 크게 반가워했을 것이다. 청와대에서 돌아온 양 시장의 얼굴에는 희색이 넘치고 있었다.

소공동·무교동을 입체환지방식으로 재개발하겠다는 기자회견은 1970

년 11월 24일 오전 10시에 있었다. 모든 매스컴이 일제히 그 내용을 보도했지만 ≪동아일보≫는 특별히 크게 10단 기사로 다루었고, ≪중앙일보≫는 11월 30일부터 12월 2일까지 3회에 걸쳐 2개 지구 재개발을 기획기사로 소개했다.

재개발계획의 법적 근거 마련

서울시 도시계획과에 '재개발계획계'가 생긴 것은 그해 12월 23일이었고 김익진이 '계장직무대리'가 되었다. '직무대리'로 발령이 난 데는 이유가 있었다. 아직 직제개정이 되지 않은 임시기구였기 때문이다. 도시계획과에 남산계가 없어지는 대신에 재개발계획계·재개발사업계를 둔다는 내용이 담긴 직제개정은 1971년 4월 23일자 시규칙 제1146호에서였다.

도시계획법이 전면 개정된 것은 1971년 1월 19일자 법률 제2291호였다. 이 개정법 제3장 제2절(제31~53조)은 도심부 재개발에 관한 규정이었다. "일정한 지구의 도시기능을 회복시키거나 새로운 기능으로 전화시키기 위하여 실시하는 도시계획사업"을 '재개발사업'이라고 정의한 데 이어 재개발사업계획의 결정, 시행요건과 시행계획, 관리처분계획, 청산 등에 관한 절차가 규정되고 있다. 도시계획법시행령은 그해 7월 22일자 대통령령 제5721호로 개정되었다. 이 시행령 제29~41조는 재개발의 시행절차 등을 규정하여 사업집행의 제도적 근거가 되도록 했다.

김익진이 양택식 시장의 명에 의하여 일본으로 출장간 것은 개정도시계획법이 공포된 직후인 1971년 이른봄이었다. 일본에서의 재개발 특히 입체환지 수법을 현지에 가서 터득하기 위해서였다. 일본출장에 앞서 김익진은 한국과학기술연구소(KIST)로 김형만을 찾았다. 도쿄공업대학에서 수학한 후 호주 시드니대학에서 도시계획박사가 된 김형만은 1969년 6월에 귀국하자 바로 KIST 도시계획기술실장으로 있었다.

김익진을 동행한 것은 남궁용근이었다. 남궁용근은 KIST 도시계획연구실 연구원이었다. 이 여행에서 그들은 당시 도쿄도가 신주쿠 니시구치에 실시하고 있던 대규모 재개발사업과 고베시가 실시하고 있던 재개발사업을 시찰할 수 있었다. 김형만이 도쿄도청에 근무하는 친구에게 사전 연락을 해두었기 때문에 가능한 일이었다. 그들의 행차는 시찰이라기보다는 연구여행이었다는 편이 더 적절할 것이다. 여하튼 이 여행에서 그들은 질과 양의 양면에서 많은 것을 터득하고 돌아왔다.[18]

일본에서 돌아온 김익진은 상사들과 숙의한 후 강건희·윤정섭·김형만이 속하는 3개의 기관에 재개발계획용역을 발주했다. 도심 재개발사업은 그 실시에 앞서서 지질·토지·건물·인구·교통·경제 등 각 분야에 걸친 면밀한 조사가 선행되어야 하며, 그러한 기초조사의 바탕 위에서만 환지(換地)의 공정성이 보장될 수 있고, 아울러 토지이용·건물계획·인구배치·공급시설·교통계획 등의 부문계획이 수립될 수 있다는 것을 터득하고 온 때문이었다. 1971년 4월 26일자로 공동발주된 이 용역보고서는 9월 30일에 납품되었다. 각각 4×6배판 600쪽이 넘는 이 3개의 보고서는 아마 당시의 정부학술용역 중에서 가장 큰 규모였을 것이다. 3개 보고서의 이름과 용역기관은 각각 다음과 같다.

'소공 및 무교지구 재개발계획 및 조사설계'
소공지구: 홍익대학교 부설 건축·도시계획연구원(나상기·강건희)
다동지구: 서울대학교 공대부설 응용과학연구소(윤정섭)
서린지구: 한국과학기술연구소(도시계획연구실 및 경제분석실 김형만·남궁용근 등)

---

[18] 김익진은 1972년에, 남궁용근은 1975년에 각각 도시계획기술사 시험에 합격했다.

19세기부터 시작된 중국인마을

서울에 중국인이 거주하게 된 것은 고종 19년 8월 23일, 양력으로 1882년 10월 3일에 체결된 '중국·조선상민수륙무역장정'이라는 조약에 그 근거를 둔다. 즉 이 조약 제4조에서는 다음과 같이 규정했다.

> 조선상인이 베이징에서 교역에 종사하는 것을 규정에 따라 허용하는 한편으로 중국상인도 또한 조선에 입국하여 양화진과 한성에서 거래시설을 갖추어 상거래에 종사하는 것을 허용한다.

이 규정이 빌미가 되어 그후 조선정부는 영국·미국·독일·프랑스·일본 등 거의 모든 외국과의 조약에서 외국인이 서울에 들어와서 거주·통상할 수 있는 자유를 인정하게 되었다.

미국 샌프란시스코 총영사를 3년간이나 지낸 진수당(陳樹棠)이 '주조선 상무위원(商務委員)'이라는 직함으로 서울에 들어온 것은 1883년 9월 16일이었으며 9월 20일부터 공식업무를 개시했다. 실질적으로 '주조선 청국대사'였지만 중국이 조선의 종주국임을 강조하기 위해서 공사 또는 대사라는 직함 대신에 상무위원이라고 칭한 것이다. 그는 각국 사신들이 모인 회의석상에서 "조선은 중국의 속국이니 자신의 위치는 당연히 외국사신들 중의 우두머리가 되어야 하고 또 조선의 정승·판서들보다도 상석에 앉아야 한다"고 거드름을 피울 정도로 기세가 당당했다.

진수당이 부임할 당시는 임오군란 진압이란 구실로 청국 육영병(六營兵)들이 들어와 그 위세가 당당했으니 진수당도 그들 군사력에 기대어 한껏 거드름을 피웠던 것이다. 그리고 1883년 이후로 서울에 들어와 겨우 노점·행상 등에 종사하고 있던 중국인도 진수당과 육영병의 비호 아래 그 수도 늘었고, 장사도 잘되어 포목상·잡화상·무역대리점 등으로 경제력을 신장시켜갔다.

고종 22년(1885년) 4월에 갑신정변이 일어났으며, 그 후속조치로 중국 텐진에서 청·일간에 체결된 텐진조약으로 그동안 서울에 주둔해 있던 청국 육영병은 모두 철군했다. 그러나 서울에 거주하던 중국인에게는 더할 나위 없는 엄청난 비호자가 나타났다. 진수당이 물러간 후임으로 '주찰조선총리교섭통상사의(駐紮朝鮮總理交涉通商事宜)'라는 어마어마한 직함을 단 원세개(袁世凱)가 부임한 것이었다. 원세개의 직함을 영어로 번역하면 Director-General Resident in Korea of Diplomatic and Commercial Relations였다. 흡사 중국이 조선에 파견한 총독과 같은 직함이었다. 속칭 원대인(袁大人)이라고 불리던 당시의 원세개는, 이 나라의 통상·외교는 물론이고 내정·인사문제에 이르기까지 간섭하지 않는 것이 없었다. 당시 조선에 왔던 영국인 여행가 비숍(I. B. Bishop)이 "왕권보다 더 위에 있는 권력자"라고 표현했듯이 청일전쟁이 일어나기 이전, 조선에 와 있던 원세개는 조선왕국의 실질적인 지배자였던 것이다.

원세개가 한껏 거드름을 피웠던 1885~95년의 10년간, 서울에서 중국인의 수는 두드러지게 증가했고 그 경제력도 엄청나게 커졌다. 동순태(同順泰)라는 이름의 국제적인 거상도 들어와서 엄청난 경제활동을 전개했다. 원세개는 지금의 을지로 입구에 청국경찰서까지 설치하여 그들의 생명·재산을 보호하려고 했다. 그러나 그러한 노력에는 한계가 있었다. 조선인과 중국인 간에 끊임없는 암투가 되풀이되었기 때문이다. 밤에 중국인 집에 불을 지르는 자도 있었고 물건을 약탈해가는 자도 있었으며 백주 대낮에 패싸움을 벌이는 경우도 있었다. 불안해진 중국상인들이 택한 것은 '주거·상가집단화' 방안이었다. 그것도 될 수 있으면 궁궐에 가까운 곳이 더 안전했다.

서울 하늘에서 최초로 생긴 중국인상가는 수표교 이웃 즉 오늘날의 종로구 수표동·관수동이었다. 1885년에 집단화되었다. 수표교에 이웃하여 중국인 상가집단이 마련된 것은 그곳이 종로 조선인상가와 가까웠을 뿐 아니라 창덕궁과도 가까운 거리라서 치안유지가 잘될 것이라고 생각한 때문이었다.

그런데 중국인의 수가 많아짐에 따라 상가집단이 점차 분화했다. 명성황후가 시해되고 아관파천을 겪은 후의 일이니 고종이 경운궁(덕수궁)에 상주하고 있을 때였다. 경운궁은 당시의 정궁(正宮)이었다. 경운궁의 동남쪽인 소공동과 서남쪽인 서소문로에 각각 하나씩의 중국인상가 집단이 생겨났다. 기존의 수표동·관수동 것과 합쳐서 모두 세 개의 중국인마을이 생긴 것이다.

이렇게 세 개가 생긴 데는 중국인 내부의 사정도 있었다. 즉 그들은 그 출신지역이 다르면 서로 말도 통하지 않았다. 따라서 서로 대화가 가능한 출신지역별 집단화가 불가피했던 것이다. 수표교 근처에 산동계(山東系)가 모였으며, 서소문 입구에는 절강계(浙江系)가 모였고, 소공동에는 광동계(廣東系)가 모였다. 이렇게 출신지역별로 집단화를 이룬 그들은 각 지구별로 회관을 지어 상호간의 정보교환·친목을 도모했다.

원세개가 집무를 보는 건물을 총리아문이라고 불렀다. 지금의 명동 중국대사관 자리였다. 총리아문은 중국인의 생명과 재산을 보호하기 위한 수단으로 을지로 입구 네거리 서남쪽에 큰 건물을 지어 청국경찰서라고 했다. 40명의 중국인이 경찰관으로 근무했으며 마포나루터에는 따로 파출소도 두었다.

갑신정변이 일어난 1884년에서 청일전쟁이 일어난 1894년까지의 10년간이 청국인의 전성시대였다. 이 당시에는 만약에 중국인이 매수할 의사가 있는 토지·가옥을 소유주인 조선인이 매각에 응하지 않게 되면, 청국 총리아문이 직접 자체의 순경을 파견하여 조선인을 강제 퇴거시키는 폭력까지 일삼았다고 한다. 청일전쟁이 일어나기 전 즉 1890년대 초에 서울에 거주한 중국인의 수는 약 3천 명 정도였던 것으로 알려지고 있다.

청일전쟁이 일어나자 상가의 문을 닫고 중국으로 돌아간 중국상인이 다시 되돌아온 것은 1895년 5월부터였다. 되돌아온 그들은 비록 일본과의 전쟁에는 졌어도 상행위에서는 저력을 발휘하여 일본상인과 치열한 경쟁을 벌였다. 그러나 그 경쟁에서도 결국은 당할 수가 없었다. 지난날의 기세도 한층 꺾였고 상인의 수도 상대적으로는 감소되어갔다. 한국이 제국주의 일본에 의해서 강점된 1910년 말에 서울에 살고 있던 중국인 총수는 519호 1,828명이었다. 청일전쟁 직전의 3천 명에 비하면 약 40%가 감소된 숫자였다.

20세기 들어 점차 쇠퇴해가는 중국인 세력

중국 동북부(만주)의 중심인 장춘(長春)에 가까운 만보산(萬宝山)이라는 마을에서 중국인과 조선인 간에 패싸움이 벌어진 것은 1931년 6월이었다. 조선인 농민의 물길(水通) 터파기공사를 못하게 한 것이 원인이 되어 조선인 약 200명과 중국인 약 300명이 패싸움을 벌였고, 그것을 말린다는 구실로 일본영사관 경찰 150여 명이 출동하여 발포한 사건이었다. 사실 별로 대단한 싸움도 아니었는데 조선인과 중국인을 이간질할 좋은 자료라고 판단한 일본군이, 이 사실에 대해 만주에서 살고 있는 조선인이 모두 중국인들의 심한 박해를 받고 있는 것처럼 과장하여 보도했다. 이 보도를 접하자 조선 내에서 대대적인 중국인 배척운동이 일어났으며 중국인 약 100여명이 타살되는 불상사로 발전했다. 서울에서도 성난 군중이 서소문·소공동 중국인상가 집단에 몰려들었지만 경찰의 경계가 삼엄하여 인명의 손상은 그렇게 크지 않았다.

역사책에서는 이 사건을 '만보산사건'이라는 이름으로 설명하는데 이 사건이 있은 이후로 서울시내 중국인 수는 더욱더 줄었다. 그리고 1937년에 일어난 중일전쟁과 1941년에 일어난 태평양전쟁, 1945년 이후 중국에서의 국민정부(장제스) 대 공산정부(마오쩌뚱) 간의 국공내전, 국민정부의 대만피난, 한국전쟁과 중공군의 개입 등의 요인으로 서울거주 중국인은 그 수도 줄고 경제력도 줄어들었다.

중국인의 수가 늘지 못하고 그 경제력이 신장될 수 없었던 데는 한국인 일반이 지닌 배타성과 편견, 그리고 한국정부가 지닌 억압적 자세에도 그 원인이 있었다. 한국인의 중국인에 대한 편견은 주로 일본인이 심어주고 간 것이지만, 통일신라시대 이후로 1천 년 이상 계속된 종주국·종속국 관계에 대한 반발심도 있었고 국민간의 습속의 차이에도 원인이 있었다.

한국정부 또한 마찬가지였다. 중국본토에서 전개된 국공(國共)전쟁에서 패배한 장제스가 이끄는 국민정부가 대만으로 건너가 중화민국을 세운 것은 1949년이었다. 이른바 자유중국이었는데 한국과는 형제의 관계에 있었다. 즉 반공이라는 이념으로 굳게 맺어진 맹방이었다. 자유중국과 한국의 그와 같은 관계는 한국이 본토정부와 수교하고 대만정부와의 국교를 단절하는 1992년 8월 22일까지 계속되었다. 서울특별시와 대만정부 수도 타이페이가 우호관계(자매도시)를 맺은 것은 1968년 3월 23일이었다.

이미 살펴본 바와 같이 자유중국과 한국은 표면적으로는 절친한 사이였다. 자유중국과 국교를 맺고 있던 모든 국가가 중국 본토정부와의 관계 때문에 대만정부와의 국교를 단절한 후에도 한국은 오래도록 대만정부와의 관계를 유지했다. 또 당연히 1992년 8월 22일 이전의 한국거주

중국인은 자유중국(대만)의 국적을 갖고 있었다.

그러나 한국과 자유중국이 절친한 사이인 것은 표면적인 것에 불과했다. 한국정부나 한국인 개개인의 내심은 면적도 작고 국민의 수도 적으며 본토를 버리고 피난을 나온 대만정부를 대단하게 생각하지 않고 있었다. 그리고 그 당연한 결과로 한국내 중국인도 대단하게 여기지 않게 되었다. 밀수의 온상이라고 조사하기도 했고 아편 공급원으로 조사하기도 했다(「밀수·아편취급 등 중국인의 범법자 격증」, ≪동아일보≫ 1957년 8월 16일자, 3면 참조).

한국정부와 한국인의 그와 같은 대접이 그들의 경제활동을 위축시켰음은 당연한 일이었고 그들의 대다수를 상대적인 빈곤에서 헤어나지 못하게 했다. 서울거주 중국인의 수가 감소되긴 했으나 그것은 어디까지나 상대적인 것이었고 절대적인 인구감소는 아니었다. 화교의 수가 아무리 줄었다 한들 정착한 지 80~90년의 세월이 흘렀고 중·고등학교까지의 독자적인 교육기관을 가진 민족이었다. 화교들 특유의 집념과 저력으로 시내 곳곳에 파고들었고 꾸준히 그 씨를 뿌리고 있었다. 상대적 세력은 줄었지만 절대수는 늘고 있었던 것이다.

1970년 10월 1일 현재로 실시된 센서스 결과에 의하면 서울시에 상주하는 외국인 총수는 1만 463명이었고, 그 중 중국인이 8,262명이었다. 그러나 조사가 이루어진 1970년만 하더라도 서울시에 중국인상가가 집단으로 모여 있는 곳은 소공동뿐이었다. 수표동·관수동도 몇몇 집만 남아 있었고 서소문동 또한 마찬가지였다.

중국인상가는 인구가 상대적으로 감소되고 그 세력도 약해짐에 따라 종전까지의 도심부를 벗어나 연희동·왕십리·영등포 등지로 옮겨갔고 그래도 동족의식이 강한 사람은 소공동에 모였다. 처음 한국에 이주할 때는 출신지역에 따라 서로 말이 통하지 않았지만 1950년대 이후 한국내의 중국어는 거의 북경관어(北京官語)로 통일되어 있었다. 그리하여 소공동은 1950년대 이후 서울 화교세력의 중심이 되어 있었다.

그런데 소공동 중국인이 홍콩·L.A. 등으로 이주해가고 또 일부 중국인이 다시 소공동으로 모이고 하는 과정에서 소공동 토지소유관계에는 큰 변동이 일어나고 있었다. 한화그룹 창설자인 김종희와 대한해운(주) 대표 남궁연 등이 소공동 땅을 조금씩 사 모으고 있었고 그에 따라 중국인 소유지는 점차 줄면서 한쪽 구석으로 밀려나고 있었던 것이다.

소공지구 토지소유 현황

양택식 시장이 소공·무교 양 지구 재개발계획안을 보고하면서 감지한 것은 박 대통령이 소공동재개발에 깊은 관심을 쏟고 있다는 점이었다. 존슨 대통령 환영행사 이후 재미교포들이 나타내었던 간절한 소망을 잊지 않고 있던 대통령 입장에서 소공동재개발은 갈망하고 있던 사업 중의 하나였던 것이다. 이때부터 서울시 도심부 재개발은 소공동지구에만 초점이 맞추어졌다.

홍익대학교 건축·도시계획연구원이 강건희를 연구책임자로 하여 소공지구 현황조사 및 기본계획 용역을 서울시 도시계획과와 체결한 것은 1971년 4월 26일이었다. 총면적이 약 4천 평 남짓한 이 지구가 미리 훈련된 십수 명의 조사원에 의해 정밀조사된 것은 6월 5일부터 7월 10일까지였다.

사전에 충분히 예측한 바이기는 하나 실제로 조사해본 결과는 정말로 엉망이었다. 지적은 산산조각으로 세분되어 있었고 그 지적에 따라 단층 또는 2~3층 건물이 무질서하게 건립되어 있었으며 그 건물들마다 저당권이 2중 3중으로 설정되어 있었다. 필지별로 토지를 실측해보았더니 지적상 넓이와는 약간씩 다른 것도 특색이었다.

소공지구의 대지면적 합계는 3,693평, 도로면적이 341평, 총면적이 4,034평이었다. 3,693평의 대지를 53명의 지주가 나누어 갖고 있었으며 건축물 연면적은 지하층까지 합하여 80,670평이었다. 건폐율이 71.3%, 용적률이 234.9%로 집계되었다. 아무리 초라하고 추하다 해도 서울시 중심부 중의 중심이었으니 주·야간 인구는 엄청나게 달랐다. 즉 주간인구가 2,025명이었는데 야간인구는 209명이었고, 그 중 155명이 중국인(화교)이었다. 그들 화교의 직업을 보면 한의사가 1명, 서적상이 1명, 이발사가 1명, 그리고 17개의 중화요리집이 집계되었다.

대한민국 정부가 수립되고 50년이 넘는 세월이 흘렀다. 우리는 그 반세기 역사 속에서 통화개혁이라는 것을 두 번 경험했다. 통용되고 있는 화폐단위를 평가절하하는 작업이었다. 한국전쟁 후인 1953년 2월 14일에 실시된 제1차 개혁은 100원을 1환으로 하는 개혁이었다. 그리고 5·16군사쿠데타가 일어난 다음해인 1962년 6월 10일에 제2차 개혁이 실시되었다. 이 제2차 개혁으로 종전까지의 10환이 1원이 되었다.

통화개혁을 실시한 데는 인플레 억제 등 여러 가지 이유가 있었다. 전해지는 바에 의하면 1962년에 실시된 제2차 개혁은 중국인들이 장롱 속에 감추어놓은 거액의 현찰을 찾아내는 것이 목적의 하나였다고 한다. 마약·밀수 등을 통해 거액의 돈을 모은 중국인들이 경제력이 노출될 것을 꺼려서 현찰로 장롱 깊숙이 숨겨놓고 있으리라고 판단했던 것이다. 그러나 정부당국의 그와 같은 억측은 전혀 맞지를 않았다. 통화개혁의 결과로 드러난 중국인의 경제력은 별로 대단치 않았다.

「비단 장사 왕 서방」이라는 노랫말대로 일제 말기만 하더라도 중국인 중에는 포목·잡화·귀금속 등을 판매하는 대규모 상인들이 있었는데 그들은 낭연히 수출입 무역에도 종사했다. 그러나 1950년대 이후 계속되는 중국인 경제력의 상대적 약화로 1970년 당시 대다수 중국인의 직업은 중화요리업이었고 서적상 한둘 정도가 고작이었다. 당시 소공동 입구에 우인평이라는 이름의 중국인 한의원이 있었는데 그것은 예외 중의 예외였다.

국장 윤진우·과장 이민창·계장 김익진으로 이루어지는 서울시 재개발 팀이 시청 앞 광장 정면에 위치한 중국상인들과 처음으로 대면한 것은 1971년 5월 21일이었고 그 후에도 여러 차례 회합을 가졌다. 이 회합에는 언제나 중국총영사 장진궁(張金宮, Chan Chin-Kung)과 홍익대학교의 강건희가 배석했다.

서울시에서 제시한 것은 첫째, 시청 앞 광장에 면한 중국인상가 집단을 조속한 시일 내에 철거하고 그 자리에 대규모 고층건물을 짓게 한다. 둘째, 이 지구 안에 거주·영업중인 중국인은 지상의 토지·건물 대신에 입체환지 방식에 의하여 이 대규모 빌딩 안에서 각각의 소유지분에 비례한 공간을 소유하게 된다. 셋째, 이 고층건물의 이름을 화교회관이라고 하며 그 건축비 중 일부는 서울시가 보조하고 나머지는 회관에 입주를 희망하는 은행으로 하여금 장기 융자하게 한다. 넷째, 회관 건축기간 중의 중국인 생계를 위하여 서울시 책임하에 가건물을 지어 임시 이전케 하여 영업행위를 계속하게 한다. 다섯째, 만약에 중국인 여러분이 끝내 거절한다면 서울시는 적절한 보상비를 지불하여 강제철거 이전케 한다.

한두 번의 모임으로 해결될 문제가 아니었다. 대다수 중국인은 "서울시의 감언이설에 속아 내 땅을 잃어버리지 않을까" 의심했다. 입체환지라는 개념도 생소한 것이었다. 만약에 서울시가 중국인 소유지를 구입한다면 얼마를 줄 것인가의 흥정도 있었다고 한다. 서울시는 50만 원 정도를 제시했고 중국인측은 100만 원을 요구했다고 한다. 아직은 확실한 시가감정도 없는 상태에서의 가벼운 흥정이었다.

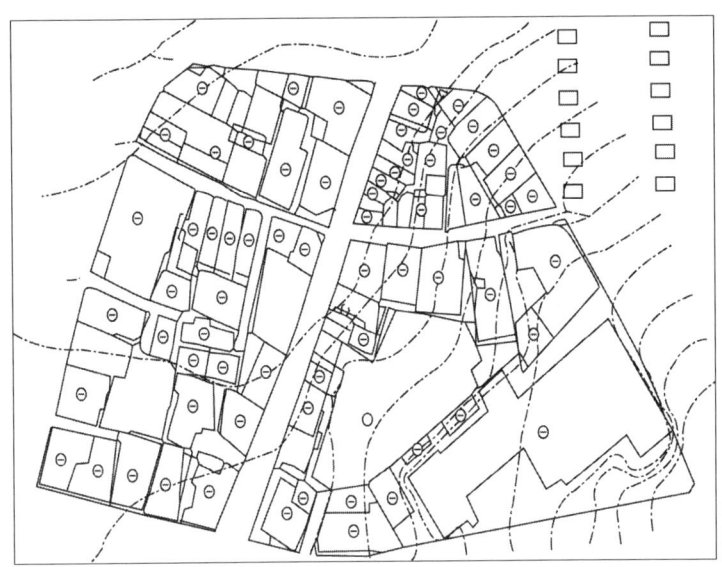

소공지구의 토지소유형태.

이 모임에 초청된 중국인은 16명이었는데, 2명의 중국인이 탈락했다. 가장 동쪽에 위치한 한의사 우인평은 한의원의 성격상 중화요릿집 집단이 될 화교회관에 합류할 수 없으니 스스로 B소구에 소속되기를 희망했다. 태평로2가 22번지에 위치한 표월상은 나머지 14명의 토지와는 거리가 떨어져 스스로 A소구에 속하기를 희망하여 화교소구에서는 탈락했다. 나머지 14명 화교들의 토지는 사이사이에 한국인 소유지가 끼어 있기는 하나 여하튼 앞뒤가 연속되어 일체를 이루고 있었다.

홍익대학교 용역팀의 입장에서는 좌우 끝에 위치한 우·표 2명의 탈락으로 조사·계획의 구획 나누기 작업이 한결 쉬워졌다. 화교·A·B·C·D·E1·E2의 7개 소구로 구분하여 현황조사와 계획이 추진되었다. 참고로 당시 소공동 105-2에서 111~22번지까지의 토지소유 상황을 다음의 표로 정리해보기로 하자(다음 표 참조).

1970년 당시 시청 앞 광장에서 바라다보이는 소공동은 흡사 2개의 사다리꼴을 하고 있었다. 덕수궁 쪽(서쪽) 사다리꼴 끝부분이 한국화약 (주)이었고 조선호텔 쪽(동쪽) 사다리꼴의 반쯤이 소공동 105~111번지였다.

1971년 소공동 105~111번지의 토지소유 현황

지번	면적(평)	소유자	국적	귀속	지번	면적(평)	소유자	국적	귀속
105-2	17.1	장수진	화교	화교	107-5	2.1	서영지 방소완 남궁연	화교 〃 한국	화교 〃 B
-3	3.2	성운성	〃	〃	-6	9.2	남궁연	한국	B
-10	1.5	정순만	한국	B	-7	8.1	〃	〃	〃
-11	6.9	〃	〃	〃	-8	13.2	서영지	화교	화교
106-	1.6	서영지	화교	화교	-9	6.1	임치영	〃	〃
-4	28.0	우인평	〃	B	-10	1.1	서영지	〃	〃
-5	30.0	이항련	〃	화교	-11	6.1	이홍군	〃	〃
-6	26.0	조흥은행	한국	B	108-1	106.9	강경문	〃	〃
-7	25.0	손석명	화교	화교	-2	3.1	박주용	한국	B
-12	1.6	장수진	〃	〃	109	38.0	오옥당	화교	화교
-13	15.1	성운성	〃	〃	110-1	20.3	손문성	〃	〃
-14	28.0	남궁연	한국	B	-3	13.7	〃	〃	〃
-15	0.4	정순만	〃	〃	111-1	165.0	국유지	한국	B
-16	1.3	〃	〃	〃	-2	65.4	박주용	〃	〃
-17	25.2	남궁연	〃	〃	-13	2.6	강경문	화교	화교
-18	28.1	조운영	화교	화교	-21	2.6	손문성	〃	〃
107-1	37.6	남궁연	한국	B	-22	0.7	〃	〃	〃
-2	14.2	방소완	화교	화교	화교(15명) 소유지 25개 필지 424.7평				
-3	10.2	조흥전	〃	〃	한국인(5명) 소유지 11개 필지 378.4평				
-4	9.2	장강시	〃	〃					

　　견아상입지(犬牙相入地)라는 낱말이 있다. 2개 지역의 경계가 지그재그가 되어 흡사 개 이빨처럼 서로 맞물리고 있다는 뜻이다. 이 표를 통해서 재개발되기 이전, 소공동 105~111번지의 지적을 보면 바로 개의 이빨

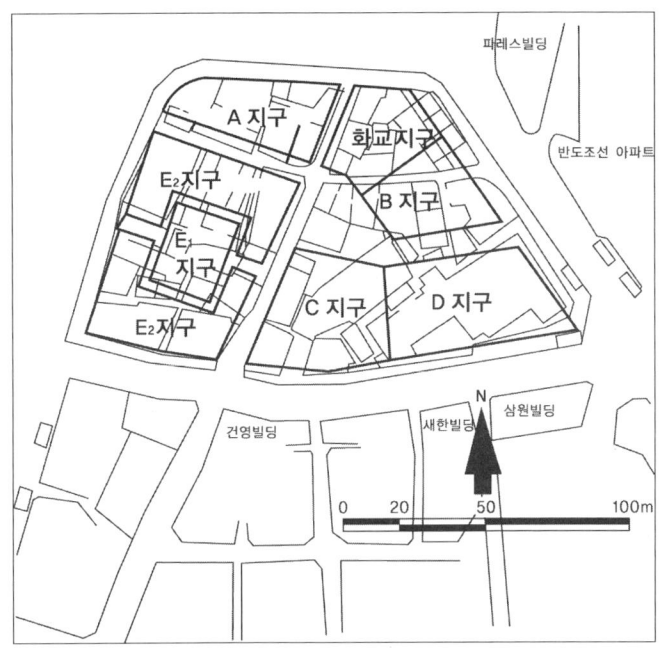

소공지구 소유 구분도.

처럼 서로 맞물리고 있음을 알 수 있다. 문제는 서로 맞물리는 땅의 소유자가 한국인·중국인으로 갈리어 있다는 점이다.

화교들의 희망은 화교들끼리의 집합이었다. 그것이 이루어지면 서울시 정책에 따르겠다는 것이었다. 화교소구라는 것을 설정하고 14명 화교의 소유 24개 필지 396.7평을 집합시켰다. 14명 중 9명의 땅이 원래부터 이 지구 내에 있었고 나머지 5명의 땅은 B소구 내에 있던 것을 옮겨온 것이다. 바로 구획정리에서 말하는 환지가 이루어진 것이다. 화교소구의 서쪽 편은 A소구로 했다. A소구는 모두 16개 필지 441평이었는데 그 중 13개 필지 296.5평은 한국화약(주)과 김종희 개인의 소유지였으며, 그 위에 1~6층짜리 건물이 역시 무질서하게 들어서서 한국화약(주)

사무실로 쓰이고 있었다. 이 A소구 안에는 김종희 및 한국화약(주) 소유가 아닌 중국인 3명의 토지 145평이 포함되어 있었으나, 한국화약(주)의 경제력만으로도 처리할 수 있는 것이었다.

화교소구 남쪽에 바로 붙은 B소구는 15개 필지 405평이었는데, 국유지가 165평이었고 남궁연의 소유지가 109평이었다. 국유지 165평 위에는 단층 목조건물이 서 있었는데 '범진사'라는 간판이 걸려 있었다. 육군보안사령부(현 기무사령부) 서울분실의 대외(위장) 명칭이었다. 남궁연은 광복 후부터 대한해운공사 사장 등을 지낸 경제계의 거물로서, 1970년에는 대한조선공사·극동선박(주)·오리엔탈공업(주) 등 여러 개 회사의 사장직과 전국경제인연합회 이사 등의 직함을 지니고 있었다. 우인평 한의원(28평) 등이 이 지구 안에 포함되었다. B소구에서 화교소구로 환지된 것과 마찬가지로 원래는 화교소구 내에 위치했던 일부 한국인 소유지가 B소구로 환지되었다. 화교들의 의견을 존중하려면 불가피한 일이었다.

C소구는 9개 필지 599평이었는데 그 중 4분의 3에 해당하는 448평이 비누제조회사인 애경유지(주) 소유지였다. 지하는 영화상영 전용의 경남극장이었고 지상은 애경유지 본사건물이 들어서 있었다.

D소구는 1개 필지 743평으로서 일제시대 때부터 상공회의소 건물이 들어서 있었다. E1·E2소구는 태평로 쪽이며 거구장이라는 이름의 일식음식점을 비롯하여 대형다방·제과점·여행사·약국 등이 점령한 잡다한 상가지구였고 소공동 쪽보다는 건물의 상태가 양호했다.

소공지구가 모두 다 시급히 재개발을 실시해야 하는 것은 아니었다. E1·E2 소구는 31개 필지 1,134평으로서 시내 평균보다는 훨씬 상태가 좋은 건물들이 들어서 있었다. 서울시는 E1·E2 소구는 우선 제1차 재개발대상에서 제외시켜버렸다.

상공회의소(D소구)는 일찍부터 신·개축계획이 진행되고 있었으니 새

삼스럽게 서울시가 빨리 재개발을 하라 말라 할 필요가 없는 곳이었다. C소구(애경유지)는 주변이 재개발되면 스스로의 재력으로 시행할 지역일 뿐 아니라 화교소구 A소구 등에 가리어 바깥에서는 잘 보이지 않았으니 재개발을 서두를 필요가 없었다. 결국 시급히 재개발을 해야 하는 것은 화교·A·B의 3개 소구였다. 이 3개 소구만 재개발·고층화되면 시청 앞 광장에서의 바라다보이는 추잡함은 말끔히 정화될 수 있었다.

화교들과 개발내용 합의

A소구는 한국화약(주)과 그 소유주인 김종희가 67%의 토지를 소유하고 있으니 문제가 없었다. B소구 역시 국유지(육군 보안사령부)와 남궁연 소유지를 합하면 67.5%를 넘으니 재개발을 추진하는 데 지장이 될 리가 없었다. 문제는 화교소구였다. 화교소구는 모두 23개 필지 369.6평이었으나 그 토지주는 14명이었다.

장수진 18.7평, 성운승 18.3평, 조홍전 10.2평, 방소완 14.2평, 장강시 9.2평, 서영지 15.9평, 이흥군 7.1평, 임치영 6.1평, 손석명 25.0평, 이항연 30.0평, 조운영 28.1평, 손문성 37.3평, 오옥당 38.0평, 강경문 109.5평 등 14명으로 이루어진 이 소구가 지닌 문제점은 강경문의 109.5평에서 임치영의 6.1평까지 소유대지의 격차가 너무 크다는 점, 그리고 20평 미만의 소유자가 8명이나 되어 영세하다는 점이었다. 그러나 그것은 화교들 내부의 문제이니 서울시가 걱정하고 개입할 일은 아니었다.

재개발계획은 동쪽에서 서쪽으로 B소구·화교소구·A소구의 순으로 계획되었으나 초점은 물론 화교소구였다. 계획안이 마련되어가면서 화교측과의 타협도 훨씬 구체적인 모습으로 진행되었다. 서울시는 재개발의 필요성을 억설하면서 어디까지나 중국인의 연고권을 우선할 것이며

소공지구 재개발계획 시안. 중앙이 화교회관, 오른쪽이 한국화약, 왼쪽이 A지구이다.

이 지역이 특색 있는 차이나타운이 되게 하겠다고 약속했다.

 서울시와 화교측이 최종 합의하여 시장·화교대표 간에 협정문이 체결된 것은 1971년 8월 20일이었다. 최초의 회합을 가진 날로부터 101일째가 되는 날이었다. 그동안 6회의 공식회합이 있었고, 이민창 과장·김익진 계장 그리고 연구책임자 강건희에 의한 끈질긴 개별 설득이 되풀이된 결과였다. 협정문이 교환된 지 4일이 지난 8월 24일 오전 10시에 양 시장은 기자회견을 소집, 다음과 같이 발표했다.

① 서울시는 소공지구 4천 15평을 1975년 말까지 지하 3층, 지상 18~23층의 고층건물지대로 재개발한다.
② 그 중 제1차로 시청 앞 정면에 위치한 중국인 소유대지 369평을 한데 모아 건평 296평, 지상 18층의 화교회관을 지을 계획이다. 이 화교회관은 지하 3층, 지상 18층 건물인데 우선 지하 3층, 지상 5층, 연건평 2,400평의 현대식 건물

③ 지하 3층 지상 5층으로 지어질 화교회관 중 지하 3층은 기계·보일러실 및 관리실, 지하 2층은 주차장, 지하 1층~지상 1·2·3층은 상가로 쓰이며 4층은 연회장, 5층은 예식장이 들어서게 할 계획이다. 6~18층은 5층까지가 완공된 1972년 이후 중국인 경제력의 신장에 따라 점차적으로 건립해나간다.
④ 지하 3층 지상 5층의 화교회관 건립비는 약 1억 7천만 원으로 계상한다. 그 중 7천만 원은 지주 14명이 토지소유 평수비율로 출자하고 1억 원은 서울시가 '재개발기금'이라는 명목으로 무이자로 융자한다(지하 1층은 중국음식점 거리로 하고 지상 1·2층은 은행점포의 입주를 권장키로 한다. 이렇게 은행점포 입주를 계획한 것은 건립비 융자의 편의를 얻기 위해서였다).
⑤ 서울시는 재개발공사가 진행되는 기간의 중국인 생업을 위하여 을지로2가 195번지(구 내무부청사부지) 내에 가건물을 지어 이들을 이주토록 한다. 중국인의 이주가 완료되는 대로 그전까지의 중국인상가는 (서울시가) 철거한다.
⑥ 소공동지구 중 화교소구를 제외한 A·B·C·D 등의 지역은 각각의 지주들로 하여금 조속한 자체개발을 유도한다.

을 1972년 10월까지 건립할 것을 중국인 지주 14명의 조합과 합의했다.

화교회관 건립좌절과 한국화약의 토지매수

시청 앞 광장 정면의 화교상가가 철거된 것은 1971년 10월 18일부터 약 5일간에 걸쳐서였고, 을지로2가 구 내무부(현 외환은행 본점) 부지에 지어진 중국인상가 가건물이 일제히 문을 연 것은 10월 20일이었다.

서울시는 1972년 당초예산에 소공동재개발사업 지원비 1억 원을 계상하고 있었다. 이 돈으로 화교회관 건물의 실시설계를 하고 이어서 기초공사까지 마무리할 계획이었다.

대한민국 서울에서 그전까지의 지저분한 화교거주지역을 재개발하여 지하 3층 지상 5층의 화교회관을 짓는다는 것은 중화민국(대만)정부를 감동시키는 일이었다. 대만정부는 해외교포 지원재단을 통하여 2억 원의 자금을 이 사업에 보조할 것을 결정하고 대사관을 통하여 화교조합 및 서울시에 통고했다.

그런데 이 사업은 더 이상 진행되지를 않았다. 화교회관을 짓는 데는 그 예정부지 내에 저촉되는 한국인 소유건물 몇 개를 동시에 철거해야 했다. 화교소구와 B소구와의 관계였다. 개 이빨처럼 맞물려 있었으니 당연히 일어날 문제였다. 서울시는 화교조합과 협정을 체결하기에 앞서서 B소구에 속하는 범진사, 남궁연·정순만 등 지주들과 사전에 협의를 해 두었어야 했다. 그것을 등한시한 것이 큰 실책이었다.

서울시 입장에서는 중국인만 설득시키면 한국인은 순순히 따라올 것이라 생각했던 것이다. "대통령 관심사항이니 누가 반대할 것이냐"라는 오만이 있었다. 그런데 B소구에 토지·건물을 가지고 있는 민간인 중에서도 남궁연의 태도는 완강했다.

남궁연은 서울시의 재개발시책 자체를 거부하는 것이 아니었다. "왜 화교회관을 지어 중국인만 독립시킬 필요가 있느냐, 화교소구니 B소구니 그렇게 구분하지 말고 그것을 통틀어 대형건물을 짓고 한국인·중국인이 소유토지 비율로 공동입주케 하면 되지 않느냐"라는 것이었다. 이 남궁연[19]의 항의에 서울시는 속수무책이었다.

1971년 말에 그는 극동해운(주)·대한조선공사·극동선박(주)·오리엔탈공업(주) 등 4개회사의 사장이었다. 특히 그 중에서도 조선공사는 국영기업체였다. 다만 1970년경의 그의 경제력은 이미 사양길에 들어서

---

19) 1972년에 발간된 『인명사전』에는 남궁연에 대해 다음과 같이 소개되어 있다: 1940년 일본대학 경제과 졸업, 1949년 극동해운(주) 대표이사, 1954년 대한해운 사장, 1959년 한국석유 대표이사, 1961년 경제인연합회 부회장, 1962년 한국종합제철 이사 동년 한국일보 사장, 1966년 오리엔탈공업 대표이사, 동년 금융통화위원, 극동해운(주) 사장, 1968년 한국조선공사 사장, 극동선박 사장, 1972년 오리엔탈공업 사장, 통일주체국민회의 대의원.

있었지만 광복 후의 25년간, 그가 걸어온 경제계에서의 발자취는 대단한 것이었고 따라서 그가 펼쳐 보이는 계책 앞에 서울시 행정력은 무력할 수밖에 없었다.

서울시가 14명의 화교조합과 약속한 것은 1972년 10월 말까지 지하 3층 지상 5층의 화교회관을 서울시와 화교조합이 공동으로 짓겠다는 것이었다. 그런데 서울시는 1972년에 들어서도 아무런 조치를 취하지 못하고 있었다. 화교건물이 철거된 뒷자리와 시청 앞 광장 사이는 판자로 막아 흉한 모습을 가리고 있었고 공터에는 자동차가 주차하고 있었다.

1972년 초에 도시계획 실무자들이 교체되었다. 도시계획국장 윤진우가 한강사업소 소장으로 전출되고 그 자리를 손정목 기획관리관이 겸무하게 되었다. 이민창 과장은 구획정리 2과장으로 옮겨가고 경북에서 전입해온 우명규가 그 뒤를 이었다. 김익진만 재개발계장 자리를 지키고 있었다.

구 내무부 부지에 지은 가건물 내에서의 화교들의 영업은 당초에 예상한 만큼 잘되지 않았다. 14명 중 2명의 화교가 가건물에서의 영업을 포기하고 문을 닫아버렸다. 5월이 지나고 7월도 지났다. 총영사가 다녀갔고 참사관이 다녀갔다. 끝내는 중화민국 대사가 시장실을 다녀갔다.

화교재개발조합은 5월 13일부터 7월 13일까지 진정서·탄원서·질의서 등을 다섯 차례나 제출했다. 이런 진정서에 대해 서울시 도시계획과는 "계획지구 내의 한국인 지주와 의견조정 중이니 조금만 더 기다려주시오"라는 회답만을 되풀이했다. 실무자는 은근히 "한국인 지주와 공동으로 대규모 회관을 건립할 의향이 없는가"를 타진해보았으나 그것을 받아들일 화교들이 아니었다. 생각해보면 정말 딱하고 한심한 약속위반이었다.

강건희는 1972년 여름, 홍익대학교 건축학과 조교였다. 그러나 그는 교내에 지어지는 각종 건축물의 설계 및 감리를 책임지고 있었기 때문에 보직교수 모두가 그를 잘 알고 있었다. 미술대학 이대원 학장이 불러서 갔더니 소공재개발지구 내에 있는 한국화약(주) 사장실에 가서 김종희 사장을 만나달라는 부탁이었다. 7월말 경이었다고 한다.

다정하게 강건희를 맞이한 김 사장은 재개발의 개념, 소공지구 재개발 계획의 내용, 장래의 전망 등을 질문했다. 소공지구 A소구의 대지주인 김 사장의 입장에서는 당연히 할 수 있는 질문이었다. 질문의 배경에 특별한 의도가 숨어 있을 줄은 꿈에도 생각지 않았다. 소공지구 재개발 계획안은 바로 본인이 세운 것이었으니 완벽한 설명을 할 수 있었다. 그리고는 그 사실을 까맣게 잊고 있었다.

가건물에서 근근히 영업을 하고 있던 중국인들에게 강건희는 항상 미안한 마음이었다. 재개발계획이 예정대로 진척되지 않고 있는 데 대한 죄책감 때문이었다. 그리하여 그는 명동 쪽으로 나갈 일이 있으면 그곳에 찾아가서 근황을 묻곤 했다. 8월 중순경이었다. 시내에 나간 김에 그곳에 갔으며 조합대표 이항련을 찾았다. 이항련은 소공동에서 회빈루라는 이름의 만두가게를 했고, 전성기에는 하루에 수백 그릇의 만두를 팔았다는 것이 자랑인 사나이였다. 그런데 그날따라 강건희를 대하는 이항련의 태도가 매우 서먹서먹했다. 영문을 모르는 일이었다. 강건희가 한국화약(주) 김종희 사장이 소공동 화교소구는 물론이고 A·B 2개 소구 내 중국인 땅을 남김없이 매점해버렸다는 소문을 들은 것은 그로부터도 며칠이 더 지나서였다.

1970년대 초반만 하더라도 우리나라의 부동산시장은 비교적 평온한 상황이었다. 즉 재력을 늘리기 위한 부동산의 가수요라는 것이 별로 없었던 것이다. 강건희의 증언에 의하면 당시의 소공동 땅값이 정확히 얼마로 거래되어야 하는가에 관한 기준이 없었다는 것이다. 거의 매매가 없었던 시대였으니 시장가격이라는 것이 형성되어 있지 않았다(보상가격이라든가 감정가격이라는 것은 실제 거래가격과는 크게 차이가 있던 시대였다).

1971년에 소공지구 현황조사와 재개발계획안 수립의 용역을 맡은 홍익대학교 강건희팀은, KIST 경제분석실에 의뢰하여 각 필지별로 1평당 토지가격을 상세히 조사해두었으며 그 내용은 중국인들에게도 통고되어 있었다. 그에 의하면 당시 소공동 화교소유 토지는 1평당 최하가 32만 원, 최고가 107만 1,750원이었다. 이 최고가격은 소공동 106~107번지에 걸쳐 있는 서영지의 땅 16평이었으며 그것은 시청광장에 바로 붙은 요지 중의 요지였다.

1972년 7~8월경, 소공동에 땅을 가진 중국인은 너나할것없이 모두가 지쳐 있었다. 서울시의 배신행위에 울화가 치밀어 견딜 수가 없었다. 오직 신용 하나로 경제력을 구축해온 그들의 입장에서 한국인은 모두 거짓말쟁이였고 보기도 싫은 존재가 되어 있었다. 한국화약(주)이 화교대표 이항련에게 연락을 한 것은 이 불신감·좌절감이 절정에 달해 있을 때였다. "소공동 중국인의 땅을 모두 사들이겠다. 1평당 토지가격은 KIST가 조사한 최고액수(107만 원)로 통일하겠다"는 내용이었다. 울화통이 터질 일이었지만 거대한 경제력 앞에는 굴복할 수밖에 없었다. 왕십리나 청량리 상가의 땅값이 겨우 2~3만 원 정도, 강남의 신사동 땅값이 겨우 1~2만 원 정도밖에 안 되었다.

대단히 빠른 동작을 전광석화와 같다고 한다. 한국화약(주)이 소공동 화교의 땅을 매수하는 과정이 바로 그것이었다. 화교소구 내 14명 전원의 땅 369.6평, A소구 표월상 등 3명의 144.8평, 그리고 B서구 우인평의 28평, 합계 542.4평의 땅이 순식간에 매수되었다. 계약금이니 중도금이니 하는 절차도 모두 생략되고 전액 일시불 현금거래였다. 아마도 미리 은행에서 융자를 받아 현찰을 가진 상태에서의 흥정이었던 것 같다.

화교의 입장에서는 1880년대 이후로 90년간에 걸친 각고의 땅이었다. 실로 혹독하고 격동하는 세월에 걸쳐 뼈를 깎는 아픔의 나날이 새겨진 땅이었다. 아마도 3대 이상이 살아왔을 것이다. 그들 중 일부는 본국(대만)으로 돌아갔고, 일부는 아예 L. A.나 샌프란시스코, 캐나다의 밴쿠버로 떠났으며, 일부는 왕십리나 영등포 등지로 흩어졌다. 취재 중에 들은 바에 의하면 한의사 우인평은 부천인가에서 아직도 건강하게 한의원을 경영하고 있다고 한다.

그들이 떠날 때 한 가지 해놓고 간 일이 있었다. 할아버지·아버지 무덤의 집단화 작업이었다. 서울시 안팎 여러 곳에 흩어져 있던 조상의 무덤을 모아 관악구 남태령 기슭, 양지바른 언덕에 집단으로 모시는 작업이었다. 그 작업을 끝내었을 때의 통곡소리가 내 귀에도 들려오는 것 같은 착각을 느끼면서 이 글을 쓰고 있다.

양 시장의 사죄여행

이쯤에 와서 대다수 독자들은 짐작했을 것으로 생각한다. 나 자신도 확증이 없어 추측할 수밖에는 없지만, 소공동 화교회관 건립의 좌절, 화교 상가집단의 분산·축출은 잘 짜여진 한 편의 연극이었던 것이다. 이민창·김익진·강건희의 계획, 그리고 화교들과 협정을 맺고 양택식 시장이 기자회견에서 발표를 하고…… 여기까지는 연극이 아니었음을 확신한다. 정말로 진지하게 추진되었다. 3대에 걸쳐서 기를 쓰고 지켜온 땅을 빼앗기지 않을까 염려하는 그들을 설득하기 위해서는 화교회관 건립이라는 방법밖에 다른 방안이 없었던 것이다.

서울시 도시계획 담당자가 아닌 일반인의 감정은 전혀 다를 수가 있다. 광화문에서 퇴계로 입구까지의 길을 직경으로 하는 원을 그리면 그

것은 바로 수도 서울의 얼굴이 된다. 그리고 소공동 화교지구는 얼굴의 코끝부분에 해당한다. 서울시청 맞은편 소공동 어구에 화교회관이라는 것을 세워 중국풍을 한껏 풍기면 흡사 코끝에 흰 반창고를 붙이는 것이나 다름없는 일이라고 생각할 수 있다. 길가는 시민 열 명을 세워놓고 "그 자리에 화교회관 건립을 찬성하느냐"를 물으면 틀림없이 여덟 명은 반대한다고 했을 것이다. 그것은 아마도 평균적 국민감정일 것이다.

각본을 짠 사람이 누구였겠는가? 화교회관이 들어설 자리에 바로 붙은 소공동 111-1번지, 165평의 땅 위에 '육군 보안사령부 서울분실'이 자리하고 있었다는 점이 마음에 걸린다. 화교회관 건립이 발표되던 1971년 보안사령관은 김재규 중장이었으며 박 대통령 심복 중의 심복이었다. 보안사령관이라는 자리는 실로 엄청난 권력을 행사하는 자리였다. 제5·6공화국 대통령이었던 전두환·노태우가 모두 보안사령관 출신이었다는 점, 그리고 보안사령부 출신의 장·차관·국회의원이 얼마나 많았는가를 생각해보면 그 힘의 막강함을 추측하고도 남음이 있다.

보안사령부가 가졌던 정보수집 능력, 한국화약 김종희의 경제력, 남궁연의 처세술, 이만한 관록을 지닌 주역들을 모은다는 것도 결코 쉽지 않을 것으로 생각한다. 그렇다면 각본을 쓰고 연출을 한 자는 누구였는가? 청와대 깊숙이 자리했던 대통령 바로 그 사람이었으리라고 생각한다.

양택식 시장이 이 연극을 알게 된 것은 1972년 4~5월경이 되어서였을 것이다. 양 시장은 충직한 일꾼이었을 뿐이지 결코 잔재주가 있는 사람은 아니었다. 어디까지나 그는 충실한 관객일 수밖에 없었을 것이다.

1972년 8월 말 소공동 화교들은 거의가 떠나갔다. 화교들 개개인의 입장에서는 시가보다 훨씬 더 많은 땅값을 받았으니 별로 큰 불만이 없었을 것이다. 그러나 이 일에 처음부터 관여했고 그 과정의 끝을 지켜봐야 했던 중화민국대사관의 입장, 그리고 해외교포 지원재단을 통하여

2억 원의 자금을 지급하겠다고 결정한 대만정부의 입장에서는 도저히 참을 수 없는 모욕이었다. 또 소공동 화교회관 설립은 한국의 매스컴에 보도되었듯이 대만의 매스컴에도 보도되었다. 물론 좌절된 경위도 보도되었을 것이다. 주한 중국대사관은 본국정부에 자초지종을 소상하게 보고했고 분한 마음을 간절히 호소했을 것이다.

양 시장이 청와대에 불려간 것은 9월 10일경이었다. 소공동 화교집단이 본국(대만), L. A. 등지로 흩어진 지 10여 일이 지나서였다. 나는 당시 서울시 기획관리관 겸 토시계획국장이었으며 시장이 청와대에 불려가면 돌아올 때까지의 시간을 가장 초조하게 보내야 하는 입장이었다. 저녁 늦게 돌아온 양 시장의 얼굴은 결코 밝지가 않았다. "17일에 출발하여 자매(우호관계)도시인 타이페이와 터키의 앙카라를 다녀올 차비를 차리라. 수행원은 기획관리관 손정목, 구획정리 2과장 이민창, 의전비서 정겸식으로 하라"는 것이었다. 그때의 나는 왜 '우호(자매)도시 방문의 건'이 청와대에서 결정되었는지, 왜 수행원 중에 구획정리 2과장 이민창이 포함되어야 하는지 그 이유를 알지 못했다.

그로부터 25년이 지난 지금, 이 글을 쓰기 위해 취재를 하면서 모든 것을 정확히 알게 되었다. 그때 양 시장의 타이페이 방문은 바로 한국정부가 중국(대만)정부에 보낸 사죄사절이었고 터키 앙카라 방문은 덤이었던 것이다. 그 사실을 수석 수행원이었고 또 도시계획국장을 겸무하고 있던 나 손정목이 25년이 지난 후에야 알게 되었으니, 나 또한 형편없이 아둔한 몸임을 실감한다. 당시에 연출된 '소공동 화교축출작전'이 너무나 교묘하게 감쪽같이 추진되어 언론매체나 일반시민은 물론이고 시청의 중요간부들, 심지어 담당국장까지도 전혀 눈치채지 못했던 것이다.

그러나 피해를 당한 중국(대만)에서는 사정이 달랐다. 정부도 발끈했고 여론도 비등했던 것 같다. 당시의 주중 한국대사는 훗날 대통령비서실장

양택식 시장 일행의 대만 사죄여행. 가운데가 양택식 시장이고 오른쪽은 김계원 주중대사, 왼쪽은 장풍서 타이베이 시장, 오른쪽 끝이 손정목, 양택식 시장과 주중대사 사이가 이민창이다.

으로서 10·26사건의 현장에 있었던 김계원 예비역대장이었다. 김 대사는 "대만에서의 그와 같은 분위기를 식히기 위해서는 서울시장이 와서 정중히 사과하고 가는 것이 좋겠다"는 뜻을 외무부장관과 청와대에 긴급전보로 보고했고, 그 전보를 받은 박 대통령이 외무부장관·서울시장을 불러 상의한 결과 "서울의 우호도시 타이페이와 터키 앙카라를 동시에 친선방문한다"는 구실 아래 양 시장 대만 사죄방문을 결정한 것이었다. 그러므로 화교지구 철거 때 도시계획과장으로서 철거작업의 실무책임자였던 이민창을 수행원으로 포함시켰던 것이다.

1972년 9월 17일부터 20일까지, 4일간의 대만방문에서 양 시장은 그곳 외무부장관, 행정원장(국무총리 격), 장경국 총통 등을 차례로 만났다. 그리고 그 만남에는 수석 수행원인 나를 배석시키지 않고 김계원 대사만이 동석했다. 지금에 와서 생각해보면 부하직원이 배석하는 자리에서의

'사죄행위'가 쑥스러웠을 것이다.

　자유중국정부는 그 사죄를 관대히 받아들였다. 양 시장은 이 방문에서 대수경성훈장이라는 최고급 수교훈장과 중화문화학원 명예철학박사 학위를 받는 영예를 입었다. 대만정부의 입장에서는 진심으로 사죄하는 양 시장의 진지한 태도에 감동했을 것이고, 또 거의 마지막 수교국이 되어가고 있던 한국에 더 이상의 어떤 조치도 취할 수 없었을 것이다.

　이민창의 증언에 의하면 이 여행 때 그의 호텔방에는 소공동 화교들 중 대만에 정착한 4~5명의 방문이 있었으며, 일방적인 비난과 진지한 사과가 있었다는 것이다. "행정력의 한계에 부딪혀 어떻게 할 방도가 없었다. 또 잘 알다시피 나는 금년(1972년) 초부터 자리를 옮겼기 때문에 그 뒤의 진행은 잘 알지 못한다. 여하튼 결과적으로 배신한 꼴이 되었으니 관대히 용서해달라"고 사과하는 이민창의 소같이 양순한 얼굴을 보고 차마 폭력을 쓸 수 없는 그들이 마지막으로 한 말은 "이민창 네가 왔기에 이 정도로 참는다. 만약에 김익진이가 왔더라면 멀쩡한 사지로 돌아가지는 못했을 것이다"라는 것이었다. 화교상가 집단을 철거하는 데 쏟은 담당계장 김익진의 집념이 얼마나 끈질긴 것이었던가를 알려주는 것이다.

　소공동 화교상가 철거와 관련된 자료는 공문서 보존연한이 지나서 지금 서울시에는 보관되어 있지 않다. 나는 당시의 신문기사와 홍익대학교가 제출했던 용역보고서 그리고 관련자의 증언만을 토대로 이 글을 썼다. 화교상가와의 최초의 회합에서 양 시장 사죄여행까지에 이르는 보다 상세하고 정확한 자료를 원하는 분은 대만정부 외무부 외교문서철을 이용하면 될 것이다. 외교문서는 30년이 지나면 공개되는 것이 상례이니 2002년 이후에는 열람이 가능해질 것으로 생각한다.

5. 본격화되는 도심부 재개발사업

도심부 재개발을 촉진한 두 가지 요인

서울 도심부 재개발을 촉진한 첫번째 요인은 1966년 10월 31일의 존슨 대통령 한국방문 환영행사였다. 그러나 재개발의 본격화를 촉구한 데는 다른 요인도 있었다.

조국평화통일원칙 등 7개 항목을 골자로 하는 남북공동성명이 발표된 것은 1972년 7월 4일이었다. '7·4공동성명'이라고 불리는 이 발표는, 특히 그것이 이후락 중앙정보부장의 월북, 북한 제2부수상 박성철의 한국방문으로 이어졌다는 점에서 획기적인 것이었다. 조국통일을 갈망하는 국민에게 이 발표만큼 충격적이고 고무적인 것은 그 이전에도 그 이후에도 없었다.

남북적십자회담의 제1차 본회담은 '7·4공동성명'이 있은 지 약 2개월 후인 8월 30일에 평양에서 개최되었고, 제2차 회담은 9월 13일에 서울에서 개최되었다.

북측 대표단원 및 수행기자 54명이 서울에 들어온 것은 9월 12일 오전이었고 4박 5일간 서울에서 머문 후 16일에 떠났다. 그들의 서울 체류기간중의 숙소는 남산의 타워호텔이었고 첫날밤 만찬은 경복궁 경회루, 다음날 회의는 소공동 조선호텔, 오찬은 도큐호텔, 만찬은 워커힐이었다. 그들이 서울에 체재하는 동안, 고궁·박물관·북악스카이웨이·강변도로, 경부고속도로 - 현충사 왕복 등을 통하여 서울의 발전된 모습을 보여주었다. 그리고 이어 그해 11월 22일에도 그들 일행 58명이 서울에 들어와서 제4차 본회의를 마치고 11월 24일에 서울을 떠났다.

남북적십자회담은 그후 25년간에 걸쳐 중단된 상태이지만 제1~4차

회담이 열렸던 1972년 하반기에는 해마다 적어도 한두 번씩은 개최될 것이 전망되었다. 그리고 그들을 맞이하고 보내는 중앙정부 및 서울시의 입장에서는 서울의 낡고 추한 모습은 가급적 보이지 않게 되기를 바랐고 새로 단장된 모습을 보이기를 원했으며, 그러기 위해서 도심부 재개발사업이 무엇보다 먼저 촉진되어야 했다.

세번째의 요인은 박정희 대통령의 관심과 의욕이었다. 대통령 연두순시라는 것은 제3·4공화국 박정희 정권하에서는 연초마다 개최되는 관례행사였다. 대개는 1월 하순에 시작하여 2월 말까지 중앙 각 부처, 지방 각 시도를 순시했다. 1973년의 연두순시는 예년보다 좀 빨리 추진되었다. 2월 27일에 국회의원 총선거 일자가 잡혀 있었기 때문이다. 1월 15일의 경제기획원·재무부 순시를 시작으로 16·17·19·20일로 이어지는 강행군이었다. 1월 22일 오전에 내무부 순시를 마친 박 대통령은 국무총리 등 일행과 더불어 내무부장관실에서 식사를 했다. 오후 2시에 과학기술처 순시가 있어 청와대로 돌아가지 않고 내무장관실에서 가볍게 끼니를 때운 것이다.

당시의 내무부장관실은 중앙청 종합청사 14층에 위치하고 있었다. 식사를 마친 대통령이 유리창 너머로 아래를 내려다보았다. 도렴동·적선동·내자동·내수동·당주동·체부동 등으로 연결되는 일대에 빽빽히 들어선 한옥 밀집지대가 눈 아래 전개되어 있었다. 겨울철이었기에 그 광경은 더욱더 초라했을 것이다. 대통령을 가운데 두고 국무총리·국회의장 등도 유리창 아래를 내려다보고 있었다. 박 대통령은 한옥지대를 손으로 가리키면서 "저런 곳에서 자라난 아이들이 장차 무슨 큰 일을 하겠느냐. 빨리 재개발을 추진해서 어떤 외국의 수도에도 손색이 없도록 하라"는 지시를 내렸다. 약간 격한 어조였다고 한다. 그 지시는 그날로 건설부장관·서울특별시장에게 전달되었다. 이른바 유신헌법 하에서 막강한 독재

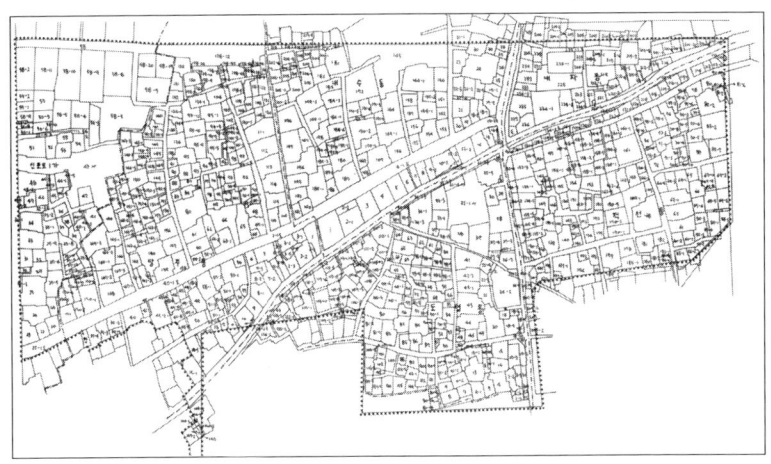

도럼동·적선동·내자동 일대의 지적 상태(1973년 당시). 남북적십자회담 때 서울의 추한 모습을 보이지 않으려는 중앙정부 및 서울시의 입장과 박정희 대통령의 관심과 의욕이 가세해 서울 도심부 재개발이 촉진되었다. 이 지역은 특히 당시 내무부 연두순시를 마친 박 대통령이 내무부장관실 창을 통해 초라한 한옥지대를 내려다보다가 내린 지시에 따라 즉각 재개발에 들어가게 된다.

권력을 휘두르던 박 대통령의 지시였으니 그 효과는 엄청난 것이었다.

재개발대상지구 지정

1970년 7월에 서울시 기획관리관으로 근무하던 내가 도시계획국장을 겸하게 된 것은 1972년 1월 초부터였다. 그런데 1972년 나는 본직인 기획관리관으로서 서울시 재정난 해결에 골몰하고 있었다. 여의도에 조성해둔 토지가 팔리지 않아 서울시 재정이 말이 아니었기 때문이다.

그러나 그러던 나도 1973년에 들어서면서 도시계획 업무에도 관심을 쏟게 되었다. 1971년 후반부터 여의도 택지가 팔리기 시작하여 1972년을 거치면서 서울시재정에 서광이 비추기 시작했기 때문이다. 내가 도시계획 업무에 관심을 기지면서 가장 주력한 것 중 하나가 도심부 재개발사업이었다. 대통령의 강한 관심사항이었을 뿐 아니라 1972~73년경의 서울 도심부는 재개발을 하지 않을 수 없을 정도로 황폐해 있었다.

관심을 가지고 들여다보았더니 가장 시급한 것이 '지구지정'이었다. 1971년 1월 19일자 법률 제2291호로 공포된 개정 도시계획법 제2절(제31~53조)은 재개발사업에 관한 규정이었고, 그 첫번째 절차가 재개발지구의 지정이었다. 즉 모든 재개발사업은 지구지정에서부터 시작되어야 하는 것이었다.

그런데 알고 봤더니 화교들의 상가집단을 철거하고 그 자리에 화교회관을 짓겠다고 법석을 떨었던 소공동지구마저도 지구지정이 안 된 상태였다. 손정목 국장·우명규 과장이 최초로 한 작업은 서울시내 중심부에서 가장 시급히 재개발해야 할 곳을 선정하여 건설부에 지구지정을 신청하고, 동시에 각 지구별로 실태조사, 기본계획을 실시하는 일이었다.

소공지구는 이미 충분한 사전조사가 되어 있었고 또 화교들마저 철수해버린 후였으니 새롭게 조사·계획을 할 필요가 없었다. 서울역-서대문(의주로)지구, 남창지구, 적선·도렴지구, 무교·다동지구, 서울운동장지구 등을 조사·계획지구로 지정했다. 조사·계획용역은 서울시내 대학의 부설연구소와 국토계획학회 및 한국종합기술공사 등의 공적 기관에 의뢰했다. 그렇게 결정한 데는, 첫째 사업의 성격상 시행의 당초부터 심각한 이해관계의 대립이 예상되므로 사전조사, 개략설계의 단계부터 상업적 용역기관이 개입하지 못하도록 하는 것이 옳을 것이라는 점, 둘째 도심부 재개발이라는 개념은 아직도 일반화되지 않고 있었으니 대학교수들부터 계몽하고 연구케 할 필요가 있다고 생각했기 때문이다.

당시의 용역보고서에 의하여 이 조사용역에 종사한 학교·기관을 조사해 보았더니 다음과 같았다.

의주로(서울역 - 서대문)지구: 서울대학교 환경대학원 부설 도시 및 지역계획연구
    소(노융희·권태준·김안제·김형국·양병희 등)
무교 및 다동지구: 홍익대학교 부설 건축·도시계획연구원(박병주 외)
을지로1가 지구: 한국종합기술개발공사
을지로2가(장교·장사동) 지구: 한국종합기술개발공사
도렴지구: 한양대학교 부설 산업과학연구소(이성옥 외)
적선지구: 대한국토계획학회
서울운동장옆지구: 대한국토계획학회
태평로2가지구: 서울대학교 공대 부설 응용과학연구소(윤정섭·주종원 등)
남창지구: 서울대학교 공대 부설 응용과학연구소(윤정섭·주종원 등)

　의주로지구는 의주로의 동편 즉 이화여고 쪽을 말한다. 지금의 호암아트홀, 삼도빌딩은 그 재개발로 건축된 건물들이다.

　무교·다동지구는 서린동 맞은편이며 서린동은 포함되지 않는다. 지금의 프레스센터, 코오롱빌딩 등은 무교·다동지구 재개발로 건축된 건물들이다.

　을지로1가지구는 롯데호텔 맞은편이다. 지금의 삼성화재빌딩, 두산빌딩 등은 그 재개발로 건축된 건물들이다.

　을지로2가 지구는 을지로1가지구의 동편이고 외환은행 본점측은 포함되지 않는다. 을지로 입구에 세워진 내외빌딩, 중소기업은행 본점, 쁘렝땅백화점, 한국화약빌딩 등이 그 재개발로 건축된 건물들이다.

　도렴지구는 세종문화회관 뒤편이다. 지금의 교통방송국·정우빌딩·변호사회관·로얄빌딩·세종빌딩 등이 그 재개발로 건축된 건물들이다.

　적선지구는 정부종합청사 뒤편이다. 지금의 적선현대빌딩·현대전자빌딩·목산빌딩·세양빌딩 등이 그 재개발로 건축된 건물들이다.

　여의도에 광장이 생기기 이전에 국가적인 큰 행사는 서울운동장에서 개최되는 일이 많았다. 그러므로 오랫동안 서울운동장 담장보다 더 높은

건물은 짓지 못하도록 건축규제를 받았다. 중요행사에 참석하는 귀빈(대통령)의 신변안전을 위해서였다. 그리하여 서울운동장 주변은 대단히 추한 상태 그대로 남아 있었고 재개발이 시급한 상태였다.

태평로2가 지구는 시청 앞 광장에서 남대문까지 가는 길(태평로2가)의 오른편, 길을 중심으로 서쪽이다. 지금의 상공회의소, 삼성생명빌딩, 삼성본관빌딩, 신한은행빌딩 등이 그 재개발로 건축된 건물들이다.

남창지구는 남대문에서 남산으로 올라가는 길의 왼쪽 즉 남대문시장의 서쪽 끝부분이다. 지금 대한화재해상보험빌딩이 이 지구 재개발로 건축된 건물이다.

1971년의 개정 도시계획법에 의한 재개발지구가 최초로 고시된 것은 1973년 9월 6일자 건설부고시 제367·368호에서였다. 이때 고시된 재개발지구는 다음과 같다.

서울역 - 서대문(의주로, 11개소구) 9만 9,951㎡
태평로2가(3개 소구) 3만 1,400㎡
남대문로 3가(3개 소구) 9,400㎡
남창동(3개 소구) 1만 4,850㎡
을지로1가(4개 소구) 2만 1,860㎡
소공동(3개 소구) 1만 3,220㎡
장교동(6개 소구) 4만 3,900㎡
도렴지구 13만㎡
적선지구 3만㎡
무교지구 4만 9천㎡
다동지구 5만 9천㎡
서린지구 5만 2천㎡

대한민국 정부가 '특정지구 개발촉진에 관한 임시조치법'이라는 것을 제정 공포한 것은 1972년 12월 30일자 법률 제2436호에서였다. 이 임시조치법이 규정한 내용은 정부가 특별히 '주택건설을 촉진시키고 싶은 지역' 또는 '재개발을 촉진시키고 싶은 지역'이 있으면 이를 '주택건설촉진지구' 또는 '재개발촉진지구'로 지정한다.

그리고 이렇게 지정된 주택건설촉진지구 내의 주택과 그 대지, 재개발촉진지구 내에 건축되는 특정건축물과 그 대지에 대해서는, 첫째 부동산 투기억제세, 영업세법에 의한 부동산매매에 대한 영업세, 등록세법에 의한 토지·건물에 관한 등록세, 지방세법에 규정한 취득세·재산세·도시계획세 및 면허세 등의 조세를 면제한다(제5조 조세의 면제).

둘째 이미 납부한 세금은 되돌려준다(제6조 조세의 환부). 개발촉진지구로 지정된 후에 토지·건물을 매각하거나 토지를 취득하여 주택 또는 특정건축물을 건축한 자에 대하여는 그 토지·건물의 매각 또는 취득에 따라 이미 납부한 투기억제세·영업세·등록세·취득세가 있으면 이를 되돌려준다.

셋째 자금융자 기타의 지원을 해준다(제8조 지원). 즉 개발촉진지구 내에서 주택을 건축하고자 하는 자에게 주택건설자금을 우선하여 융자해 주고 또 개발촉진지구내의 공공시설(도로·교량 등)을 지체없이 정비하는 등의 지원책을 강구한다는 내용이었다.

재개발지구 지역주민들의 저항

1970년대 전반만 하더라도 서울시내 일반시민 중 도심부 재개발 사업이라는 것을 인식하는 사람은 거의 없었다. 또 인식이 있었다 할지라도 그들이 생각한 재개발이라는 것은 단층 또는 2~3층의 저층건물을 5~6층 정도로 높이고, 꾸불꾸불한 지형을 바르게 고치고, 소방차마저도 들어갈 수 없을 정도로 좁은 이면도로를 좀 넓히면서 약간의 주차장을 마련하는 정도라고 생각했다.

그런데 각 대학 대학원생들이 떼를 지어 나가서 측량을 하고 개략설계 같은 것을 한 도면을 들여다본 주민들은 깜짝 놀라버렸다. 자기들의 소유지 또는 세를 들어 영업하고 있는 일대의 건물이 자취도 없이 헐리고 그 자리에 20층 안팎의 대형건물이 들어선다는 것을 알게 되었으니 큰 충격이 아닐 수 없었다. 자신들의 영세한 자금력을 가지고는 서울시가 구상하고 있는 재개발이라는 행위는 상상도 할 수 없었던 것이다.

일본만 하더라도 재개발지구에 토지·가옥을 가진 사람들이 재개발조합을 형성하여 조합원들끼리, 혹은 자본력을 가진 은행이나 대기업체와 합동으로 재개발하는 사례가 있었지만, 서울시민의 의식 정도는 아직 그 상태에까지 이르지 않고 있었다. 주민들이 맨 처음 나타낸 행동은 자기 땅을 재개발구역에 포함되지 않게 하기 위한 운동이었고 도리 없이 지구에 포함되더라도 자기 건물만은 철거대상에서 제외되도록 해달라는 부탁이었다. 1973년 하반기부터 1974년에 걸쳐 도시계획국장실과 나의 집은 이러한 진정객들로 매일 성시를 이룰 정도였다.

국장이나 과장이 돈을 받지도 않고 어떤 압력에도 굴복하지 않는다는 것을 알게 된 그들이 다음에 한 일은 집단항의였다. 재개발지구 내에 토지·건물을 가진 사람들이 무리를 지어 국장실에 찾아와 "재개발을 반대한다. 계획을 철회하라"는 진정이 잇달아 도시계획국장실은 이런 진정객들과의 입씨름에 시달려야 했다.

각 대학연구소, 학회 등에 용역 발주한 각 지구별 재개발 조사·계획 보고서는 1973년 말에서 1974년 2월에 걸쳐서 모두 접수되었다. 그러나 당시의 사정은 그 보고서를 공개할 수도 없고 관계기관에 배포할 수도 없는 분위기였다. 만약에 그들 보고서가 담고 있는 내용들이 매스컴을 통해서 대대적으로 보도된다면 중구 주민들이 공개시위를 벌일 형편이었던 것이다. 결국 이 용역 보고서들은 끈으로 묶은 채 창고에 쌓아두었다가 감사원의 정기감사에서 문제가 되었다. "많은 비용을 들여서 공개도 배포도 하지 못할 연구용역을 왜 했느냐"는 것이었다. 도시계획과장 우명규(훗날 서울특별시 시장 역임)가 해명하는 데 진땀을 뺐고 시말서까지 써야 했다.

손 국장의 입장에서 가장 견딜 수 없었던 것은 중구청장의 공개적인 반대였다. 1974년 2월부터 1975년 9월까지 중구청장 자리에 있었던 안기백은 손 국장과는 앙숙이었다. 청장으로 승진할 때 손정목이 반대했다는 것을 알고 있었기 때문이다. 안 청장은 공식 비공식 석상을 막론하고 손 국장을 향해 비난을 퍼부었다. "일선 실정도 모르는 사람이 도시계획국장으로 앉아서 터무니없는, 꿈 같은 계획을 세우고 있다. 지금의 경제사정이 얼마나 나쁜데 고층건물이라니 말도 안 된다. 5층 정도면 충분하지 않은가. 일선 실정을 잘 아는 사람이 도시계획을 맡아야 한다"는 것이었다.

제1차 석유파동이 일어난 것은 1973년 10월 중순부터였다. 1974년은 1년 내내 에너지절약운동과 내핍생활이 강조되었고 세계경제는 심각한 불경기에 시달리고 있었다. 그렇다고 해도 재개발계획은 취소할 수도 후퇴할 수도 없었고 5층 정도로 낮출 수도 없었다.

궁지에 몰린 손 국장은 양 시장과 상의한 끝에 안기백 중구청장 인솔하에 중구의 이해관계자 십수 명을 '구미각국 도심부 재개발 답사여행'을 보냈다. 비록 재벌은 아니었지만 모두가 유력한 상인들이었기 때문에 여행경비는 각자 부담할 수 있었다. 문제는 해외여행을 하기 위한 절차에 있었다. 오늘날처럼 여행이 자유로운 때가 아니었으니 관광여행은 꿈도 꿀 수 없었다. 무역관계 여행은 상공부(현 통상산업부)의 허가가 필요했다.

외화사정도 극히 좋지 않은 시대였다. 아마 당시의 그 여행은 약간 과장되게 말하면 오늘날 달나라 여행을 하는 것과 마찬가지였을 정도로 어려운 일이었다.

그러나 서울시장이 앞장서서 '도심부 재개발 사업이 대통령 관심사항이고 그것을 실현하기 위해서는 불가피한 시찰'임을 강조함으로써 마침내 그들의 여행은 실현되었다. 행선지를 짠 것은 손 국장이었다. 서울을 떠나 우선 미국 동부로 가서 필라델피아의 팬센터, 뉴욕의 록펠러센터, 유엔본부 등을 돌아보고, 영국으로 건너가 런던의 바비컨지구, 프랑스 파리의 라데팡스 등지를 돌아본 뒤 도쿄에 들러 니시신주쿠 재개발, 나고야·오사카 등의 재개발사업을 시찰하고 왔다.

이 여행에서 그들은, 첫째 국민경제의 발전에 따라 도시는 재개발되어야 한다. 둘째, 도시재개발은 20층 이상 40~50층에 달하는 고층화로 추진되어야 한다. 셋째, 재개발사업은 자기들과 같은 중소상인들이 관여할 일이 결코 아니다를 체득하고 돌아왔다. 이 사업은 궁극적으로는 대기업(재벌)이 맡아서 할 일이니 자기네 중소상인들은 적절한 때에 떠나야 한다는 것이었다. 결국 이 시찰여행 이후로 재개발 반대운동, 재개발을 둘러싼 진정 같은 것이 없어졌다. 그 대신 그후 서울 도심부 재개발사업은 삼성이니 현대, 한화그룹·교보그룹·두산그룹 등 이른바 재벌급 대기업의 전행사업처럼 되어버리는 부작용을 낳게 되었다.

재개발의 선두주자, 프라자호텔

소공동 중국인의 땅을 모조리 사들인 한국화약(주)이 일본 유수의 종합상사 마루베니(丸紅)와 호텔사업을 위한 합작투자 계약을 체결한 것은 1973년 7월이었다. 땅을 사모으고 나서 1년의 세월이 흐르고 있었다.

도심부 재개발 1호 프라자호텔.

한국화약과 마루베니가 공동으로 설립한 태평개발(주)이 그해 11월 6일에 설립되었다. 마루베니가 41.4%, 한화가 58.6%의 지분을 나누어 가졌다.

호텔건물의 설계를 담당한 것은 일본의 건설회사 다이세이건설이었으며 한국측 파트너는 정림건축이었다. 이 건물의 건축허가가 났을 당시의 서울시 건축과는 도시계획국장 산하였고 국장은 손정목이었다. 이 건물의 모양은 도시국장 산하의 건축위원회(당시는 미관심의위원회)에서 충분히 검토된 바 있지만, 건물의 모습에 잘못이 있다면 그것은 전적으로 나의 책임으로 돌아가야 한다.

지하 3층, 지상 22층 건물의 기공식이 거행된 것은 1973년 12월이었고 1976년 9월에 준공을 보았다. 이 건물이 거의 완공되어갈 무렵인 1976년 7월 중순 "이 건물 전면 1~2층 캐노피(베란다)를 받치고 있는 기둥(높이 9m, 직경 1m) 6개가 당초의 설계보다 20~40cm씩 광장 쪽으로 튀어나와 있다"고 크게 보도되었다. "시청 도시정비국 관계자가 실측해 본 결과로 밝혀졌다" "이 건물의 설계와 감리는 일본기술자들이 담당하고 있다" "이것을 고치려면 철거, 재시공을 해야 하고 비용만 1억 원 이상이 소요된다"는 식으로 모든 매스컴이 일제히 보도한 때문에(≪한국일보≫ 1976년 7월 28일자 기사 참조) 업주측은 물론이고 구자춘 시장을 비롯한 서울시 당무자들도 모두 긴장을 했다. 그러나 시장 명령으로 정밀측량을 했더니 잘못이 없는 것으로 판명되었다.

존슨 대통령 환영행사를 통하여 전세계에 서울의 낙후함을 널리 알린 계기가 되었던 그 자리에 병풍처럼 들어선 건물의 이름은 프라자호텔이었다. 서울 도심부 재개발 소공1지구의 시행면적은 4,690.6㎡(약 1,421평)이었으며 1974년 8월 1일에 건축허가를 받아 1978년 2월 1일에 준공되었다. 건축면적은 2,120.8㎡로서 건폐율이 51.4%였다. 이 건물의 시공을 위해 한화그룹에 태평양이라는 상호를 붙인 건설회사가 설립되었다. 1973년 9월 10일이었다.

중구 태평로2가 23번지를 주소지로 한 프라자호텔이 정식으로 개관한 것은 1976년 10월 1일이었다. 540개의 객실을 가진 이 호텔은 물론 최신시설을 갖춘 최고급 호텔이기는 하지만, 서울 도심부 재개발사업 제1호라는 점에 더 큰 존재가치를 지니고 있다.

보험회사의 안전한 투자사업, 재개발사업

'특정지구 개발촉진에 관한 임시조치법'에 의하여 재개발사업에는 각종 세금이 면제될 뿐 아니라 장기·저리융자 등 금융특혜도 받을 수 있게 되었다. 지난날 서울에서 가장 추한 지역의 하나였던 화교지구가 정리되어 그 자리에 프라자호텔이 들어서는 과정을 지켜본 대기업들은, 도심부 재개발은 박 대통령의 관심사항이고 따라서 서울시에 의해 여러 가지 행정편의가 제공된다는 것을 알고 있었다. 그럼에도 불구하고 1970년대 내내 서울에서의 재개발사업은 지루한 소걸음을 걷고 있었다.

그 첫째 원인은 제1·2차 석유파동이었다. 1배럴당 3달러 미만으로 거래되던 석유값이 1~2년 새에 11달러 이상으로 인상되었으니 비산유국 경제가 얼어붙을 수밖에 없었다. 값도 값이었지만 더 큰 문제는 생산량의 제한, 석유자원의 무기화였다. 서울시내의 네온사인이 일제히 꺼져 암흑가가 되었고 TV의 낮시간 방영은 억제되었다. 토·일요일 주유소 영업이 금지되어 금요일의 주유소 앞은 자동차의 행렬로 길이 미어질 정도였다. 에너지 절약운동이 전세계로 퍼져나갔다. 그러한 경제상황에서는 대기업·중소기업 할 것 없이 '안 죽고 살아남기'만이 최선의 방법이었고 시설투자·건물투자는 가장 삼가야 하는 과제였었다.

두번째 원인은 한국경제의 저력이 아직 도심부 재개발을 대규모로 전개할 만큼 성숙되지 않았다는 점이다. 제1차 석유파동이 일어났던 1973년 말 당시의 국민 1인당 소득수준이 겨우 396달러였고, 박 대통령이 시해된 1979년 말에는 1,644달러였다. 그러한 경제규모 가지고는 아직도 시가지의 토지·건물을 사모아 그곳에 고층건물을 짓겠다는 생각을 실현에 옮기기에는 무리가 있었던 것이다. 재개발사업이 '사업'으로서 성공할 수 있느냐에 대한 확신이 서지 않았던 것이다.

불량지구 재개발은 주택공급을 목적으로 하고 있지만 도심부 재개발사업은 업무용 사무실 또는 판매공간을 창출하는 행위이기 때문에 문자 그대로 '사업'이다. 건물을 대형·고층화함으로써 창출되는 공간에 입주희망자가 적어 일부 공간을 비워두게 된다면 그 기업은 엄청난 타격을 입는다. 보험회사라는 것은 남의 돈을 긁어모아 돈 굴리기를 하는 기업이다.

극단적인 표현을 쓰면 보험회사가 도산하면 전체 보험가입자가 손해를 보면 그만이지 그룹의 모기업이 그것 때문에 도산하지는 않는다. 막대한 수의 고객으로부터 긁어모은 돈을 안전하게 굴리는 방법 중 견실한 부동산에 투자하는 것만큼 현명한 방법은 없다. 그리하여 서울의 도심부 재개발은 몇몇 보험회사들이 선도하게 된다.

서울 재개발에 가장 먼저 뛰어든 보험회사는 동방생명 즉 오늘날의 삼성생명이었다. 동방생명의 경우 아무리 많은 공간을 창출해도 삼성의 계열회사가 입주해줄 터이니 결코 빈 공간이 생길 염려가 없었다.

시청 앞 광장에서 남대문으로 가는 길(태평로2가)의 오른쪽(서남쪽)은 대한일보빌딩부터 시작한다. 그 다음이 중앙산업(주) 건물이었다. 4층짜리 중앙산업 건물이 끝나는 곳에서 남대문까지의 일대는 무질서하고 지저분한 시가지였다. 이 일대에는 일제시대에도 이렇다 할 특별한 건물이 없었다. 큰길가에는 3~5층짜리 빌딩, 한 발짝 뒤로 들어가면 일제 때 지은 일본식 오카베집이 무질서하게 연속되어 있었고 술집과 음식점, 그리고 활판인쇄업·간판업·자전거수리업 등이 잡다하게 엉켜 있었다. 물론 주택도 있었고 교회도 있었다.

삼성그룹이 그 계열기업인 동방생명으로 하여금 이 일대의 토지를 매입토록 한 것은 1960년대 후반부터였다. 남몰래, 정말로 조용한 가운데 지루한 매수행위였다. 태평로2가 121번지에서 277번지까지, 200필지가 훨씬 넘는 토지가 뒤엉켜 있었다. 실타래를 풀어가듯이 하나씩 사모았다.

1973년 말에 동방생명(주)이 제출해두었던 '태평로2가구역 제2지구 재개발사업' 시행허가가 난 것은 1974년 2월 6일이었고 1976년 12월 23일에 사업이 완료되었다. 87개의 잡다한 지적(필지)이 250번지라는 하나의 지적이 되었다. 지하 4층 지상 26층, 높이 104m의 삼성본관 건물

삼성본사 사옥의 야경.

은 이렇게 해서 탄생되었다.

동방생명(주)에 의한 재개발사업의 착수·성공은 순식간에 다른 보험 회사에도 파급되었다. 크고 높은 건물을 가지고 있다는 것은 바로 보험 회사 자체의 경제력과 신용도를 광고하는 행위이기 때문이었다.

대한민국 1번지의 재개발로 탄생한 교보빌딩

한국을 대표하는 동서의 길 종로와 역시 한국을 대표하는 남북의 길 세종로가 만나는 지점이 '대한민국 서울특별시 종로구 종로 1가 1번지'이다. 이 장소가 바로 대한민국 제1번지인 것이다. 종로 1가 1번지를 대한민국 1번지라고 보는 것은 순수한 민간인인 내 생각이며 권력가의 입장에 서면 보는 눈이 달라진다. 즉 경복궁자리, 일제 때는 조선총독부가 있던 자리인 세종로 1번지가 대한민국 1번지라고 보면 세종로와 종로가 만나는 자리는 세종로 142번지가 된다. '고종 즉위 40년 칭경기념비' 속칭 '비각'이 세종로 142-3에 위치하는 것은 경복궁 - 조선총독부가 세종로(광화문통) 1번지로 정해진 때문이었다.

종로 1가 1~16번지, 세종로 120~147번지에 이르는 이 일대는 조선시대 이후로 육조(六曹)길과 개천, 종로와 육조의 남쪽 경계 등으로 이루어진 독특한 지역이었다. 종로 1가 1번지가 서울의 시작이듯이 이 코너는 바로 대한민국이라는 나라의 기점이었다.

1970년대 초, 이곳에는 우선 정면에 의사회관이라는 건물이 서 있었다. 5층 건물 위에 무허가로 5층을 더 올려 보기가 흉측한 건물이었다. 이 건물 지하에 '금란'이라는 대형 다방이 있었다. 칭경기념비각을 끼고 종로 쪽으로 돌면 종로 1가 1번지자리에 '자이안트다방', 그리고 그 옆자리에 '귀거래다방'이 있었다. 두 다방 모두 2층이었고 또 큰 규모였음을 기억한다. 귀거래다방에 바로 이웃하여 '미진'이라는 메밀국수집이 있었고 뒤로 돌아가면 '보렐로다방'이 있었다. 뒷골목으로 들어가면 '1정목'이라는 이름의 고급요정이 있었고 개천을 복개한 길을 끼고 몇 개의 한식여관이 있었다. 개천 건너가 빈대떡골목이었다.

어떤 자가 한식여관 하나를 개축하면서 3층건물 허가를 받아 12층

한국 도심부 재개발사업의 대표격인 교보빌딩.

건물을 지었다. 배경에 모 정보기관 근무자가 있어 공사진행을 그대로 보고만 있었다는 것이다. 당시의 도시계획국장이 손정목이었으니 이런 위법건축물에 준공검사가 날 턱이 없었다. 앙상한 해골처럼 흉한 모습을 오가는 행인에게 보이고 있었다.

대한교육보험(주)이 이 일대의 토지·건물을 매수하기 시작한 것은 1972년경의 일이다. 8,412㎡의 대지 위에 바닥면적 3,868㎡(건폐율 37.8%)의 건물이 설계되었다. 재개발 시행인가가 난 것은 1977년 11월 14일이었고 7년 후인 1984년 12월 28일에 준공되었다. 이 건물은 지상

23층(높이 97m) 지하 3층으로 결코 한국 최대의 건축물은 아니다. 그러나 그것이 앉은 위치 때문에, 또 9만 5,070㎡(2만 8,810평)라는 중후한 덩치 때문에 1960년대 초에 시작하여 30년간 계속된 이 나라 고도경제성장을 상징하는 건물의 하나가 되어 있다.

교보빌딩이라는 이름으로 널리 알려진 이 건물의 설계자는 미국인 시저(Cesar Pelli)이며 이 건물설계의 원형은 '주일 미국대사관'이라고 한다. 즉 대한교육보험의 소유자인 신용호 회장이 일본에서 그 건물을 보고 그와 꼭 닮은 건축물이 되게끔 희망한 것이 세종로에서 실현된 것이다. 그런 이유 때문에 건축적 측면에서는 좋은 평을 받지 못하고 있으나 여하튼 한국을 대표하는 건축물의 하나인 것을 부인할 수는 없을 것이다.

국보 1호 남대문 길 건너 동남쪽, 즉 남대문시장의 서쪽 입구에 역시 보험회사인 대한화재해상보험(주)빌딩이 재개발사업으로 건립된 것도 교보빌딩과 같은 시기였다. 남산으로 올라가는 언덕길에 붙어 지어진 때문에 실제높이(지상 22층 지하 4층)보다 훨씬 높게 느껴지는 이 건물의 시행인가가 난 것은 1978년 6월 16일이었고 2년 반 후인 1980년 12월 31일에 사업이 완료되었다.

삼성그룹 본관건축에 성공한 동방생명이 본관건물 바로 남쪽 일대의 재개발에 착수한 것은 1981년 6월 18일이었다. 이 일대는 본관건물 자리보다 훨씬 더 영세하고 혼잡한 지역이었다. 영세한 건물이 무질서하게 뒤엉켜 길을 잘못 들어가면 빠져나올 방법이 없는 지대였다. 1만 1,572㎡(약 3,500평)의 땅이 146개 필지로 나뉘어 있었으니 필지당 평균은 79.26㎡(약 24평)이었다.

이 지대의 토지·가옥 매점행위 역시 처음에는 쥐도 새도 모르게 착수되고 추진되었지만 그런 비밀이 오래 갈 수는 없었다. 마침내는 끈질긴 설득과 흥정의 되풀이였다. 그리고도 끝까지 매각을 거부하는 지주들은 재개발사업에 공동 참여케 하는, 이른바 '공동개발방식'이 채택되었다.

지하 5층 지상 25층의 검붉은 건물의 동방생명빌딩이 준공된 것은 1984년 12월 19일이었다. 처음 건축에 착수한 것은 경쟁회사인 교보빌딩보다 4년 더 늦었는데 준공은 10일이나 앞섰으니 "결코 질 수 없다"는 관계자의 의지 같은 것을 느끼게 해주고 있다.

거의 모든 건물이 남쪽을 향하거나 아니면 큰길을 향하는데 이 건물의 출입구는 삼성본관 쪽을 향하여 북동향 하고 있을 뿐 아니라 지하의 플라자는 삼성본관의 지하 아케이드와 연결되어 있다. 이 건물은 핀란드에서 수입해온 붉은 화강석의 외벽이 곡선을 이루는 테크닉이 높이 평가되어 1985년도 서울시 건축상을 수상했다. 이 건물의 설계자는 미국인 베케트(Welton Becket)였다.

상동교회가 선도한 남대문지구 재개발

이미 누누이 설명했듯이 도심재개발은 바로 '사업'이어야 했다. 즉 그 일을 통하여 이윤이 생겨야 하는 것이다. 그러므로 재개발사업의 주체는 기업체이거나 혹은 개별기업인 공동참가를 원칙으로 하고 있다. 그런데 우리나라 도심부 재개발의 초기, 한국화약(주)의 소공1지구 다음으로 가장 먼저 재개발을 하겠다고 나선 것은 대기업체가 아니었을 뿐 아니라 상식적으로 봐서도 사업과는 거리가 멀다고 생각되는 개신교 교회였다.

미국 예일대학과 콜롬비아대학에서 공부한 청년의사 스크랜튼이 알렌의 제중원 의료를 돕기 위해 서울에 온 것은 1885년(고종 22년) 3월이었다. 그가 입경한 지 한 달 후인 1885년 4월에 언더우드와 아펜젤러 부처가 인천을 거쳐 서울에 들어왔다. 선교의사 스크랜튼의 어머니가 들어온 것은 그해 6월이었다. 언더우드가 새문안교회와 경신·정신학교를 설립하고 아펜젤러가 배재학당과 정동 감리교회를 설립했으며 M. F. 스크랜튼 부인이 이화학당을 설립한 것은 모두 1886~90년의 일이었다.

이화학당을 설립한 스크랜튼이 미국 북감리교회 선교부의 돈으로 회현방(會賢坊) 상동(尙洞) 일대의 토지를 사모은 것은 1886년 봄부터였으며 교회 창립예배를 가진 것은 1886년 10월 6일이었다. 1885년 3월에 서울에 들어와서 잠시 알렌의 제중원을 돕고 있던 W. B. 스크랜튼은 그해 9월부터 정동에 독자적인 진료소를 개설, 주로 영세민의 진료에 종사했다. 그가 어머니의 도움을 받아 상동에 진료소의 분원과 교회를 설립한 것은 1890년 10월이었다.

상동교회는 구한말, 일제강점 초기, 전덕기 전도사에 의해서 운영되었는데 구국청년들의 집합처였고 1907년의 헤이그 밀사사건, 1910년 신민회(105인)사건, 1919년의 3·1운동 등은 모두 이 교회가 실질적인 산실이었다. 그러므로 일제강점기에는 언제나 모진 감시와 탄압을 받아야 했지만, 1898년에 지었다는 낡은 벽돌집을 지키면서 교육 및 선교활동 선구자의 자세를 일관했다.

상동교회 목사와 신도 대표가 도시계획국장실을 찾아온 것은 1974년 겨울, 아마 며칠이 지나면 크리스마스를 맞이할 때였던 것으로 기억한다. 서울시가 권하지도 않았는데 자진해서 재개발을 하겠다고, 그것도 개신교회 목사가 직접 찾아왔으니 무척 반가우면서도 크게 놀랐던 것을 기억하고 있다. 신세계백화점에서 제일은행 본점을 지나서 남대문시장 쪽으로 가다가 시장으로 들어가는 바로 입구, 남창동 1번지에 우리나라에서 가장 오랜 전통을 자랑하는 개신교회가 있고 그 이름이 상동교회라는 것도 그때 처음으로 알게 되었다.

1889년에 지어, 검은색으로 변해버린 벽돌건물을 헐고 그 자리에 지하 3층, 지상 9층의 중고층건물을 짓는다는 '남대문구역 제12지구' 재개발사업 시행인가가 내린 것은 1975년 5월 7일자 건설부고시 제67호였고, 1977년 3월 29일에 준공되었다. 지금의 새로나백화점이 바로 그것이다. 현재 1~4층은 백화점, 5~6층은 식당·사무실, 7~8층은 교회로 사용하고 있다. 백화점·식당·사무실 등으로 얻어지는 수입금은 선교·교육·사회봉사 사업으로 쓰이고 있다.

이 상동교회 재개발사업이 자극제가 되어 그 바로 남쪽과 그 남쪽도 1983년에 재개발되었는데 삼익상가빌딩(지상 10층 지하 5층), 삼부빌딩(지상 15층 지하 4층)이 그것이다. 남대문로에서 남쪽으로 퇴계로까지를 잇는 남북의 공간을 세 개의 빌딩이 가지런히 차지하고 있다.

6. 1980년대 마포의 공간혁명

미국 대통령의 내한과 서울시의 입장

최근에는 많은 외국원수들이 수시로 우리나라를 방문하고 있다. 인구수가 수만 명도 안 되고 국토면적이 중구의 3분의 1밖에 안 되는 약소국가도 있지만 강대국 원수들도 빈번하게 내한하고 있다. 그 중에서도 미국 대통령이 우리나라를 가장 자주 다녀갔으며 다녀갈 때마다 많은 문제가 제기되었고 또 해결되었다.

아이젠하워 대통령은 1952년에 미국 대통령으로 당선되자 취임도 하기 전인 12월 2일에 한국을 찾았다. 그가 선거 때 공약한 '한국전쟁 종식'의 방안을 모색하기 위해서였다. 그는 두 번째 임기가 끝나는 해인 1960년 6월 19일에도 한국을 찾았다. 4·19혁명이 난 지 2개월 후, 당시에 그를 맞이한 한국의 국가원수는 대통령권한대행 내각수반 허정이었다. 존슨 대통령의 방한은 1966년 10월 31일에 있었고 4일간 체재했다. 서울에 도시재개발이라는 제도를 정착하게 한 발걸음이었다. 포드 대통령이 방한한 것은 1974년 11월 22일이었다. 이때는 수행원으로 온 헨리 키신저 국무장관의 인기가 대단했던 것을 기억하고 있다. 카터 대통령이 서울에 온 것은 1979년 6월 29일 밤이었고 2박 3일째인 7월 1일 오후 5시 50분에 서울을 떠났다. 로널드 레이건이 다녀간 것은 1983년 11월 12~14일이었고 그 다음을 이은 부시 대통령은 1989년과 93년 두 차례나 다녀갔다.

한미 두 나라 대통령이 서로의 나라를 방문할 때는 반드시 두 나라간에 해결해야 할 문제가 있었고 또 두 나라 정상이 얼굴을 맞대면 문제는 해결되게 마련이었다. 즉 미국 대통령의 방한은 그때마다 이 나라 정치·경제면의 발전에 기여함이 적지 않았고 그런 뜻에서 정말로 환영할 일이었다. 그러나 지방정부인 서울시의 입장은 말이 아니었다. 왕복하는 연도의 청소와 환경정리, 환영·환송하는 인원동원, 환영대회 같은 것이 있으면 더욱 더 곤란을 겪어야 했다.

마포 귀빈로의 탄생

1979년 6월 말에 카터 대통령이 한국에 온 것은 두 가지 문제 때문이었다. 주한미군 철수와 한국정부의 인권탄압이 그것이었다.

'주한 미지상군(地上軍) 철수'는 지미 카터가 1976년 미국 제39대 대통령 선거에 입후보했을 때부터의 공약사항이었고, 실제로 1978년 12월 14일에는 제1진으로 213명의 미군이 한국을 떠난 바 있다. 그러나 주한미군 철수문제는 한국정부와 민간을 크게 자극했을 뿐 아니라 미국의 상·하 양원에서도 결코 좋은 평가를 받지 못했다. 인권탄압 문제는 대통령 공약사항이라기보다는 바로 카터의 인생관이었다. 그는 조지아 주지사로 있을 때 최초로 흑인을 주정부 공무원으로 채용하기도 했다.

1979년, 한국은 이른바 유신정권 시대였고 박정희 정권에 의한 민주·인권탄압이 극에 달해 있었으며 그것은 국제사회에도 널리 알려져 있었다. 이른바 박동선사건이 터진 것도 이때였고, 김지하 오적시사건, 윤보선·문익환 등의 민주구국헌장사건, 크리스찬아카데미사건, 가톨릭농민회사건, 민청학련사건 등이 연이어 터지고 있던 때였다. YH여공사건은 1979년 8월이었고 부산·마산사건은 그 두 달 후인 10월이었다. 그리고 박 대통령이 시해된 것은 그해 10월 26일이었으니 당시의 정치정세를 추측하고도 남음이 있다.

한국을 방문하는 카터의 입장에서는 한국에 가서 "휴전선을 돌아보았더니 미군의 철수는 시기상조라고 판단되었다"는 견해를 발표할 필요성이 있었다. 박 대통령 입장에서는 "한국이 대내외적으로 매우 어려운 처지에 있으니 어느 정도의 인권탄압은 관대히 봐달라"는 부탁을 하는 만남이었다. 그리고 두 정상의 이 만남으로 두 나라간에 오랫동안 지속되어온 불편한 관계가 해소되기를, 양측이 모두 바라고 있었다.

아이젠하워·존슨·포드 등 세 대통령은 한강대교 - 용산 - 시청 앞 - 청와대의 길을 오갔으니, 중앙청에서 한강대교까지의 길 양측을 정비하는 것으로 충분했다. 그런데 카터는 6월 30일에 여의도광장 시민환영대회에 참석하고, 7월 1일 일요일에는 여의도침례교회에서 예배를 보고 국회의사당을 방문할 예정이었다. 즉 여의도를 두 번이나 왕복하는 것이었다.

김포공항에서 여의도 - 마포로 - 서소문 - 시청까지를 '귀빈로'로 명명하여 외국귀빈들의 새로운 통과코스로 한다는 것이 보도된 것은 1979년 5월 24일이었다. 이 길이 귀빈로가 되었기 때문에 서울시는 2억 6,200만 원을 들여 대대적인 정비작업을 6월 말까지 시행한다고 보도했다. 귀빈로라는 이름은 아무리 들어도 유쾌하지가 않다. 아마도 독재권력이

판을 치는 시대였으니 시청간부 또는 시장의 머리에서 이렇게 엉뚱한 표현이 떠올랐을 것이다.

서울시가 마포로 남단에서 공덕동로터리 - 아현삼거리를 거쳐 서소문·서대문에 이르는 가로변 43만 3천㎡를 재개발지구로 지정해달라고 상신한 것은 그해 6월 9일이었고 9월 21일자 건설부고시 제345호로 지정되었다.

카터 대통령은 일본 출발이 늦어 6월 29일 밤 9시에 김포공항에 도착, 도착하는 대로 바로 헬리콥터로 동두천에 있는 미 제2사단 숙소에 가서 1박했다. 그리고 30일에 서울에 와서 오전 9시 반부터 여의도광장에서의 서울시민 환영대회에 참석했다. 환영대회가 끝난 후 연도에 늘어선 100만 시민의 환영을 받으며 마포대교 - 아현동 - 서소문 - 시청 - 광화문을 거쳐 청와대로 향했다. 7월 1일은 일요일이었다. 미국 대사관저에서 하룻밤을 지낸 카터 대통령 가족은 오전 11시부터 여의도침례교회에서 예배를 봤으며 12시 10분에 국회를 방문하여 다과회를 가졌다. 그리고 그날 5시 50분에 김포공항을 통해 미국으로 떠났다.

이 마포로의 좌우 시가지가 재개발지구로 지정됨으로써 새 모습으로 탈바꿈하게 된 데에는 또 하나의 배경이 있었다. 1956년 3월 3일에 개장된 이래로 만 13년 이상 계속되어온 중구 명동의 증권거래소가 1979년 6월 30일 문을 닫고 7월 2일부터 여의도의 새 증권거래소로 옮겨갔다. 명동·남대문로가 중심이었던 증권·금융계의 상당부분이 따라서 여의도로 이전되면 남대문로(명동) - 서소문 - 마포로 - 여의도를 잇는 대규모 증권·금융·오피스빌딩 벨트가 새롭게 형성될 것이 전망되고 있었다.

박춘석이 작곡하고 은방울자매가 노래한 「마포종점」이라는 가요는 1960년대 중반, 아직 서울에 전차가 다니고 있고 여의도에 비행장이 있을 때의 노래였으니 1964~65년경에 크게 불리어졌다. 그런데 이 노래

마포대교 쪽에서 바라보는 마포로의 재개발건물들(1990년대 초).

의 가사에 의하면 현재의 가든호텔 앞에 위치했던 전차종점에서 여의도는 물론이고 강 건너 영등포 불빛도 보였고, 서쪽으로는 당인리발전소까지 분간할 수 있었음을 알 수가 있다. "밤이 깊어서 갈 곳이 없어진 밤 전차가 비에 젖어 섰는데 나 또한 갈 곳이 없어 비를 맞으면서 서 있다"라고 요약할 수 있는 이 노랫말은 1960년대의 마포 일대가 얼마나 적막했던가를 알려주고 있다.

지난날 마포형무소 농장이었던 자리에 높이 6층짜리 10개 동, 642가구 분의 마포아파트가 들어선 것이 1962~64년이었다. 그리고 여의도윤중제가 건설된 것이 1968년이었고, 서울대교(현재 마포대교)가 가설 개통된 것이 1970년 5월 16일이었다. 이 다리가 준공될 시기 즉 1960년대 후반에서 1970년대 초에 걸쳐 한강 강변도로도 겨우 개통되었다.

공덕동이니 도화동이니 하는 이름의 마포종섬 일대, 길 너비가 40~

연번	사업지구명	위치	대지면적	건축면적	연면적	층수	준공일	비고(건물명)
계		28개 지구	76,270	28,656	606,655			
1	1-1	마포동 35-1	1,851	723	15,247	15/4	86.11.27	현대빌딩
2	1-2	마포동 34-1	1,965	705	16,185	15/4	86.12.23	신화빌딩
3	1-3	마포동 33-4	2,745	848	19,652	16/4	86.6.24	대농빌딩
4	1-5	도화동 44-1	3,125	1,290	21,445	15/3	85.5.25	고려빌딩
5	1-6	도화동 50-1	2,933	961	21,790	15/4	86.12.30	일진빌딩
6	1-7	도화동 43-1일대	4,302	1,682	34,975	17/3	84.4.16	성지빌딩
7	1-8	도화동 51-1일대	1,744	801	18,031	16/4	85.12.4	성우빌딩
8	1-9-2	도화동 39-5일대	4,449	1,408	8,425	4/3	88.12.31	한전빌딩
9	1-10	도화동 16-17일대	3,280	1,331	21,394	15/3	83.12.22	정우빌딩
10	1-11	도화동 16-14일대	5,396	2,263	59,372	16/5	87.12.4	삼창빌딩
11	1-16	도화동 16-7일대	1,846	818	10,729	10/3	85.10.15	동아빌딩
12	1-17	도화동 16-9일대	1,300	610	6,569	10/2	81.11.19	신원빌딩
13	1-19-2	도화동 17-1외 13필지	2,246	762	4,031	5/1	88.8	마포우체국
14	1-23	마포동 314-1외 63필지	4,243	1,595	34,440	18/2	92.8.12	한신오피스텔
15	1-25	마포동 136-1일대	2,527	928	24,670	18/4	87.12.30	한신빌딩
16	1-26	마포동 148-1	3,014	852	22,892	17/5	88.7.30	다보빌딩
17	1-30	도화동 209-16외 6필지	2,116	632	13,422	15/4	88.4.14	일성빌딩
18	1-31	도화동 292-1일대	1,696	764	17,211	17/5	84.10.30	거성빌딩
19	1-32	도화동 168-15외 3필지	1,032	508	10,962	15/5	88.12.2	도원빌딩
20	1-33	도화동 169-12외 9필지	2,382	906	25,086	17/5	88.7.27	고려개발빌딩
21	1-44-1	도화동 18-1외 2필지	2,882	999	25,354	19/5	88.7.5	창강빌딩
22	1-44-2	도화동 18일대	1,712	621	3,746	5/1	88.12.23	서울대동창회관
23	1-50	공덕동 256-13일대	2,311	1,036	23,382	16/5	85.12.14	마포제일빌딩
24	2-1-2	공덕동 417-2외 71필지	3,191	1,162	30,377	18/4	91.11.14	풍림빌딩
25	2-4	공덕동 232-33일대	3,687	1,046	35,840	18/4	87.11.14	럭키빌딩
26	2-7	공덕동 245-14일대	3,379	1,316	36,854	20/5	85.11.11	마포빌딩
27	3-4-1	아현동 612-1외 6필지	1,826	762	15,220	16/4	92.8.12	한국신용유통
28	3-5	아현동 424-6일대	3,090	1,327	29,354	18/4	87.12.11	고려아카데미텔

자료 : 마포구지, 316쪽.

50m나 되는 마포대로가 서서히 일반시민에게 알려지게 된 것은 1970년대였다. 마포 전차종점이 있던 자리의 동편에 객실 394개의 가든호텔이 준공 개관된 것이 1979년 8월 1일이었다.

    마포대로를 귀빈로라고 이름짓고 이 길의 좌우측을 재개발지구로 지정했던 당무자들, 특히 당시의 정상천 시장은 이 길의 앞날을 어느 정도까지 예측하고 있었을까 궁금해진다. 1970년대에는 상상조차 하지 못했던 경제의 고도성장이 1982년부터 시작되어 1980년대를 거쳐 1990년대 초까지 계속되었고, 이 예상치도 않았던 경제발전은 서울 도심부 재개발을 획기적으로 촉진하게 되지만 그 중에서도 마포로의 변화는 엄청난 것이었다.

공덕동네거리에서 서남쪽으로 약간 들어간 자리, 도화동 532번지의 땅에 신원빌딩 지상 15층, 지하 4층 건물의 건축허가가 난 것은 1980년 7월 30일이었다. 마포로의 스카이라인이 형성되는 시초였다. 마포대교의 북단에서 공덕동로터리를 지나 아현삼거리까지 이르는 '마포로'는 길이가 2,700m밖에 되지 않는다. 비록 길이가 길진 않지만 마포구의 중심가로이기 때문에 '마포로'라는 이름이 붙여진 것이다. 이 길 양쪽에 1980년대의 10년간에 28개의 고층건물이 들어서버린 것이다(앞의 표 참조). 1980년대의 경제성장이 초래한 소리 없는 공간혁명이었다.

7. 86아시안게임·88올림픽이 촉진한 재개발

1980년대의 도심부 재개발

한국경제가 마이너스 성장을 한 해가 있었다. 박정희 대통령이 작고한 다음해인 1980년이었다. 그리고 그 다음해인 1981~91년의 11년간 한국경제는 비약적으로 성장했다. 국제경제에서 그 누구도 예측하지 못했던 현상이 일어난 것이다. 국제기름값의 하락, 국제금리의 하락, 그리고 엔고(円高) 원저(低)현상이었다. 이른바 3저현상이었다.

1980년 말 한국인 1인당 소득수준은 1,592달러였다. 그런데 1991년 말에는 6,518달러로 계상되었다. 1981~91년의 11년간 국민경제 규모가 4배 이상 신장한 것이었으니(1985년 불변가격) 엄청난 성장이었다. 1980년대에 계속된 이와 같은 경제성장은 서울의 도심부 재개발을 크게 촉진했다. 경제의 급성장은 엄청나게 많은 사무실 공간을 요구하게 되었고 그것은 당연히 재개발·고층화를 촉진하게 되었던 것이다.

1980년대 도심부 재개발을 촉구하게 된 데에는 또 한 가지 큰 요인이 있었다. 86아시안게임, 88올림픽이 그것이었다. 서울이 1988년에 치러질 제24회 올림픽대회 개최지로 결정된 것은 1981년 9월 30일, 서울시간으로 오후 11시 45분이었다. 독일의 유서 깊은 관광도시 바덴바덴에서 날아온 이 소식으로 서울시민뿐 아니라 나라 전체가 흥분의 도가니로 변했다. 1986년에 개최될 제10회 아시안게임 개최지로 서울이 결정되었다는 소식은 약 2개월 뒤인 11월 26일 오후 늦게, 인도의 뉴델리에서 날아들었다.

두 개의 대규모 국제행사를 치르기 위한 범국가적 준비가 시작되었다. 부족한 경기시설을 확충 정비하는 일, 외국 선수단·관광객을 위한 숙박시설을 마련하는 일, 도로교통 수준을 선진화하는 일, 한강을 정비하는 일, 시민의 질서의식을 높이는 일, 서울시 안팎의 환경정비 등.

두 개의 국제행사에 참가하기 위해, 또 겸사겸사로 한국을 관광하기 위해 찾아올 수많은 외국인에게 보이기에 서울은 아직도 너무나 보잘것없었다. 인구규모는 이미 900만에 육박하여 지구상 어느 곳에 내어놓아도 손색이 없는 대도시였지만 그 시가지 모습은 낡고 초라했다. 중심시가지인 종로·을지로·퇴계로변에는 낡고 나지막한 건물들이 즐비했고 뒷골목으로 한 발짝 들어가면 무질서와 불결과 악취가 뒤엉켜 있었다. 중심시가지를 벗어나 변두리로 나가면 온 산허리를 온통 메운 무허가 건물이 바다를 이루고 있었다.

정부는 1982년 12월 31일자 법률 제3646호로 도시재개발법을 개정했다. 이 개정에서 다음과 같은 것이 규정되었다.

① 종전까지는 그저 '재개발사업'이라 한 것을 '도심지 재개발사업' 및 '주택개량 재개발사업'으로 구분했다. 즉 도심지 재개발이라는 용어가 처음으로 법률용어로 등장한 것이다.
② 재개발사업 시행자로 토지개발공사가 지정되었다. 그리고 이미 규정되어 있던 주택공사와 더불어 재개발사업을 담당하는 '공사'로 기능하게 되었다.
③ 종전까지는 지방자치단체장이 지정한 재개발 신청기간이 경과한 후 1년이 지나야만 제3개발자에게 재개발을 대행시킬 수 있었는데 그 기간을 1개월로 단축했다.

이 법률개정이 있은 지 약 1개월 남짓 지난 1983년 2월 8일에 전두환 대통령의 서울시청 연두순시가 있었다. 그 자리에서 서울시는 도심부 재개발에 관하여 다음과 같은 사항을 보고하여 재가를 받았다.

① 마포로·태평로·종로·을지로·한강로 등 중요 간선도로변 42개 지구와 중요 도심지역(종로·중구) 53개 지구 등 모두 95개 지구(437,455㎡)를 재개발 촉진지구로 지정하여, 그 중 71개 지구를 아시안게임 이전에, 또 나머지 24개 지구는 88올림픽 개최 이전까지 완료될 수 있도록 지도·계몽 및 시행 촉구한다.
② 도심지 재개발지역에서는 건물의 고도제한 조치를 해제한다.
③ 건폐율을 현행 45%에서 50%로, 용적률을 670% 이하에서 1,000% 이하로 늘리기로 한다.
④ 재개발지역 내의 백화점·위락시설·극장의 신·개축 및 관광호텔의 신축을 허용한다.

'대통령의 재가'를 받는다는 것은 바로 중앙정부의 방침이 된다는 것이었다. 서울시는 이와 같은 방침에 따라 하나씩 제도화해가고 있다

(1983년 5월 4일 건축조례개정, 동 6월 18일 서울시공고 제330호 등).

　4대문 안 건축물 높이제한 철폐, 건폐율·용적률 완화 등을 보도한 1983년 2월 10일자 ≪조선일보≫는 '도심은 답답하다'라는 제목의 사설을 실어 도심부의 건축물 규제를 완화하려는 서울시 방침을 통렬히 비판하고 있다. '잔치치레 때문에 패가망신한다'는 속담 그대로 88올림픽 때 찾아올 외국인들에게 잘 보이려고 도심부 건축물규제를 완화한다는 것은 말도 안되며 가뜩이나 답답한 서울 도심부를 더욱더 답답하게 하지 말라고 경고하고 있다.

　잘한 짓이냐 잘못한 짓이냐를 따지자는 것이 아니다. 경제의 고도성장과 86·88 잔치를 잘 치러야 한다는 명분 아래 서울의 도심부는 크게 달라졌다. 을지로·태평로·다동·무교동·서린동·도렴동·공평동·양동 등이 완전히 새 모습으로 탈바꿈했다. 남산의 힐튼호텔, 태평로의 삼성생명 플라자와 프레스센터, 순화동의 중앙일보사 신사옥(호암아트홀), 세종로의 교보빌딩, 을지로의 삼성화재·두산빌딩, 종로네거리의 제일은행, 공평동의 태화빌딩·하나로빌딩, 도렴동의 정우빌딩·변호사회관 등 일일이 옮겨 적다가는 끝이 없을 정도의 건축물이 재개발이라는 이름으로 건축되었다. '공간혁명'이라고 하면 과장된 표현이겠지만 그에 가까울 정도의 대변화임에는 틀림없다.

　이렇게 1980년대에 불이 붙은 도심부 재개발사업은 1990년대에 들어서도 계속 이어졌다. 1995년 4월 현재 도심 재개발구역으로 지정된 곳은 모두 39개 구역 425개 지구에 달하고 있으며 그 중 109개 지구는 이미 사업이 완료되었다. 이 글을 쓰면서 시내에 나간 길에 쳐다보았더니 종로네거리, 지난날 화신백화점이 있었던 자리도 재개발이 진행되고 있었고 서린동·무교동에도 큰 건물이 올라가고 있었다. 서울 재개발사업도 30년의 세월이 흐르고 있음을 실감한다.

이 글을 처음 쓰기 시작했을 때는 소공1지구 재개발로 끝을 맺을 생각이었다. 그런데 쓰다가 보니 도저히 그 시점에서 끝을 맺을 수가 없어 여기까지 끌고온 것이다. 그러나 나는 덕분에 1960년대 중반에 싹트기 시작하여 30년간, 1990년대 중반까지의 여러 가지 사실들을 알 수 있었고 그런 일들 중에서 몇 가지는 후세에 전해야 되겠다고 생각되는 일이 있었다. 그 중의 몇 가지, 사실들을 순서 없이 적어본다.

감리회유지재단에 의한 재개발사업 − 태화빌딩, 하나로빌딩

그 숱한 재개발사업 중에서 특히 눈에 띄는 것은 감리회유지재단에 의한 재개발이었다. 1970년대, 서울 재개발의 초기에 실시된 상동교회(새로나백화점)도 재개발 시행자 명의는 '기독교대한감리회유지재단'이었다. 그리고 1980년대에 들어서자마자 바로 공평구역 제5·6지구가 역시 감리회유지재단에 의해서 재개발되었다. 3·1운동 때 독립선언식이 거행되었던 유서 깊은 곳에 1921년부터 존재해왔던 '태화기독사회복지관'이 헐리고 태화빌딩·하나로빌딩이라는 이름의 아담한 고층건물(지상 12층 지하 3층) 2개가 나란히 들어선 것이다. 신문로구역 제2지구도 감리회재단에 의해서 시행되었다. 지난날의 감리회관이 광화문빌딩 윗부분이 된 것이다.

개신교의 양대 산맥, 장로회의 언더우드와 감리회의 아펜젤러가 한국에 들어온 것은 같은 날짜였고 같은 해에 장로회 선교의사 헤론, 간호원 에리스, 감리회의 스크렌턴 모자 등이 들어왔다. 즉 한국의 장로회·감리회는 그 출발이 1885년이라는 동일시점이었다. 그런데 100여 년이 지난 지금의 시점에서 보면 신자수나 교파수에 있어 장로회 신도들이 감리회보다 훨씬 더 많다. 아마도 그 신도수 비율에 있어서는 5 대 1 정도 되지 않나 싶다.

그리고 그 당연한 결과로 기독교대한감리회에 비해 장로회 쪽 즉 대한예수교장로회(예장 통합·합동·고려 기타), 한국기독교장로회 등 각 교파들이 소유하는 재산도 엄청나게 많을 것으로 생각한다. 그런데 왜 그 교세가 훨씬 빈약한 감리회 쪽은 재개발 대상이 되는 재산이 여러 개 있는데 장로회 쪽은 단 한 건도 없는가? 또 같은 정도로 오랜 역사를 가진 천주교회, 같은 개신교에 속하는 구세군이나 한국침례회 등이 재개발에 참여하지 않는 이유가 무엇이냐? 재개발사업에 적극적으로 참여한 감리회 유지재단의 사례를 보면서 이러한 의문이 강하게 들었다.

어떤 독실한 신자에게 물어보았더니 감리교는 'methodism'이라는 이름 그대로 교육·의료 등의 선교방법을 중요시한다. 그러므로 감리회는 중앙집권적이고 감리회유지재단이라는 이름으로 재산을 집중관리한다. 한편 장로회는 개개 교회마다 그 교회 장로들 중심으로 운영되는 것을 원칙으로 하므로 중앙집권적인 체제를 갖추지 않으며, 따라서 전국규모 또는 시도(市道) 규모의 유지재단 같은 것이 존재하지 않는다. 큰 교회들은 일시적으로 재산을 가질 수 있지만 그것은 바로 보다 넓은 선교목적(전도·교회 신 증축)을 위하여 투자되기 때문에 장기적인 재산증식 같은 것은 이루어지지 않는다는 것이다. 여하튼 이 문제는 우리나라 교회사 연구의 한 과제가 되리라고 생각한다.

2개 구에 걸친 하나의 건물 - 광화문빌딩

2개 구에 걸친 재개발사업이 하나의 건축물로 결실된 사례는 일본이나 구미각국 재개발사례에서도 들어본 일이 없다. 그와 같은 사례가 서울 재개발에서 이루어졌으니 특기해야 할 일이라고 생각한다.

두 개 구에 걸친 하나의 건물, 광화문 빌딩.

　세종로와 태평로 1가가 만나는 서쪽 코너는 종로구 세종로동 211번지와 중구 태평로 1가 68번지로 이루어져 있다. 1개 구획의 북쪽은 종로구이고 남쪽은 중구에 속한다. 지난날 북쪽에는 국제극장이 있었고 남쪽에는 감리회관이 있었다.

　이 구획이 신문로 재개발구역으로 지정된 것은 1975년 12월 16일자 건설부고시 제200호였으며, 그때는 제1·2·3지구 등, 3개의 지구로 나뉘어 있었다. 그후 3지구가 폐지되어 종로구 쪽이 1지구, 중구 쪽이 2지구로 2개의 건축물이 들어서는 것으로 바뀌었다. 대지면적 2,561평인 1지구에는 지하 4층 지상 20층 건물이, 대지 1,614평인 2지구에는 지하 5층 지상 15층 건물이 들어서는 것으로 계획되었다. 2개 건물의 건축허가가 난 것은 1986년 8월 25일이었다. 즉 같은 날짜로 2개 선물 건축허가가 난 것이다.

건축허가를 하는 과정에서 부자연스러운 것을 느꼈다. 그렇게 넓지도 않은 곳에 2개의 건물을 쌍으로 들어서게 하는 것보다 하나로 묶어 하나의 건물로 하는 것이 합리적이라고 생각되었다. 서울시 도시계획국·건축국, 건축위원회 등에서 "2개 건물을 합하여 1개로 하라"고 설득했다. 2개의 시행주체, 동아흥행(주)과 감리회유지재단을 설득하는 데도 힘이 들었지만 양쪽 구청장을 설득하는 것이 더 큰 문제였다. 종로구는 부지의 절반 이상(61%)이 관할권 내에 있다는 이유로 전체 건물의 소속이 종로구에 속해야 한다고 주장했고 중구 쪽에서는 광화문네거리로서 구간경계의 기준으로 하는 것이 합리적이라는 이유를 들어 빌딩 전체가 중구관할에 속해야 한다고 주장했다. 막대한 취득세·재산세가 자기 구에 들어와야 하기 때문이었다. 바로 세원(稅源)확보 싸움이었다. 그리고 그러한 싸움은 근본적으로는 해결될 수가 없는 문제였다.

1차적으로 합의된 것은 1개 건물을 짓되 내부에서 수직으로 나누는 방안이었다. 즉 60대 40의 비율로 벽을 친다는 것이었다. 2개의 코어(엘리베이터)가 생겨야 했다. 그것보다도 내부에 벽을 쳐버리면 기능도 답답해지고 보기도 흉해진다는 단점이 있었다.

설득과 타협, 숙고가 거듭되었다. 마침내 수평분할이 합의되었다. 지하 5층에서 지상 12층까지의 하반신은 세종로동 211번지 동아흥행(주)의 건물로 종로구에 속하게 하며, 지상 13층부터 20층까지의 상반신은 태평로 1가 68, 감리회유지재단의 건물로 중구에 속하게 한다는 것이었다. 어느 쪽이 윗부분·아랫부분을 차지하느냐를 둘러싼 신경전도 있었을 것이다. 완전히 합의된 상태의 건축허가가 내린 것은 1989년 4월 15일이었고 1993년 1월 13일에 사업 완료되었다.

몸체는 하나, 주인은 둘, 관할관청도 둘인 광화문빌딩을 볼 때마다 나는 이 사례를 온 지구상 주요도시에 자랑하고 싶어진다.

재벌기업이 주체가 된 재개발사업

1983년의 신문보도였지만 나에게 큰 충격을 준 기사 하나가 있었다. 1983년 7월 22일자 ≪한국일보≫는 제5면 전면의 기획기사로 「서울 '재벌구' 신지도」를 크게 보도했다. '도심 하늘을 찌르는 새 빌딩들의 임자는'이라는 부제가 달린 이 기사는 서울의 도심인 종로·중구에 세워진, 또는 세워지고 있는 대형건축물이 모두 대기업 즉 재벌들의 소유이고 그렇게 된 것은 재개발사업이라는 이름의 재건축행위 및 강남으로 옮겨간 중·고등학교 뒤터를 모두 재벌기업이 차지했기 때문이라고 지적하고 있다. 이 신문기사 중의 한 부분을 소개해본다.

> 재벌은 이미 서울시내 도심의 요지를 분할 점령해버렸다. 서울의 도심은 재벌타운으로 변모해가고 있다. 재벌은 왜 부동산을 좋아하는 것일까?
> 부동산은 가장 안전한 투자이자 동시에 가장 많은 이익을 안겨준다. 저 금리의 은행돈을 빌려다 부동산에 투자해놓으면 몇 배의 이익을 낼 수 있다.
> 업무용이란 명목으로 은행돈을 빌려 땅을 사고 계열 건설회사의 장비를 사용해서 건물을 짓는다. 도심에 신축한 건물의 평당건축비는 200만 원 내외에 불과한데 임대보증금은 평당 300~450만 원을 호가한다. 건물만 크게 지어놓으면 땅값·건축비를 제외하고도 수백억 원의 돈이 남는다. 이 때문에 재벌은 지난 3~4년 동안의 불황기에도 부동산투자에 열을 올렸다.

원래 재개발사업은 거액의 자금이 필요할 뿐 아니라 자금의 회임기간이 길기 때문에 개인이나 군소기업은 엄두도 내지 못한다. 결국은 재벌기업·대기업 차지가 될 수밖에 없다. 서울시가 1989년에 발간한 『도심재개발사업 연혁지』에 의하여 1988년 말 사업이 완료되었거나 추진 중에 있는 126개 지구의 시행주체를 보면, 법인이 71개(56.35%), 지주조합 28개(22.22%) 제3개발자 13개(10.32%), 개인 11개(8.7%), 공사 3개(2.38%) 지구였다.

13개의 제3개발자도 대기업법인이며 지주조합 28개 지구 중에도 대기업이 가장 많은 지분을 가진 조합원으로 참가하고 있는 경우가 많으니, 서울 도심부 재개발의 80% 이상은 재벌 또는 대기업에 의해서 추진되었고 앞으로도 그럴 것으로 보아야 한다. 그것이 바람직하냐 않느냐의 문제가 아니다. 재개발사업의 속성이 그렇기 때문이다. 예컨대 일본 도쿄 니시신주쿠의 경우를 봐도 미스이·스미도모·노무라·야스다·오다큐·게이오 등의 대기업들만의 차지가 되었다.

재개발사업의 시행주체가 된 대기업을 그 종류별로 보면 건설회사가 가장 많다. 정우개발이 4건, 태평양건설과 유원건설, 현대건설이 각각 3건씩, 한려개발·천호기업·한효개발·태흥·삼익건설 등이 2건씩 그리고 그 밖의 많은 건설회사의 이름을 시행자명부에서 찾을 수 있다. 건설회사 다음으로 많은 것이 보험회사이다. 삼성생명이 4건, 삼성화재·교보·대한화재·해동화재가 각각 1건씩 시행하고 있다. 은행은 제일은행과 씨티은행 본점, 제2금융권으로는 신영증권·동양투자금융·한국신용유통 등의 이름을 발견할 수 있다.

그룹별로는 삼성이 가장 많아서 6건, 그리고 삼성그룹이 시행한 재개발은 하나같이 규모가 큰 것이 특색이며 또 그 거리가 가깝다는 점에도 특색이 있다. 삼성생명이 실시한 태평로2가의 삼성본관빌딩, 삼성생명빌딩, 종로네거리 지난날 화신백화점 자리에 짓고 있는 삼성생명 종로빌딩(타워빌딩으로 개명) 등은 모두가 서울을 대표하는 건축물이며, 순화동에 중앙일보사가 지은 호암아트홀 또한 늠름한 모습을 자랑하고 있다. 이 호암아트홀이나 삼성본관빌딩, 삼성생명빌딩, 그리고 을지로의 삼성화재빌딩 안에 삼성건설을 제외한 삼성계열 전체기업이 입주 또는 입주예정으로 있다. 이들 빌딩 상호간의 시간거리가 15분 내외라는 점 또한 삼성그룹만이 지니는 특색이라고 생각한다.

삼성 다음으로 많은 것은 당연히 현대그룹이며 무교지구에 1개, 적선지구에 2개, 그리고 세종로에 특가구사업으로 1개 빌딩을 소유하고 있다. 힐튼호텔을 비롯하여 대우그룹이 3개, 코오롱그룹이 3개, 롯데그룹도 3개 지구의 재개발을 했으나 그 중에서도 반도특가구사업이 뛰어나다. 한화·두산·동양·삼창·유원건설·태흥·신원 등이 각각 2개 지구씩, LG·쌍용·동아건설·극동·동국제강·대농·미륭건설 등이 1개씩.

도심부 재개발사업 시행주체들의 이름을 보고 있으면 마치 이 나라 대기업의 흥망사(興亡史)를 보고 있는 것 같은 착각을 하게 된다.

대한주택공사·한국토지개발공사가 추진한 을지로2가 구역

남기고 싶은 이야기에서 빠뜨릴 수 없는 것이 있다. 대한주택공사와 한국토지개발공사가 실시한 재개발사업이다.

관철동의 3·1빌딩에서 청계천길 건너편 을지로까지 이르는 일대, 동쪽은 청계고가도로가 달리는 3·1로에 면하는 꽤 넓은 구획, 행정구역상으로는 중구 을지로2가·장교동·수하동에 걸쳐 있는 일대였다. 넓이 2만 7,959㎡(8,458평), 모두 259개 필지의 대지 위에 180개의 건물이 빽빽이 들어서 있었다. 이 180개 건물은 단 한 뼘도 놀고 있지 않았다. 단층은 단층대로 2층은 2층대로, 1개 건물 안에 4~5개씩의 점포가 들어서 있었다. 속칭 '인쇄골목'이라 불리는 이 골목 안에 들어가면 청타·백타·조판·활판·인쇄·표지제작·제본 등 인쇄관련 업종이 연이어 있었고 그 사이사이에 식당·소매점들이 뒤엉켜 있었다.

재개발되기 이전의 을지로2가 지역.

    재개발에 착수하기 직전에 주택공사가 조사해보았더니 인쇄소 519개, 식당이 71개, 소매점 29개, 기타 211개, 합계 830개의 점포가 집계되었다. 180동 건물의 연건평이 1만 1,452평으로 집계되었으니 1개 점포가 점하는 평균넓이는 13.8평이었다. 재개발되기 이전에 이곳을 찾은 사람이 틀림없이 탄식하는 말이 있었다. "화재가 나면 어떻게 될 것이냐?"라는 말이었다. 1970년대 서울 도심부에서 가장 복잡하고 지저분한 곳 중에서도 이곳은 단연코 으뜸이었다.

이 지역이 재개발구역으로 지정된 것은 1977년 6월 29일이었다. 서울시는 이 지역의 재개발이 쉽게 이루어질 수 있도록 하기 위해 7개의 지구로 분할했다. 1천 평 남짓한 대지 위에 1개 건물이 들어서게 하기 위해서였다. 그러나 3~4년이 지나도 이곳을 재개발하겠다는 민간업체가 나서지 않았다. 을지로2가, 그것도 3·1빌딩 건너편이라는 위치는 탐이 나지만 헝클어진 실타래처럼 뒤엉킨 토지·건물을 매수하고 수많은 인쇄업자·식당업자를 내보낼 엄두가 나지 않았던 것이다.

서울시·중앙정부의 입장에서는 86·88 양대 행사를 치르기 이전에 이곳 재개발은 반드시 이루어져야 했다. 주택공사가 시행하기 어려운 지구 한두 군데를 맡는다는 것은 이미 1982년 봄에 결정되어 있었고, 그해 5월 24일에는 재개발 전담기구도 발족되어 있었다. 국영기업체인 주택공사가 이곳 재개발을 맡아야 한다는 것은 중앙정부·서울시에 의한 일종의 억지였지만, 양대 행사에 거국적으로 참여해야 한다는 사명감도 있었다. 주택공사가 이곳 재개발사업 시행자로 지정된 것은 1983년 1월 12일이었다.

독일의 바덴바덴까지 가서 88올림픽을 유치하는 데 성공한 서울시장은 박영수였다. 1982년 4월 28일에 서울시장 자리에서 물러난 그는 약 1년 4개월 후인 1983년 8월 26일에 주택공사 사장으로 임명되었다. 주공 사장이 된 박영수가 맨 먼저 겪은 수난은 을지로2가지구 주민들의 격렬한 데모였다. 토지·건물 소유자들은 "서울시 가격평가위원회가 평가 결정한 보상비가 터무니없이 낮게 책정되었다. 대폭 인상해야 한다"는 시위를 벌였다. 입주상인들은 '생존권을 보장하라'는 시위를 벌였다. 오전·오후가 없었고 일요일·공휴일도 없었다.

나는 어느 날 오전에 주택공사에 갔다가 그 시위현장을 목격한 일이 있다. 실로 어이없는 광경이었다. 박영수 사장을 만났더니 그 특유의 엷은 미소를 띠면서 "그카다가 말겠지요"라는 것이었다. 헌병 대령으로 제대한 후 서울시 경찰국장·치안국장·내무차관·부산직할시장·서울특별시장 등을 역임한 배포를 느꼈다. 그러나 사장의 배짱으로만 해결되는 것은 결코 아니었다.

영세인쇄업자 519명, 임차영업자 252명, 무단점유거주자 92명, 총 863명이었다. 결국 그들과의 끈질긴 설득과정에서 다음과 같은 조치를 취했다. 주택공사만이 할 수 있는 일이었다.

 영세 인쇄업자에 대하여 동력 20마력 이하는 사업지구 내 영업허가가 가능해지도록 건축법시행령 일부를 개정, 그들 대다수가 중구 인현동 일대, 또 하나의 인쇄업 밀집지구로 자진 이전해갈 수 있도록 지원한다.
 남의 집에 세들어 영업하고 있던 자 중 재개발사업자 지정일인 1983년 1월 12일 이전부터 적법하게 영업하고 있던 자들에게는 새로 지어지는 건물 중 640평을 할애하여 특별분양하는 생계대책을 강구한다.
 장교동 39번지 교육재단 장훈학원 소유건물에 무단점유하여 거주하고 있던 자들에게는 주공이 강동구 고덕동에 건설한 13평짜리 아파트 72개동의 입주권을 부여하여 1984년 7월 1일까지 입주 완료시킨다.

주택공사가 하는 사업인데 결코 민간기업들이 하는 재개발과 같을 수가 없었다. 건물의 규모나 질, 공간배치의 형태 등에 획기적인 차이가 나야만 했다. 이미 사업시행자로 정식 지정되기 한 달 전인 1982년 12월 17일자 일간신문 몇 개에는 "을지로2가 지구 건축계획안을 현상 공모한다. 당선작가에는 상금 700만 원과 본설계에 참여할 권한을 준다"는 내용의 광고가 실렸다. 1983년 3월 21에 마감된 이 현상설계에는 모두 14개 업체가 참여했고 그 중 3개 업체 작품이 당선작으로 선정되었다.

을지로2가 구역 재개발조감도.

 구체적인 설계작업은 이 작가들 3명과 주택공사 설계팀이 공동으로 발전시켰다.
 이 지구의 정식명칭이 '을지로2가 재개발구역 16·17지구'이듯이 처음에는 2개의 지구로 나뉘어 있었다. 그것을 주공이 재개발하면서 1개의 슈퍼블록으로 합쳐버렸고 3개의 대형건물을 1개의 사업단위로 건설했다.
 건축허가가 난 것은 1985년 2월 26일이었지만 이미 기초공사는 1984년 7월부터 시작되었다. 지하 4층 지상 29층짜리가 1동이었고, 지하 4층 지상 27층짜리가 2동, 지하 5층 지상 20층짜리가 3동이었다. 3개 동의 연면적 합계가 22만 1,029.35㎡(약 6만 7천 평)인 거대한 건물군이 준공된 것은 1987년 10월 28일이었다. 지상 높이 118.4m의 제1동은 지하 1층~지상 8층까지가 쁘렝땅백화점이고, 지상 9층 이상 29층까지는 사무실과 오피스텔이 되었다. 장교동 쪽의 제2동은 한화그룹 본사인 현암빌딩, 을지로에 면한 제3동은 중소기업은행 본점이 되었다.

이 재개발이 지닌 특징은 3개 건물 사이에 이루어진 7,045㎡(2,131평)의 공원녹지공간, 1,188대를 주차시킬 수 있는 4만 9,220㎡(14,890평)의 주차공간, 그리고 종전까지 1,000평 내외의 대지규모에 1개 건물만을 지어오던 재개발이 아니라 대형토지에 3개의 서로 다른 건물이 복합된 기능을 갖도록 설계했다는 점 등에 있다.

이 을지로2가 지구 재개발사업의 설계자 구윤회·최병천·김중업은 1987년도 제7회 서울시건축상 금상(1등상)을 수상하는 영예를 안았다. 대한주택공사는 아무런 상도 받지 못했지만, 나는 이 지구를 지날 때마다 1980년대의 대한주택공사가 이 작품에 쏟았던 엄청난 노력과 굳은 의지를 높이 평가하고 있다.

사회악의 대명사, 서울역 앞 양동 재개발사업

남산이 없는 서울의 모습을 상상할 수 있을까? 서울시가지에서 남산이 지니는 비중은 무엇으로도 견줄 수 없을 만큼 엄청나게 크다고 생각한다. 그 남산의 서쪽기슭, 서울역광장에 서서 정면에 바라보이는 언덕을 양동이라고 불렀다. 그런데 이 양동은 그 이름에 걸맞지 않게 가장 밝지 못한 지역의 대명사였다. 즉 광복된 1945년 이후 40년간에 걸친 혼란기에 형성된 각종 사회악이 집중적으로 투영된 지역이 바로 이곳이었다. 서울역과 남대문시장을 근거지로 하는 사창·소매치기·앵벌이·비렁뱅이·날치기·넝마주이·아편쟁이·노름꾼·범죄자·전과자들이 우글거리는 곳이 양동이었다. 시멘트벽돌로 아무렇게나 지어진 2~5층 건물이 발 디딜 틈도 없이 다닥다닥 붙어 있었다.

남대문로 5가, 서울역 건너편에 육중한 대우센터빌딩이 들어선 것은 1960년대 말이었고, 그 바로 남쪽에 남대문경찰서가 신축된 것은 1971년이었다. 대우센터와 남대문경찰서 뒤편일대, 양동지역이 재개발구역으로 지정된 것은 1978년 9월 26일자 건설부고시 제285호에서였다.

혼잡하기 비길 데 없던 양동 일각에 개발의 첫발을 내디딘 것은 대우의 김우중 회장이었다. 조잡한 시멘트블록집들의 연속이 끝나가는 윗부분, 남산을 끼고 후암동으로 넘어가는 길에 붙은 토지·건물을 대우건설(주)이 사 모으기 시작한 것은 1976년부터였다. 다행히 건물도 토지 소유자도 그렇게 많지 않아 비교적 쉽게 매수할 수가 있었다.

관광호텔을 지을 목적으로 (주)대우 Triad가 설립된 것은 1976년 7월이었고, 다음해인 1977년 12월 14일에 Hilton International Co.와 호텔 운영 위탁계약을 체결하고 회사의 상호를 동우개발로 바꾸었다. (주)동우개발에 재개발(양동구역 제7지구) 시행인가가 내린 것은 1979년 9월 27일이었다.

지하 2층, 지상 22층, 객실수 702개, 연회장 14개의 힐튼호텔이 준공 개관된 것은 1983년 12월 7일이었다. 이 호텔은 최고 3,500명까지 수용이 가능한 국제회의장 때문에 개관 첫해인 1983년에 국제의원연맹회의(IPU), 1984년에 아시아광고대회(ADASIA) 등이 열렸다.

그런데 문제는 이 호텔 좌우의 환경이었다. 호텔 좌우는 지형적으로 약간 낮은 언덕배기였다. 그곳이 이른바 양동 우범지대, 문제의 지역이었다. 도시계획상으로는 양동 재개발구역 4-1지구 및 5지구로 분류된 이 지역에 얼마나 많은 주민이 살고 있는지는 동사무소에서도 파출소에서도 파악하지 못하고 있었다. 조사할 때마다 그 숫자가 달랐고 조사하는 기관에 따라서도 달랐다. 공식적으로는 이미 양동이라는 동명은 없어진 상태였다. 1980년 3월 21일자 서울특별시 조례 제1412호로 양동은 그해 7월 1일부터 남대문로 5가동에 흡수되어버렸던 것이다.

여하튼 동사무소·경찰관파출소가 대체적으로 파악하고 있는 숫자는 4-1지구 및 5지구에 거주하는 자는 약 1,700가구 전후, 인구수가 4,450~4,500명 정도, 그리고 그 안에 윤락여성(사창)이 약 150명, 넝마주이 약 36명, 무호적자 약 68명, 가두 직업청소년(앵벌이·비렁뱅이 등) 약 100명, 맹인자활회원 약 156명이 포함되어 있었다.

당시 이 2개 지구 안의 사유지 총계는 159필지 1만 758㎡(약 3,254평)였다. 3,254평의 땅에 1,700가구 4,500명 정도가 거주하고 있다는 것은 토지 1.9평당 1개 가구, 1평 토지에 1.4인이 거주하고 있다는 것이었으니 그 혼잡도가 얼마나 대단했는지를 알 수가 있다.

양동재개발은 86·88 양대 행사보다도 앞선, 절박한 문제에 당면해 있었다. 즉 정부는 1985년 10월 8일부터 11일까지 4일간 개최되는 국제통화기금(IMF) 및 세계은행(IBRD) 연차총회를 서울로 유치하고 그 장소를 힐튼호텔로 결정해놓고 있었다. 세계 각국 149개 회원국에서 오는 3천 명이 넘는 경제전문가들에게 힐튼호텔 주변의 모습을 그대로 보일 수는 없었다. 경제기획원·재무부·서울시가 숙의하여 이곳 재개발을 토지개발공사가 담당해야 한다고 통고한 것은 1983년 1월 19일이었다.

토지개발공사에서 여러 가지로 검토해보았으나 도저히 재개발을 실시할 자신이 서지 않았다. 택지를 조성해서 공급하는 기능만을 가진 토지개발공사가 양동 재개발사업에 뛰어드는 경우, 토지·건물 소유자가 감정평가액에 불만을 품고 보상에 응해오지 않을 때는 어떻게 하느냐, 토지·건물의 강제수용 및 행정대집행 등으로 공사가 장기화될 경우는 어떻게 해야 하는가, 윤락여성·넝마주이·앵벌이·무호적자·맹인자활회원 약 550명을 어디에 수용하고 그들의 생활보호는 어떻게 하는가.

토지개발공사는 근거법률인 '한국토지개발공사법'이 개정되기 이전에는 이런 사업에 참여할 방법이 없다고 하여 '사업시행자 지정보류'를 요청했다. 시행자 지정이 취소된 것은 1983년 9월 23일이었다.

그러나 1984년 3월 24일에 개최된 경제장관협의회는 "사업시행으로 발생하는 손실에 대하여는 서울시가 전액 보전한다. 서울시가 보전이 어려울 때는 중앙정부가 50%를 보전해준다. 세입자 처리라든가 이주대책 등의 문제는 서울시에서 처리토록 한다"는 조건을 붙여 토개공이 이 사업의 시행자가 될 것을 다시 결정했다.

토지개발공사 직원들이 실지조사를 하기 위해 현장에 간 것은 1984년 4월 초였다. 그러나 그들을 기다리고 있는 것은 '영세 세입자들의 집단 항거'였다. 조사원들은 현장에 들어가보지도 못하고 쫓겨나고 말았다. 그로부터 1년간에 걸친 끈질긴 설득과 협의가 계속되었다. "세입자대책도 세워주겠다" "영업권도 보상해주겠다" "주민등록이 되어 있지 않은 주민들에게도 응분의 보상을 해주겠다" "영업허가도 받지 않고 적법한 신고도 하지 않은 사실상 영업자에 대해서도 응분의 보상을 하겠다" "맹인 등 신체장애자에 대해서는 별도의 대책을 수립하겠다"는 등의 설득과 협의였다.

토지·건물의 소유자, 그리고 적법한 영업권 소지자는 크게 문제가 되지 않았다. 감정평가위원회에서의 결정과 법령에서 정하는 바에 의해서 처리되었다. 문제는 세들어 사는 이른바 세입자였다. 총 1,699개 가구 중 건물주는 92개 가구뿐이었고 1,607개 가구가 세입자였다. 그 중 321개 가구는 아예 주민등록조차 없었다. 이렇게 주민등록이 없는 321개 가구, 647명 중 독신자가 310명, 동거인이 10명이었다. 주민등록이 되어 있는 1,286가구 중 맹인 가구가 74개 242명, 신체장애자 가구가 43개 121명이었다.

다행히 일반세입자 문제는 마침 동시에 진행되고 있는 목동지구 세입자 이주대책의 예에 따라서 처리되었다. 1985년 3월 18일에 결정된 이 방안에 따라 임대아파트 입주권(방 1개)과 이주보조금 지급, 지방이주지원 등 중에서 개개인의 희망에 따라 하나의 방안씩이 채택되었다. 맹인·신체장애자 중 가구를 형성한 자는 상계동 장애재활원에 수용되었으며 독신자는 강서구 대린원에 수용되었다. 윤락여성은 동부여자기술원에 입소시켰다. 서울시·중구청·동사무소·남대문경찰서·경찰관파출소의 헌신적인 협조가 있기는 했지만 토개공 직원들의 인내와 집념은 높이 평가되어야 한다.

일체의 보상, 이주, 지장물철거가 완료된 것은 1985년 7월 11일, IMF/IBRD 총회가 개최되기 3개월 전이었다. 그것으로 토개공이 맡은 역할은 끝난 것이나 만찬가지였다. 그후 그 땅은 만 5년간이나 서울시에 관리가 위탁되었고 서울시 시설관리공단에서 임시주차장으로 사용했다.

4-1지구에 건축허가가 난 것은 1990년 5월 4일이었고 5지구는 2개월 후인 그해 7월 3일에 건축허가가 났다. 1994년 12월 14일에 준공된 4-1지구, 지하 2층 지상 18층 건물은 제일제당이 일괄 인수하여 제일제당빌딩이 되었다. 5지구에 세워진 지하 4층 지상 21층 건물은 1994년 6월 18일에 준공되었고 남산그린빌딩이라는 이름이 붙여졌다. 지금 이 건물 안에는 한국이동통신·유공해운·신용관리기금 등의 회사가 입주해 있다.

일장공성 만골고(一將功成 萬骨枯)라는 말이 생각난다. 지금 이곳 제일제당빌딩이나 남산그린빌딩에 근무하는 그 숱한 직원 중 이 건물이 들어서 있는 일대의 대지가 조성되기 위해서 얼마나 많은 한숨과 피곤과 고뇌가 쌓였는지를 아는 직원이 몇 명이나 있을까를 생각해본다.

(1997. 6. 15. 탈고)

참고문헌

國土計劃學會. 1989, 國土計劃學會30주년기념, 『韓國國土都市計劃史』.
대한주택공사. 1984, 『을지로2가 재개발지구 기본계획연구』, 대한주택공사.
_____. 1985, 『을지로2가 재개발지구 분양설계조사』, 대한주택공사.
_____. 1992, 『大韓住宅公社三十年史』, 대한주택공사.
박찬홍. 1987, 「도시재개발사례연구(1) 을지로지구」, ≪건축과 환경≫ 1987년 11월호.
서울특별시. 1965, 『서울都市計劃』, 서울특별시.
_____. 1967, 『再開發地區計劃報告書(武橋地區)』, 서울특별시.
_____. 1967, 『再開發地區計劃報告書(舟橋地區)』, 서울특별시.
_____. 1971, 「小公 및 武橋地區 再開發計劃 및 調査設計(茶洞地區)」, 서울특별시.
_____. 1971, 「小公 및 武橋地區 再開發計劃 및 調査設計(瑞麟洞地區)」, 서울특별시.
_____. 1971, 「小公 및 武橋地區 再開發計劃 및 調査設計(小公地區)」, 서울특별시.
_____. 1989, 『都心部再開發事業沿革誌』, 서울특별시.
_____. 1991, 『서울都市計劃沿革』, 서울특별시.
石田賴房. 1987, 『日本近代都市計畫の百年』, 自治体研究社.
孫禎睦. 1982, 『韓國開港期都市變化過程研究』, 一志社.
岩波講座 現代都市政策 Ⅶ, 『都市の建設』, 岩波書店, 1973.
尹定燮 華甲記念論文集 編纂委員會. 1990, 『韓國의 都市研究』, 文運堂.
尹定燮·李庸求. 1967, 『都市計劃』, 文運堂.
李成玉. 1987, 『韓國都市開發』, 東明社.
日本都市センター. 1960, 『都市の再開發』, 日本都市センター.
한국건축가협회. 1994, 『韓國의 現代建築』, 한국건축가협회.
_____. 1995, 『서울의 건축』, 한국건축가협회.
한국토지개발공사. 1989, 『韓國土地開發公社十年史』, 한국토지개발공사.
기타 인구조사서, 경제백서, 경제지표 등.

을지로1가 롯데타운 형성과정
외자유치라는 미명하에 베풀어진 특혜

1. 조선호텔 신축 개관

일제시대 귀빈용 숙박시설 – 조선호텔

한마디로 서울시내라고 해도 지역에 따라 그 가치와 품격을 달리한다. 강북과 강남이 다르고 같은 강북에서도 세종로·태평로·소공동·명동과 청계천변·사대문 밖이 다르다. 사람의 몸체 중에서 얼굴 부분과 허리·다리 부분이 다른 것과 마찬가지 이치라고 생각한다.

중구 소공동이라는 지역은 흡사 얼굴의 두 뺨과 같으며 따라서 가장 아름답게 가꾸어져야 할 지역이다. 조선왕조 초기, 제3대 왕 태종은 둘째딸 경정공주를 개국공신 조준의 아들 조대림에게 출가시키면서 아담한 집을 지어주었다. 이 집이 작은공주댁 또는 소공주댁으로 불려지면서 그 마을이름도 소공주동-소공동으로 불리게 되었다.

선조 때는 작은공주댁이었던 소공동 87번지 자리에 화려한 궁을 지어 아들인 의안군 성(珹)에게 하사하면서 남별궁이라는 이름이 붙여졌다. 선조 16년(1583년)의 일이었다. 그러나 그로부터 9년 뒤인 선조 25년(1592년)에 임진왜란이 일어나자 이곳은 약 1년간 왜군의 선봉장 우키다(浮田)의 진지가 되었다가, 다음해 명나라 군사에 의해 서울이 평정되자 명장 이여송의 사령부가 되었으며 그 인연으로 그후 이곳은 명나라 사신을 영접하는 영빈관이 되었다.

광무 원년(1897년) 10월에 고종황제 즉위를 앞두고 지난날의 남별궁터에 단을 쌓고 10월 11일, 고종이 백관을 거느리고 친히 이 단에 나아가 천신에게 고제(告祭)한 뒤 황제위에 오르는 식을 거행했다. 이 단이 사적 제157호로 지정되어 있는 원구단(圜丘壇)이다. 단의 북쪽 모퉁이에 8각형 3층 건물인 황궁우(皇穹宇)를 지은 것은 광무 2~3년에 걸쳐서였으며 이 건물 동쪽에 석고단, 즉 돌북의 단이 있다. 이 단과 돌북은 광무 5년(1901년) 12월에 고종의 성덕을 찬양하기 위해 관민 유지가 발의하여 세운 것으로 그 이듬해에 준공된 것이다.

1910년에 한반도를 강점한 일제는 1911년 2월에 원구단 일대의 토지 6,750평과 건물들을 조선총독부 소유로 하고 원구단의 석축을 헐어 이곳에 지하 1층 지상 4층의 근대적 호텔을 지었다. 이 건물의 설계가는 세종로의 조선총독부 건물을 설계한 독일인 데 랄란데(George de Lalande)였다. 1903년부터 일본에 정착하여 일본 국내에 많은 작품을 남긴 그는 초대 조선총독 데라우치의 총애를 받아 조선호텔, 조선총독부 청사, 평양 모란대공원 등의 설계를 담당했다.

북유럽 근세양식에 동양 고유의 취향을 가미했다는 이 건물이 착공된 것은 1913년 4월 17일이었고 다음해 9월 30일에 준공되었다. 당시 일본 유수의 토건업자였던 시미즈구미(淸水組)가 도급을 맡아서 지은 이 건물의 건평은 583평이었고 연건평은 2,123평이었으며, 준공 당시 이 나라 최대의 크기와 중후함을 자랑했다.

일제시대의 조선호텔.

　일본에서 오는 일본인 귀빈들을 위해서는 서울에 일본식 고급여관이 몇 개 있었기 때문에 일부러 서구식 호텔을 지을 필요가 없었다. 문제는 유럽·미국 등지에서 오는 구미인 귀빈들이었다. 조선총독부 철도국에서 지어 철도국에서 운영·관리했던 이 호텔은 문자 그대로 '귀빈용 숙박시설'이었고, 일본인·구미인 귀빈이 들지 않을 때는 연회장·행사장으로 쓰였다. 그러므로 이 호텔 내에는 귀빈실 5개, 특별식당, 대연회장 그리고 무대장치까지 구비한 음악당 같은 것이 있었고, 객실은 65개밖에 없었다. 그 객실의 내용도 특별침실 10개, 상등침실 29개, 보통침실 17개, 수행원실 5개, 사환실 3개 등이었다. 일제시대 이 호텔에 투숙한 구미인 귀빈으로는 스웨덴의 구스타프 아돌프 황태자(1926. 10. 9~15), 국제연맹 만주문제조사단 빅터 리튼 백작 일행(1932. 7. 1) 등을 들 수가 있다.

　스웨덴의 아돌프 황태자가 내한한 것은 경주의 고분발굴을 참관하기 위해서였다. 그는 당시 세계적으로 알려진 고고학자였다. 그의 참관 아래 이루어진 이 고분발굴에서 황금의 보관과 그 밖의 많은 유물들이 발굴되었다. 이때 발굴된 고분은 스웨덴(瑞典) 황태자가 참관했다고 해서 서봉총(瑞鳳塚)으로 명명되어 사적 제39호 '경주 노서리고분군'에 포함되었다. 또 이때 발굴된 금관은 보물 제339호 '서봉총 금관'으로서 국립중앙박물관에 소장되어 있다.

1931년 9월 18일에 일본군이 만주에서 전쟁을 일으켜 만주전역을 강점하자 그해 12월 국제연맹 이사국회의에서 현지조사단을 파견할 것을 의결, 영국·미국·프랑스·독일·이탈리아에서 각각 조사위원 1명씩을 참가시키기로 했다. 이 5명 조사위원단의 단장이 영국인 리튼 백작이었기 때문에 이 조사단을 리튼조사단으로 이름했다. 그들은 1932년 2월 9일에 일본에 도착, 일본에서의 조사를 마치고 3월 14일에서 6월 28일까지 중국·만주에서 조사활동을 전개했다. 그들은 6월 28일에 만주를 출발, 7월 4일에 도쿄에 도착했는데 그 귀로로 7월 1일 서울에 도착, 조선호텔에서 일박한 후 7월 2일에 떠났다.

비행기여행이 일반화되기 이전, 즉 1926년의 스웨덴 황태자, 1932년의 리튼조사단 일행의 여행은 선박과 기차로 몇 달간에 걸친 장기여행이었고 그런 귀빈들의 숙박을 위해 조선호텔 같은 특수시설이 필요했던 것이다.

1945년 광복이 되자 조선호텔은 9월 8일에 서울에 진주한 미군사령관 하지 중장 이하 고급장성들의 거처로 사용되었고, 10월 16일 미국에서 귀국한 이승만 박사가 귀빈실 1호인 201호실에 투숙하기도 했다.

1948년에 미군이 떠나고 대한민국 정부가 수립된 후 잠시 교통부가 호텔로 이용하였으나, 한국전쟁이 일어나고 서울이 수복되어 미 제1군단 휘하 장병의 휴양소로 쓰이게 된 것은 1951년 4월부터의 일이었다. 먼지투성이에 텁수룩한 모습으로 호텔문을 열고 들어온 그들이 한결같이 외친 첫마디는 "샤워, 이발, 뜨거운 수프, 신선한 음식!"이었다고 한다. 그들은 대개 사흘간의 휴가를 마치고 다시 일선으로 귀대했는데 교대로 쉴새없이 들어온 장병들로 종업원들은 휴식시간조차 가질 수 없었다고 한다.

1952년 6월 8일에 한국전쟁의 휴전이 성립되고 총성이 멎게 되자 미 제1군단은 조선호텔 장병휴양소를 폐쇄했으며, 그후 호텔은 다시 미 8군 장교숙소로 사용되다가 1961년 11월에 한국정부(교통부)에 반환되었다. 1963년 8월 1일부터는 한국관광공사가 정부로부터 인수하여 운영해 왔으나 이미 시설이 낡았고 무엇보다도 객실수가 적어서 호텔로 운영 유지될 수 없는 상태였다. 1967년 1월 19일에 개최된 경제장관회의는 조선호텔을 폐쇄하여 헐어버리고 그 자리에 새로이 350실 규모의 17층 건물을 신축할 것을 결정했다.

서울 도심부의 고층화를 선도한 조선호텔

조선호텔 개축문제가 그렇게 절실했던 데는 호텔시설의 노후, 규모의 영세성도 있었지만 다음과 같은 요인이 겹치고 있었다.

첫째 일본이 1964년 4월 28일에 OECD(경제협력개발기구)에 가입하면서 일본인의 해외 관광여행이 자유화되었다.

둘째 1965년 3월 27일부터 4월 2일까지 워커힐에서 개최된 제14차 PATA 총회가 성공적으로 끝남에 따라 앞으로 많은 외국인의 한국관광이 예측되고 있었다.

셋째 1965년 6월 22일에 한일협정이 정식 조인됨으로써 많은 일본인의 입국이 전망되었다.

넷째 1966년에 제1차 경제개발계획이 끝나고 1967년부터 제2차계획이 시작되면서 외국기업의 한국투자, 외국과의 무역 등으로 많은 외국인 상사원들의 왕래가 두드러지게 나타나고 있었다.

다섯째 1970년 3월 15일부터 9월 13일까지 6개월간, 일본 오사카에서 만국박람회(EXPO 70)가 계획되어 있었으며 이 박람회 구경차 일본에 오는 해외관람객의 한국유치가 절실한 과제였다.

여섯째 가장 당면한 문제로 1970년에 아시안게임을 서울에서 개최키로 예정되어 있었고 이 대회 참가자들을 수용하는 데 워커힐만 가지고는 부족하여 새로운 대형호텔 건설이 시급하게 되었다.

당초의 계획은 1967년 5월 말까지 설계를 완료하여 6월 초에 착공하고 1969년 5월 말까지 완공한다는 것이었다. 조선호텔이 폐관된 것은 1967년 7월 6일이었다. 폐관되기 4일 전인 7월 2일에는 박정희 제6대 대통령 취임식에 참석한 '휴버트 험프리' 미국 부통령 내외가 마지막으로 이 호텔에 투숙했다.

한국정부 단독으로 높이 17층의 대형호텔을 건설한다는 것은 매우 벅찬 일이었다. 건설비도 문제였지만 선진국의 호텔 경영기법을 도입하는 일 또한 중요한 과제였다. 그리하여 일찍부터 쉐라톤이나 힐튼과 같은 외국의 저명호텔 경영자들과의 합작이 타진되고 있었다.

세계 유수의 항공회사였던 '아메리칸 에어라인'이 합작투자를 제의해 온 것은 1967년 5월 17일이었다. 5월 22일부터 6월 2일까지 8차에 걸친 협의 끝에 6월 3일에 「조선호텔 설립에 관한 합의서」가 조인되었고, 7월 24일에 한·미 양측이 각각 550만 달러씩을 투자한다는 합의서가 교환되었다. 합의서 내용은 다음과 같다.

① 조선호텔 부지는 한국관광공사의 소유로 한다.
② 한국관광공사와 아메리칸 항공사는 총자본금의 2분의 1에 해당하는 550만 달러씩을 각각 현금으로 출자한다.

신축된 조선호텔.

③ 새로 설립되는 '조선호텔주식회사'는 매년 호텔부지 임대료로 미화 17만 7천 달러를 한국관광공사에 지불한다.
④ 조선호텔(주) 이사회는 임원 5명으로 구성하되 그 중 3명은 아메리칸이 지명하고 다른 2명은 한국관광공사가 지명한다.
⑤ 이사회의 의장과 호텔 총지배인은 아메리칸측 이사 중에서 선임하고 사장은 관광공사측 이사 중에서 선임한다.
⑥ 감사는 양측에서 각각 1명씩 지명한다.
⑦ 호텔경영(인사관리 포함)은 이사회가 정하는 범위 내에서 총지배인이 책임과 권한을 갖고 수행한다.
⑧ 아메리칸은 조선호텔측에 호텔운영에 관한 최신기술 일체를 제공한다.

새 조선호텔의 기공식이 거행된 것은 1967년 10월 3일이었고 1970년 3월에 준공되었다. 건물설계를 담당한 것은 미국의 '윌리엄 테이불러'사였고 건축시공은 현대건설(주)과 삼환기업(주)이 맡았다. 새 호텔이 정식 개관한 것은 1970년 3월 17일이었다.

지하 2층 지상 18층 객실 470개를 가진 이 호텔은 우선 3개의 날개가 곡면을 이루는 Y자형 외형부터가 특이했다. 당시는 아직 관철동의 3·1빌딩, 남산 입구의 도큐호텔(현 국제보험 사옥)도 완공되지 않았을 때였으니 이 건물은 개관과 동시에 서울의 명소가 되었다.[1]

이 새 조선호텔은 '한국 최초'라는 형용사가 가장 많이 붙을 만큼 한국의 호텔문화를 선도했다. 예컨대 지금은 거의 모든 고급호텔에 시설되어 있는 뷔페식당도 조선호텔 개관 때 처음 선보인 것이다.

이 조선호텔의 신축은 그후 소공동·을지로1~3가 일대 건축물 고층화를 선도했다. 또 이 호텔 바로 서쪽에 프라자호텔이 들어섰고, 바로 뒤에 호텔롯데와 프레지던트호텔이 들어서서 이 일대가 관광호텔 타운이 된 것도 조선호텔 신축이 직접적인 계기가 되었다.[2]

---

[1] 사내들은 다방이나 술집에 가면 옆에서 시중드는 아가씨에게 "연애 한번 하자"라는 말을 예사로 내뱉는다. 잠자리를 같이 해보자는 뜻이다. 그런데 조선호텔이 처음 들어섰을 때 "연애 한번 하자"는 제의를 받은 아가씨들 중의 상당수가 "좋습니다. 그런데 조건이 있어요. 장소가 조선호텔이라면 언제든지 따라가겠어요"라고 대답했다고 한다. 조선호텔에 가서 하룻밤 자고 싶다는 것이 당시 서울시민 성인 남녀의 공통된 바람이었던 것이다.

[2] 아메리칸 항공사가 가지고 있던 조선호텔 경영권을 미국 '웨스턴호텔즈 앤드 리조트 회사'에 양도한 것은 1979년이었다. 그로부터 이 호텔의 대외명칭은 'The Westin Chosun Seoul'이 되었다.

한국관광공사가 가지고 있던 호텔부지(3,918평)와 주식지분 일체가 공매입찰의 형식으로 삼성그룹에 양도된 것은 제5공화국 때인 1983년 6월 30일이었다. 형식은 공매입찰이었지만 낙찰자는 미리 삼성그룹으로 정해져 있다는 풍문이 돌았고 그 사실이 몇몇 경제신문에 보도되기도 했다. 매각대금은 547억 846만 원이었다. 그런데 그 대금의 납부방법도 일반인의 상상을 초월하는 파격적인 것이었다. 즉 중도금(40%)은 2년에 나누어 내고 잔금(50%)은 5년 거치 후 8년간 균등 분납토록 정한 것이다. 거치기간은 1983년 6월 30일부터 1988년 6월 30일까지였고 분납기간은 1988년 7월 1일부터 1996년 6월 30일까지였다.

계약대로 이행되었다면 내가 이 글을 쓰고 있는 지금(1996년 11월)부터 약 5개

2. 1970년대 관광정책의 전환과 국영호텔 민영화

1960년대 한국의 관광사업

　1950년대 말의 우리나라에서는 '관광'이라는 용어마저 생소한 낱말이었다. 3년간에 걸친 한국전쟁으로 서울은 물론이고 대다수 지방도시도 크게 파괴되어 외국인 관광객이 오갈 수 있는 상황이 아니었던 것이다. '태백산전투사령부'니 '지리산전투사령부' 같은 것이 있어 설악산·오대산 일대, 지리산 일대에는 계속 공비소탕작전이 전개되고 있었으니 관광객 유치니 하는 것은 꿈 같은 이야기였다. 그러므로 1950년대 말까지의 관광산업은 겨우 주한 유엔군을 대상으로 한 숙박·유흥업의 범주를 벗어나지 못한 단계였다.

　관광에 관한 공식통계가 최초로 발표된 것은 1956년 말이었는데, 그해에 우리나라를 찾은 외국인은 5,200명이었고 이들로부터 획득한 관광수입은 5만 9천 달러였다고 하니, 지금의 시점에서는 쉽게 이해가 되지 않는 액수였다. 그해 우리나라 수출총액은 2,500만 달러였다.

　1961년 5월 16일에 쿠데타를 일으켜 성립한 군사정권이 1962년부터 실시한 제1차 경제개발계획에서는 관광산업의 육성과 관광진흥 지원책을 표방했지만, 1960년대 전반까지의 관광산업은 그저 그런 개념이 있구나 하는 정도를 벗어나지 못한 것이었다. 한일협정이 조인되고 한일간

　월 전에 잔금이 모두 납부된 셈이다. 정부의 소유재산을 어떤 재벌에게 불하하는데 그 불하대금을 만 13년간에 나누어 지불한다는 것이었으니 나 같은 소시민은 도저히 이해를 할 수가 없는 일이다. 이런 식의 계약조건은 관광공사 사장 정도가 결정할 수 있는 것이 아니었다. 그보다 훨씬 고위층에서 결정했을 것이다. 지금의 조선호텔은 삼성그룹에서 분리되어 신세계백화점 그룹에 속해 있다. 신세계그룹 회장 정재은의 부인 이명희는 삼성재벌 창업자 이병철의 막내딸이다.

의 국교가 정상화된 것이 1965년 6월 22일이었으니 그 이전에 한국을 찾은 외국인의 숫자는 보잘것없었다. 실제로 1965년 한 해 동안 한국을 찾은 외국인관광객은 미국인·유럽인·일본인·재일교포까지 합쳐서 3만 3,463명이었고, 그들이 떨어뜨리고 간 외화는 겨우 772만 달러에 불과했다.

한일국교가 정상화된 1960년대 후반부터 관광객의 수는 두드러지게 증가했다. 1965년의 3만 3천 명이 1966년에는 6만 8천으로, 1968년에는 10만 3천으로 증가했다. 그전까지의 관광객은 주로 미국인이었는데 1966년부터 많은 일본인과 재일교포가 들어오게 됨으로써 그 비중이 미국인을 넘어서게 되었다.

그러나 1960년대 말의 관광산업 신장에는 적지 않은 장애요인이 있었다. 해마다 예측하지 못했던 애로사항이 속출하고 있었기 때문이다. 그 한 예로 1968년을 보면 세 가지 사건이 일어났다.

첫째가 1월 21일의 무장공비 청와대습격사건이었다. 이른바 김신조사건으로 불리는 이 돌발사태는 전세계에 널리 알려져 "한국의 치안상태가 아주 불안하다. 아직 관광여행을 할 대상이 못 된다"는 인식을 전 세계인에게 심어주었다.

둘째가 일본의 해외여행 제한조치였다. 일본 운수성은 이 해 2월 23일자로 일본 공무원들의 위로출장 형태의 해외여행을 규제함과 아울러 일반인의 해외여행도 연간 1회로 한정하고 여행경비도 500달러로 제한하는 조치를 취했다.

셋째로 미국정부는 연방예산의 적자를 메우는 방안으로 1968년 회계년도에 30억 달러의 지출예산 삭감 조치를 취했으며, 이를 해외여행에도 적용시켜 국제항공요금과 해외체재비에 15~30%의 세금을 부과하는 조치를 취했다.

이와 같은 국내외적 요인들이 이 나라 관광산업 신장에 큰 걸림돌이 된 것은 당연한 일이었다. 그러나 그보다도 더한 걸림돌이 있었으니 그것은 관광시설 특히 숙박시설 미비라는 요인이었다.

'국제관광공사법'이라는 것이 제정·공포된 것은 1962년 4월 24일이었다. 국제관광공사법이 '한국관광공사법'으로 바뀐 것은 1982년 11월 29일이었다. 그리고 관광공사라는 국영기업체가 갑자기 설립된 것은 1963년 건설된 워커힐의 관리·운영이라는 당면과제 때문이었다.

관광공사가 설립되기 전, 외국인관광객의 유치와 관광시설의 관리·운영은 교통부 관광국에서 담당하고 있었고, 정부예산에 '교통사업특별회계'라는 것이 설치되어 있었다. 이 교통사업특별회계가 조선호텔·반도호텔, 지방의 철도호텔 그리고 대한여행사 같은 것을 관리·운영하고 있었다. 조선호텔이나 반도호텔의 경우 지배인에서 사환까지 모두 공무원 신분이었으니 오늘날 생각해보면 호랑이 담배 피우던 시절이었다. 공무원 신분으로 관광시설을 운영하면 첫째, 그때그때의 수요에 적응하는 기동성을 발휘할 수 없고, 둘째, 서비스의 완전을 기할 수 없으며, 셋째, 첨단의 영리행위를 할 수가 없다.

관광공사가 설립된 다음해인 1963년 1월 1일을 기하여 우선 지방에 있던 7개의 관광호텔을 관광공사가 인수했다. 온양·해운대·불국사 등 3개는 일제시대부터의 철도호텔이었고, 광주의 무등산과 속초의 설악산호텔은 1959년에, 대구와 서귀포의 2개는 1960년에 교통부에서 신축한 것이었다. 그리고 한 달 후인 2월 1일에는 대한여행사를 인수했고 4월 8일부터는 워커힐, 8월 5일부터는 조선호텔·반도호텔의 관리·운영권도 인수했다. 즉 1963년 중에 관광공사는 교통부 관광국 산하에 있던 모든 관광시설을 인수하여 이른바 관광공사체제를 굳혔다.

관광시설의 민간이양

1960년대 국제관광공사의 발자취를 보면 한 편에서는 관광시설의 축소, 민간이양을 단행하면서 다른 한 편에서는 그것을 확대해가고 있음을 알 수 있다.

제일 먼저 한 일이 7개 지방호텔의 민간이양이었다. 온양·해운대·불국사·무등산·설악산·대구·서귀포 등 7개 지방호텔은 1965년 11월부터 1967년 1월 20일까지 모두 민간에게 불하했다. 말이 관광호텔이지 오늘날의 '장급 여관'보다 못한 영세한 시설이었다. 예컨대 광주의 무등산관광호텔은 연건평이 106평밖에 안 되는 목조건물에 10개의 양실밖에 없었고 설악산관광호텔은 객실이 13개(양실 10, 온돌 3)밖에 되지 않았다. 호텔이라기보다는 오히려 간이숙박시설이라고 하는 것이 적합한 규모였다.

자유당 말기에 공보실장(장관급), 군사정권 때 공보부장관을 역임한 오재경이 제3대 관광공사 총재가 된 것은 1964년 1월 18일이었고 1965년 6월 11일까지 재임했다. 역시 자유당 말기에 내무부장관·교통부장관을 역임한 김일환이 제4대 국제관광공사 총재로 부임한 것은 1965년 6월 12일이었고 1970년 3월 23일까지 그 자리를 지켰다.

두 사람 모두 뛰어난 일꾼이었다. 오재경은 박정희 군사정권 아래에서도 공보부장관을 지낸 탓으로 박 대통령의 신임이 두터웠다. 박 대통령은 만주군대 시절부터의 선배인 김일환과는 남달리 친한 사이였고 나이가 세 살 위인 김일환을 항상 존경하고 있었다.

오재경·김일환이 제3·4대 관광공사 총재로 재직하고 있던 시기에 지방 관광호텔의 민간이양이 진행되었다. 그러나 두 총재가 모두 자기 소관업무가 축소되어가는 것을 앉아서 바라만 보는 위원들이 아니었다. 두 총재는 지방호텔을 민간에 불하한 한편, 새로운 시설확장을 과감하게

반도호텔이 중심이었던 1960년대 후반의 을지로1가(1967년 3월 3일 촬영).

전개했다. 그 첫번째가 영빈관의 인수·운영이었고 다음이 반도·조선아케이드의 신설·확장이었다.

장충단 공원의 동편, 송림이 우거진 절경의 자리에 '박문사'라는 일본식 사찰이 세워진 것은 1929년 말의 일이었다. 일제는 한반도 강제침략의 최대 공로자인 이토 히로부미의 명복을 빌기 위해 4만 1,882평의 넓은 부지에 철근콘크리트 2층, 건평 385평의 절을 지었다. 경희궁 정문이었던 흥화문을 옮겨다 정문으로 하고 종루는 소공동 원구단에 있던 석고(돌북)의 누를 옮겨 달았다. 이토 히로부미의 명복을 비는 절을 지으면서 조선왕조·대한제국과 관계 있는 사적의 파괴를 자행했던 것이다.

이 절터에 외국귀빈의 숙소를 지으라고 지시한 것은 이승만 대통령이었고 1959년 1월부터 공사가 시작되었다. 그러나 바로 4·19가 일어났고 이어서 5·16군사쿠데타가 일어났으니 공사추진이 중단되어 있었다. 영빈관이라는 이름의 이 건물을 빨리 지어 마무리하라는 박정희 대통령의 강한 지시가 내린 것은 1965년 2월이었다. 총무처 산하에 영빈관건축추진위원회가 구성되었고 2년간의 공사 끝에 1967년 2월 28일에 준공을 보았다. 이 시설은 준공되는 그날로 관리·운영이 관광공사에 위탁되었고 1972년 8월 10일까지 관광공사가 경영했다.

반도호텔과 조선호텔에 투숙하는 외국인관광객의 쇼핑편의를 위한 시설로 반도조선아케이드라는 것이 두 호텔 사이의 공간에 건설되어 개관한 것은 1965년 1월 23일이었다. 오재경 총재의 구상으로 건설된 이 아케이드는 연면적이 2,300여 평에 달하는 2층짜리 철근콘크리트 구조물이었는데 그것이 개관될 때는 박정희 대통령, 윤치영 서울특별시장이 직접 임석하여 개관테이프를 끊었다. 외국인관광객을 위한 쇼핑센터가 없던 시대였으니 이 아케이드에는 연일 내외국인이 몰려와 대성황을 이루어 초창기 쇼핑관광은 물론 외화획득에도 크게 이바지했다. '아케이드'라는 낱말 자체가 이때 처음으로 들어와서 정착되기 시작했다.

개관하고 나서 4~5년간 서울명물의 하나였던 반도조선아케이드도 1960년대 후반에 들어서면서 점점 쇠퇴해갔다. 시내에 세운상가·신세계·미도파 등의 백화점들이 새로 단장하여 그 모습을 바꾸자 아케이드를 찾는 고객들의 수가 격감되었던 것이다. 김일환 총재는 1·2층 영업을 계속케 하면서 새롭게 지하층과 3·4층 증축을 계획했다. 새롭게 승강기와 에스컬레이터도 설치하도록 했다. 1969년 3월에 착공된 이 증축공사는 그해 12월 31일에 완공되었다. 3·4층의 새 점포 입주자는 이미 결정되어 있었고 2월 26일에 전관 개관이 예정되어 있었다.

아케이드에 화재가 난 것은 증축공사 완료 후 2주일 정도가 지난 1970년 1월 17일 새벽 6시 17분경이었다. 아케이드 북쪽 끝부분에 바로 이웃하여 팔레스호텔이라는 건물이 무허가로 지어지고 있었는데, 그 공

1960년대 후반 반도조선호텔과 반도아케이드 전경.

사장 현장사무소에서 일어난 불이 아케이드에 인화되었던 것이다. 소방차의 도착도 늦은 데다가 근처에 있는 13개 소화전의 물이 얼어붙어 제 구실을 하지 못했다. 소방차가 싣고 온 물을 다 쓰고 난 뒤부터는 불타는 모습을 물끄러미 쳐다볼 수밖에 다른 방법이 없었다고 한다. 점포와 점포 사이는 방화벽이 아닌 베니어판으로 가려져 있었으니 불길은 거침없이 번져나갔다.

이 화재는 발화한 지 3시간 반이 지난 9시 47분경에 진화되었다. 아케이드 안의 219개 점포가 깡그리 불타버렸고 콘크리트 구조물만 앙상하게 남았다. 박경원 내무부장관, 백선엽 교통부장관, 김현옥 서울시장, 최두열 치안국장, 김일환 관광공사 총재 등이 모두 달려와서 지켜보고 있었지만 소화전의 물이 나오지 않는 상태였으니 어찌 할 도리가 없었다.

금은방 30개, 양품점 112개, 포목점 6개, 수공예품점 10개, 공예사

9개, 카메라점 2개, 인삼 등 토산품점, 다방·경양식당·이발관·미용실 등의 점포와 상품은 물론이고 그 전날의 상품 매각대금, 수표·예금통장·거래장부까지 모두가 잿더미가 되었다. 경찰은 이 화재피해액을 10억 원이라고 발표했다. 쌀 한 가마 5천 원, 신탄진 담배 한 갑에 60원, 연탄 한 장에 18원 하던 때의 일이다.

일본 오사카 엑스포 70은 3월 15일부터 개최될 예정이었고, 신축된 조선호텔은 3월 17일에 개관할 예정이었으며, ADB(아시아개발은행) 총회는 4월 9일에 서울에서 개최될 예정이었다. 조선호텔·반도호텔을 찾는 외국인관광객들의 쇼핑에 막대한 지장이 예상되었다. 쇼핑은 고사하고 그 외국인들에게 앙상한 화재터의 모습을 보인다는 것도 수치스러운 일이었다.

화재피해보상, 긴급복구를 위한 관계부처 합동회의가 청와대 경제담당 수석비서관 주관 아래 개최되었다. 1월 24·26·27일, 이렇게 연거푸 열린 회의에서 합의된 바에 따라 긴급복구가 시작되었으며 4월 1일에 그 일부가 복구되어 개관했다. 아케이드 1~4층이 완전복구된 것은 그 해 7월 21일이었다.

김일환이 관광공사 총재직에서 물러난 것은 아케이드 화재 후 약 두 달이 지난 3월 24일이었고, 그날로 공군참모총장을 지낸 장성환이 제5대 총재로 임명되었다. 김일환의 경질을 반도조선아케이드 화재책임을 물은 결과라고 볼 수는 없다. 왜냐하면 그때까지 한국전력(주) 사장으로 있던 정래혁이 3월 17일자로 상공부장관이 되어 한전사장 자리가 공석이었고 김일환이 그 후임으로 내정되었던 것이다. 주주총회 등의 절차를 거쳐 김일환이 한전사장이 된 것은 4월 24일이었다. 그러나 김일환 관광공사 총재의 경질이 한국 관광정책의 대전환을 예고하고 있었던 것임은 틀림없다. 관광정책을 크게 바꾸기 위해서는 김일환과 같은 정력가를 관광공사 총재의 자리에 그대로 둘 수가 없었던 것이다.

1970년대 관광정책의 대전환

박정희 대통령이 관광정책의 대전환을 결심한 시기가 언제였는지는 정확히 알 수 없다. 아마도 1969년 하반기부터였을 것이고 1970년 1월 17일 반도조선아케이드 화재사건이 일어난 것을 계기로 그 결심이 굳어진 것으로 추측된다.

관광정책의 전환이라 함은, 첫째, 국영기업체인 관광공사가 호텔·여행사와 같은 관광시설을 직영하는 체제를 지양하고 관광업체 지원·홍보·요원교육 등 관광진흥업무만을 전담토록 한다. 둘째, 대한여행사·반도호텔·워커힐·영빈관 등의 시설을 민간기업에 불하하여 운영의 합리화는 물론 시설의 대형화·국제화를 유도한다. 셋째, 경주·제주·설악산 등 관광자원을 정비 개발한다는 등이 그 내용이었다.

1971년은 제2차 경제개발계획이 마무리되는 해였고 1972년부터는 제3차 5개년계획이 시작될 것이었다. 한국의 수출규모도 점차 확대되어 가고 있었다. 1969년 2월 28일에는 국영기업체였던 대한항공공사(KAL)를 한진상사에 불하했다. 그 6월 10일에는 서울-부산 간에 '특급관광호' 열차가 운행되어 그전까지의 소요시간 5시간 30분이 4시간 45분으로 단축되었다. 부산-일본 시모노세키를 왕래하는 부관(釜關)페리주식회사가 설립된 것은 1969년 8월 30일이었다. 경부고속도로 완공도 1970년 7월로 예정되어 있었고 제주도 5·16도로의 건설도 추진되고 있었다. 관광산업진흥에 의한 외화획득의 중요성을 박 대통령 스스로가 절감하게 된 것이다.

1970년도 예산안이 국회에 제안된 것은 1969년 11월 25일이었다. 이

날 정일권 국무총리에게 대독시킨 대통령 시정연설에서 "정부는 경제체질의 개선 강화를 도모하기 위해서 산업의 합리화와 기업의 대규모화로 국제경쟁력을 강화할" 것을 천명하고 있다. 그리고 1970년 1월 1일에 발표한 대통령 신년사에서도 "경제의 규모나 단위, 그리고 평가의 기준은 모두 국제적인 수준에서 다루어져야 하며 (……) 경영기술의 국제수준화는 무엇보다도 급선무로서 집중적인 노력을 기울여야 한다"고 다짐하고 있다. 관광시설의 민영화·대형화·국제화 의지가 포함되고 있는 글귀들이다.

부관페리호가 부산에 첫 입항한 것은 1970년 6월 17일이었고, 7월 7일에는 경부고속도로가 개통되었다. 12월 13일에는 속초·포항·진주(사천)·진해·목포비행장이 설치되었다. 관광진흥에 관한 여건들이 점차 성숙되어가고 있었던 것이다. 1971년에 들어서는 그 움직임이 더욱더 활발해졌다. 먼저 1월 18일자 법률 제2285호로 관광사업진흥법이 개정되어, 관광객에게 관람료를 징수하는 근거, 관광호텔 등급제, 관광종사자 양성기관 설치 등이 새롭게 규정되었다.

부산 – 여수 간 쾌속선 엔젤호가 취항한 것은 1971년 3월 26일이었다. 한려수도 관광이 한결 쉬워졌다. 6월 12일에는 경주관광종합계획이 확정되었다. 8월 25일에는 관광공사가 작성한 반도호텔·워커힐 민영화계획안이 교통부·경제기획원 등 관계부처에 보고되었고 11월에는 청와대에 관광개발계획단이 설치되었다. 12월 1일에는 영동고속도로가 개통되었다. 박 대통령은 12월 22일에 의정부·동두천·오산 등 유엔군 군사기지 주변의 정화를 지시했다.

퇴계로 2가에 있는 대연각호텔에 화재가 난 것은 1971년도 저물어가는 12월 25일 크리스마스 아침이었다. 9시 25분에 2층 커피숍에서 일어난 불은 그날 밤늦게까지 계속되어 지상 21층이 전소되었다. 28일까지 판명된 사망자는 모두 162명이었고 일본인 8명, 재일교포 5명, 중국인 2명, 미국·터키·인도인 각 1명씩이 포함되어 있었다. 이 화재는 한창 불타고 있는 실황이 일본·미국·프랑스 등 전세계에 TV로 방영되었고 세계 각국의 신문·잡지가 앞다투어 보도했다. 세계 관광호텔의 화재 역사상 최대·최악의 사건이었으며 관광한국의 이미지를 일시에 땅에 떨어뜨려버렸다.

대연각호텔은 극동건설(주) 사장 김용산이 내외자 17억 8천만 원을 들여 1967년 10월에 착공하여, 1969년 4월 30일에 준공한 지하 2층, 지상 21층의 대형건물로서 화재 당시 조선호텔·도큐호텔과 더불어 국내 최대의 관광호텔이었다.

한라산 허리를 동서로 가로질러 제주시와 서귀포시를 직선으로 연결하는 도로가 개통된 것은 1972년 1월 1일이었다. 박 대통령은 이 도로를 '5·16도로'라고 이름지었다. 건설부 산하의 '경주개발건설사무소'가 설치된 것은 1월 5일이었고, 농림부 농정차관보로 있던 양윤세가 청와대 관광진흥 담당비서관으로 기용·발령된 것도 1972년 1월 초였다. 그후 양윤세는 청와대 관광개발계획단을 지휘하면서 관광정책의 기틀을 잡아갔다. 제주관광종합계획이 수립 발표된 것은 양윤세가 청와대에 들어간 지 약 한 달 후인 2월 16일이었다.[3]

국영호텔 민간불하로 형성된 호텔재벌들

1960년대 후반부터 1970년대 전반에 걸쳐 많은 국영기업체가 민간기업에 불하되었다. 이 불하과정에 참여한 기업은 재벌로 성장할 수 있었고 탈락한 기업은 쇠퇴의 길을 걸어야 했다. 이 불하를 둘러싸고 대기업

---

[3] 양윤세는 1974년에 주미공사, 1979년에 동력자원부 장관이 되었다.

상호간에 치열한 경쟁, 맹렬한 로비작전이 전개되었음은 물론이다.

일제시대부터 국내외 운송업을 독점해왔던 대한통운이 건설업체인 동아건설(주)에 불하된 것은 1968년 7월 6일이었다. 대한항공공사(KAL)가 한진상사 조중훈에게 불하된 것은 1969년 2월 28일이었다. 외형상은 공매입찰의 형식을 취했지만 사전에 인수자가 정해져 있었고 내용은 수의계약이나 다를 바 없었다. 아마 박 대통령과 그 측근들은 평소의 통치자금 상납실적, 정부에의 협조 등 여러 가지 상황을 종합하여 대기업간에 이권과 특혜가 균등배분되도록 고려한 것이 아닌가 추측된다.

반도호텔·워커힐·영빈관의 불하에도 그와 같은 고려가 면밀하게 깔려 있었을 것이다. 현대건설에는 경부고속도로 총 428km 중 102km(약 24%)의 시공을 담당케 했으므로 국영기업체 불하를 고려할 필요가 없었다. 럭키에게는 1967년 5월에 호남정유(주)라는 엄청난 특혜를 주었으므로 국영호텔 분배에서는 제외시킬 수 있었다. 대우에 대해서는 그 밖에도 항상 배려를 하고 있었으니 굳이 호텔까지 불하할 필요는 없었다. 삼성과 선경, 그리고 재일교포 기업가 신격호가 남았다.

나는 1960년대 후반부터 70년대 전반까지의 상황을 면밀히 고찰하면서 '특혜 또는 이권의 배분'에 관한 박 대통령의 배려는 실로 천재적인 것이었다고 생각한다. 물론 정보기관에 의한 면밀한 조사·분석자료가 밑바닥에 깔려 있었을 것이다.

국영호텔 불하에 관한 종용과 흥정은 1970년의 후반부터 시작되었다. 불하받을 의사가 있는가 없는가의 타진, 불하를 받은 후의 구체적인 발전계획, 그리고 반대급부(통치자금)의 액수 등이 신중히 극비리에 검토되었다. 경제부 기자출신의 박병윤이 1982년에 발간한 『재벌과 정치─한국재벌성장 이면사』는 '국영기업체 불하에 얽힌 뒷이야기'를 다루면서 다음과 같이 기술하고 있다.

국영기업체 불하가 매번 시끄러운 것만이 아니다. 삼성의 영빈관 인수나 선경의 워커힐 인수는 감쪽같이 넘어가버렸기 때문에 경합이고 뭐고 벌일 여유도 없었다.

대지면적 19만 평, 26개의 호텔시설이 건립되어 있는 워커힐이 공개입찰의 형식을 빌려 선경개발에 불하된 것은 1973년 3월 6일이었다. 관광공사의 자산매각 예정가격이 26억 3천만 원이었는데, 선경은 26억 3,200만 원에 응찰했다. 불과 200만 원의 차이였으니 사전에 예정가격이 알려져 있었음은 분명한 일이다. 연건평 1,097.3평인 영빈관과 그 주변임야 2만 7,883평의 공매입찰은 1973년 7월 3일에 실시되었다. 삼성 재벌의 자회사였던 (주)임피어리얼이 28억 4,420만 원에 낙찰했다. 오늘날 세계적인 명성을 얻고 있는 '호텔신라'는 이렇게 탄생되었다.

1973년 4월 26일자 서울의 주요 일간신문은 일본의 롯데그룹 신격호 회장이 호텔사업을 위해서 신청한 외국인투자 및 차관 인가신청서가 경제기획원 외자도입심의위원회 의결로 통과되었다는 것을 대대적으로 보도했다. 이 시점에 반도호텔 매각이 결정되었던 것이다.

3. 일본 롯데자본의 한국유치

신격호 – 시게미쓰 다케오

신격호(辛格浩)가 자서전을 쓸 때 또는 누군가가 그의 전기를 쓰게 될 때 그의 생년월일을 며칠로 할 것인가는 흥미로운 일이다. 지금까지 신격호의 발자취를 쓴 3개의 기록이 내 앞에 있다. 1987년에 발간된 『롯데알미늄 20년사』, 1989년에 나온 『롯데건설 30년사』, 그리고 1993년에 발간된 『호텔롯데 20년사』가 그것이다. 이 3권에서 모두 신격호는 "1921년 11월 3일 경상남도 울주군 삼남면 둔기리에서 부친 신진수 씨의 5남 5녀 중 맏이로 태어났다"고 기술하고 있다.

그러나 한국에서 최근에 발간된 몇 개의 인명사전 그리고 일본에서 발간된 『현대인명정보사전』(1987년 판)에 의하면 "1922년 10월 4일생"으로 기록되어 있다. 내가 그의 호적등본을 조회해보았더니 그의 당초의 생년월일은 1921년 10월 4일이었다. 여기서 그의 '당초의 생년월일'이라고 한 것은 그는 1972년에 서울민사지방법원에 신청하여 그의 생년을 1922년으로 정정하고 있기 때문이다.

그의 생가의 사진을 보면 신격호의 아버지 신진수는 결코 유복하지는 않았지만 그렇다고 빈한하지도 않은, 중농 정도의 농민이었던 것 같다. 그러나 모두 10남매의 자식을 키우기란 여간 힘든 일이 아니었을 것이며 따라서 장남인 신격호는 대단히 빈한한 생활을 체험하면서 자랐을 것이다.

향리에서 초등교육을 마친 그는 군청소재지였던 울산읍에 나가 2년제 농업실수학교에서 수학했다. 현재는 인구 100만을 넘어 광역시가 될 만큼 크게 발전하였지만 신격호가 성장하던 당시의 울산군 내에서는 이 학교가 가장 상급학교였다. 1936년에 농업실수학교를 졸업하자 멀리 함경북도 명천군 내의 종양장에 가서 1년간 연수교육을 받고 돌아와 경남도립 종축장의 기사가 되었다. 농업실수학교를 졸업할 때 발군의 성적이었기 때문에 얻어진 출세코스였다. 그 길을 그대로 걸었다 할지라도 훗날 도의 축산과장이나 군수 정도는 능히 되었을 것이다.

그는 경남도 종축장에 근무하던 1939년 12월 같은 고향마을에 살던 노순화와 결혼해서 1942년 10월 첫딸 영자를 낳았다. 그가 고학을 결심하고 일본에 건너간 것은 결혼한 지 1년 반이 지난 1941년 봄의 어느 날이었다. '불타는 향학열'보다도 뱃속에서부터 타고난 그의 왕성한 혈기가 시골 종축장에서 소·돼지를 상대하는 나날을 견디지 못했을 것으로 추측된다.

그가 일본에 건너갈 때 그의 이름은 시게미쓰 다케오(重光武雄)였다. 1940년에 일제에 의해 강요된 이른바 '창씨개명'으로 신격호는 '시게미쓰 다케오'로 바뀌어 있었다.[4]

그가 일본에 건너간 초기에는 우유배달을 하면서 간다에 있는 속성 예비학교를 다녔다. 중학교 졸업장이 없었으니 전문학교나 대학에 진학할 수 없었던 것이다. 여하튼 그의 고학은 계속되었고 우유배달·육체노동 등 닥치는 대로 일을 하면서 학업을 계속했다. 1941~46년에 일본이 태평양전쟁을 일으켜서 도쿄가 수없이 되풀이하여 처참한 공습을 당해 쑥대밭이 되었고, 극심한 식량난·물자난을 겪는 가운데서 그가 겪어야 했던 생활체험을 가식 없이 기록한 자료가 전혀 없다. 훗날 그가 자서전을 쓴다면 이 기간의 생활을 어떻게 기술할 것인가가 궁금해진다.

아마도 몇 번이나 기아선상을 헤맸을 것이고 인간 이하의 생활을 감내했을 것이다. 그리고 그 과정에서 가지지 않은 자의 서러움, 나라를 잃은 백성의 비애를 절감했을 것이다. 특히 쉽게 오가지 못하게 된 고향에 처자식과 9명의 어린 동생을 둔 장남으로서의 그의 감정은 처절했을 것이다. 나는 1941~46년의 그의 생활체험에 오늘날 탐욕이라는 말로 표현할 수도 있을 그의 재산증식욕구, 그리고 한국인이면서 일본인인 그의 양면성의 원점이 있는 것으로 생각한다.

여하튼 그와 같은 극한상황 속에서도 그의 학력은 쌓여 와세다실업학

---

4) 당시 영산 신씨의 창씨명은 '辛'의 별칭이 重光이었기 때문에 대개가 시게미쓰(重光)였다(辛은 甲乙丙丁과 더불어 十干에 속한다. 古代의 十干은 單字가 아니었고 두 개의 한자로 되어 있었다. 古甲子라고 한다. 甲은 閼逢이고 辛은 重光이었다. 雅爾에 '太歲在辛 以重光'이라고 한 것은 바로 그것을 설명한 글이다).

교, 와세다공업고등학교 응용화학과를 이수했다. 그의 경력을 기록한 앞서의 책들을 보면 "1946년에 와세다대학 이공학부를 졸업했다"고 기록되어 있지만 그의 최종학력은 '와세다고등공업학교'였다. 물론 와세다고등공업학교는 그 후의 학제개편으로 와세다대학 이공학부에 흡수되어버렸으니 이공학부 졸업이라는 표현이 전혀 틀리지는 않는다. 여하간 고학으로 고등공업학교를 졸업했다는 것 자체가 대단한 것이었고 결코 범인이 할 수 있는 일이 아니었다.

일본 제과업계의 판도를 바꾸어놓은 롯데제과

1946년 3월에 와세다 고등공업학교를 졸업한 신격호는 두 달 후인 5월에 도쿄시내 스기나미쿠 오기구보 4의 82번지에 '히카리특수화학연구소'라는 것을 설립했다. 전쟁이 끝나서 재고가 많았던 군수용 기름을 원료로 빨래비누·세숫비누·포마드·크림 등을 만들어 팔았다. 커다란 솥에다 응고제와 약간의 향료를 혼합하여 고체화시키는 간단한 공정이었다. 조악하기 이를 데 없는 비누였지만 워낙 일용품이 부족했던 때라 만들기가 무섭게 팔려나갔다. 밥 먹을 짬도 없을 정도로 수요가 많았다. 이 공장을 설립한 지 1년도 채 못 되어 신격호는 상당한 거금을 모을 수 있었다.

껌을 주상품으로 하는 '주식회사 롯데'가 출범하게 된 것은 1948년 6월 28일이었다. 종업원은 10명, 자본금 100만 엔이었다. '롯데'라는 상호는 그가 일찍이 읽고 감동을 받았던 괴테의 소설 『젊은 베르테르의 슬픔』의 여주인공 '샤롯데'에서 땄다고 한다. 이렇게 시작한 그의 사업이 크게 성장한 것은 1950년대 한국전쟁을 계기로 한 일본경제의 경이적인 고도성장이라는 시류를 탄 결과이기도 하지만, 그보다는 더 큰 것은 대담한 유통구조의 개선과 TV 등 매스미디어의 이용이었다.

중간상인·도매상을 통해서 소매상까지 가는 종래의 유통구조를 무시하고 오토바이·자전거를 통해 제조회사 - 소매점으로 직통하는 방법을 쓰는 한편으로 대담한 광고행위, 특히 일본 문화방송 개국에 맞춘 '미스 롯데 선발대회'에 이은 '1천만 엔 현상금세일' 그리고 프로야구단 '롯데 오리온즈'의 발족 등으로 롯데의 이름과 그 제품을 극히 짧은 기간에 일본 최고·최대의 제과업체로 급성장시켰던 것이다.

일본의 제과업이 대량생산체제에 들어간 것은 1907년부터의 일이었다. 모리나가(森永)제과(주)가 캬라멜·초콜릿 등을 공장생산하기 시작했던 것이다. 메이지(明治)제과(주)가 설립된 것은 1916년이었다. 그로부터 1950년대까지의 일본 제과업계는 모리나가·메이지의 2개 회사가 시장을 양분하고 있었다. 시게미쓰의 롯데가 껌을 처음으로 생산 판매했을 때도 일본 껌의 선두주자는 모리나가제과(주)의 '해리스'였다. 그런데 롯데껌은 얼마 안 가서 해리스를 넘어섰다.

도쿄 근교 우라와에 10만 평의 부지를 확보하여 초콜릿공장을 세워 '가나 밀크초콜릿'을 시판하기 시작한 것은 1964년 1월부터였다. 도쿄의 민간 TV 3개 회사를 통하여 1주일에 500회의 광고를 내보냈다고 하니 정말 대단한 일이었다.

여하튼 시게미쓰 다케오의 상술은 뛰어난 바가 있었고 불과 10여 년 만에 일본 제과업계의 판도를 완전히 바꾸어버렸다. 모리나가·메이지 양대 세력간에 '롯데'라는 세력이 새롭게 끼어들어 3대 세력이 된 것이다.

일본에서 1994년에 발간된 『비교 일본의 회사-식품메이커』라는 책에 의하면 1992년 현재로 일본에서 1,155억 엔어치의 껌이 생산 판매되는데 그 중 롯데가 약 760억 엔(65.8%)을 차지하여 단연코 1위, 초콜릿시장에서는 메이지제과와 1위 자리를 다투고 있고 비스킷 4위, 캔디류 5위, 냉과(冷菓)에서도 5위라고 소개하고 있다. 모리나가제과 이후 100년의 역사를 가진 일본에서 1948년에 탄생한 후발업자가 모리나가·메이지의 양대 회사를 앞질렀다는 점, 그것도 일본인이 아닌 한국인이라는 점에서 실로 대단한 일이라 하지 않을 수 없다.

1988년에 일본에서 발간된『롯데 40년사』에 의하면 일본 롯데그룹은 주 회사인 (주)롯데와 롯데상사(주)를 비롯하여 모두 19개의 회사로 구성되어 있다. 그 중에서도 특히 눈을 끄는 것은 1971년에 설립된 프로야구 '롯데오리온즈'(현재는 롯데지바마린즈로 개명) 구단이다. 일본의 12개 프로야구구단 중에서 유일한 제과업구단이며 아울러 유일한 외국인 오너의 야구단인 점에 특색이 있다. 또 우라와의 초콜릿공장 옆에 설립되어 있는 (주)롯데중앙연구소는 유전자연구, 수입의존도가 높은 식품원료의 개선, 충치예방도 되는 과자식품 연구로 주목을 받고 있다고 한다.

롯데의 한국진출과 기간산업 투자 권유

유창순이 한국은행 도쿄지점장으로 부임해간 것은 1952년 4월이었으며 1953년 10월까지 1년 반 동안 근무했다. 그때 유창순과 신격호의 만남이 있었고 그때부터 유·신의 기나긴 유착관계가 시작되었다. 그리고 유창순을 통해 재일교포 실업가 시게미쓰 다케오의 존재와 그 실력이 국내 관계·재계에 널리 소개되었다. 유창순은 그후 한국은행 부총재·총재, 경제기획원 장관, 국무총리 등을 역임하지만 그런 공직의 공백이 생길 때는 언제나 (주)롯데제과의 회장·고문, 호텔롯데 감사 등 롯데그룹과의 관계를 유지했다. 아마 팔십 고령인 지금까지도 롯데그룹의 임원을 맡고 있을 것으로 추측된다.

신격호가 국내에 투자하기 시작한 것은 1958년부터였다. (주)롯데와 롯데화학공업사를 설립하여 껌·캔디·스낵류·라면 등을 생산·판매하기 시작했다. 그리고 한일국교가 정상화된 다음해인 1966년 11월 4일에 자본금 500만 원의 동방알루미늄공업(주)을 설립했다. 알루미늄 박(箔)과 껌·과자류 포장지 및 담배 내포용 은박지를 생산하는 제조업체였다. 이 회사는 그후 롯데물산 등의 상호를 거쳐 1980년 이후부터는 롯데알미늄(주)이 되었다. 그리고 다음해인 1967년 4월 3일에 자본금 3천만 원의 롯데제과(주)를 설립하여 신격호가 사장, 유창순이 회장으로 취임했다. 일본에서 성장 발전해온 '롯데제과'의 본격적인 한국진출이었다.

　일본에서 대기업가가 되었고 엄청난 경제력을 축적한 신격호가 1966년에 알루미늄공장, 1967년에 롯데제과를 설립하기는 했지만 한국정부의 입장에서는 미흡해 보였다. 일본에서 축적한 방대한 경제력 중 상당 부분을 모국에 가지고 돌아와서 보다 과감한 투자를 해주었으면 하는 것이 제3공화국 경제팀의 바람이었고 그것은 동시에 신격호 본인의 바람이기도 했다.

　장기영 경제기획원 장관이 신격호에게 한국의 기간산업, 그 중에서도 군수산업에 투자할 것을 권유한 것은 1965년이었다. 공장부지 선정 등을 비롯하여 여러 가지 측면에서 적극 협조하겠다는 조건으로 여러 차례 권유했다고 한다. 그러나 평화산업만을 앞세우는 일본사회에서 롯데의 시게미쓰가 한국에서 군수공장을 건설하고 있다는 소문이 나면, 일본롯데가 입게 될 타격은 결코 적은 것일 수 없었으니 장기영 부총리의 제의를 완곡히 거절할 수밖에 없었다.

　그 무렵 신격호는 한국의 철강업에 뛰어들 채비를 했다고 한다. 일본 가와사키제철의 아사노 사장이 적극적으로 협조하겠다는 권유가 있었기 때문이었다. 그러나 신격호가 한국정부에 제출한 '철강공장 설립안'은 최종 검토단계에서 반려되어버렸다. 제철업은 민간차원이 아닌 정부차원에서 추진하겠다는 것이 한국정부의 입장이었다.

롯데껌 사건

한국전쟁이 끝나고 1950~60년대를 거치면서 한국국민은 극심한 식량난을 겪어야 했다. 비료공장 하나도 제대로 가동되지 않았고 벼의 종자개량도 되지 않았으니 식량의 자급자족이 불가능했던 것이다. 1962년부터 시작된 제1차 경제개발 5개년계획은 농업개발·식량자족이 그 주된 내용이었다. 절량농가니 춘궁기니 하는 개념이 이 땅에서 사라진 것은 제1차 5개년계획이 끝난 1966년부터의 일이다.

1960년대 말까지는 기본식량 자체가 부족한 시대였으니 부정식품이니 불량식품이니 하는 말도 거의 들리지 않았다. 큰 재래시장 구석에서는 아직도 '꿀꿀이죽'이라는 것이 팔리고 있었다. 음식점에서 팔다 남은 밥이나 반찬들을 한데 모아 큰 드럼통에 넣어서 끓인 것이 꿀꿀이죽이었고 지게꾼 같은 하층민은 이것 한 사발로 끼니를 때웠다.

'불량식품'이니 '부정식품'이니 '소비자보호'니 하는 말이 본격적으로 외쳐지게 된 것은 1970년에 들어서부터였다. 보건사회부와 상공부 공동주최의 '불량상품전시회'가 국립공보관에서 개최된 것은 1970년 9월 10일부터 30일까지의 21일간이었다. 빨갛게 염색한 고춧가루, 녹이 슨 통조림, 변질한 우유, 침전물이 떠 있는 청량음료, 반점이 생겼거나 냄새가 나는 식빵과 과자, 기생충이 우글거리는 쇠고기 등이 전시된 것을 보고 서울시민은 큰 충격을 받았고 분노의 소리가 들끓었다. 매스컴은 연일 불량식품·부정약품의 실태를 보도하고 다투어 고발했다.

중앙부처인 총무처에서 인사업무·연금업무 등을 취급했던 박용희가 서울시에 전입하여 보건사회국장이 된 것은 1970년 8월 3일이었다. 그는 1926년생이니 혈기도 왕성했고 무엇보다 서울특별시라는 큰 조직에서 두각을 나타내고 싶었다.

부임하자마자 중부보건소장을 시켜 중구청 관내 유명제과점의 식빵·생과자류를 수거·검사시켰다. 10월 초의 일이었다. 태극당·부산제과 등 20개 업소에서 47개 품목의 빵·생과자류를 수거·검사한 결과 그 중 22개 품목 속에 대장균·연쇄상구균·쇳가루·잔모래 등이 섞여 있는 것을 발견하고 8개 업소에 3개월간 제조정지명령을 내렸다. 10월 27일자 신문·방송은 그 사실을 크게 보도했고 28일자 사설에서도 다루었다. 많은 동료들이 신임 보사국장의 공을 치하했다.

그런데 박 국장은 실로 대담한 일을 벌이고 있었다. '부정식품단속반'이라는 것을 편성하여 10월 한 달 동안 시내 695개 식품업소의 시설을 일제히 조사하는 한편 제품 751개 품종을 수거하여 그 품질을 조사했다. 이런 투망식 조사를 하면 걸리지 않는 업소가 오히려 예외에 속하는 시대였다. 141개 업소, 227종의 부정식품이 적발되었다. 이들 업소에 대해 해당품목의 3개월간 제조정지명령을 내린 것은 11월 12일이었다. 시내의 전 식품업소가 발칵 뒤집어지는 큰 사건이었다. 박 국장은 그런 엄청난 일을 하면서 사전에 간부회의에 회부하지도 않았고 시장·부시장에게 보고도 하지 않았다.

서울시가 일시에 이런 조치를 취하면 식품업계가 위축되고 사회에 큰 물의를 일으키게 된다는 것을 미처 짐작하지 못한 점에 지방행정의 생리를 모르는 박 국장의 미숙이 있었다. 이때 3개월간 제조정지명령이 내려진 품목 속에 롯데제과(주)의 바브민트껌, 스피아민트껌, 동양제과(오리온)의 마미비스킷이 포함되어 있었다. 제품 속에서 모랫가루·쇳가루가 검출되었다는 이유에서였다. 한국을 대표하는 최대 제과업체의 간판제품이 걸린 것이다. 이 사건은 순식간에 매스컴을 탔다.

롯데와 동양은 당시 신문·방송의 가장 큰 광고주였으므로 주요 일간신문에는 광고국을 통하여 보도억제 요청을 했다. 광고국의 압력 때문에 ≪동아일보≫ ≪조선일보≫ ≪중앙일보≫ ≪한국일보≫ 등 신문에는 보도되지 않았지만, 발행부수가 많지 않은 ≪대한일보≫ ≪신아일보≫ 등의 신문에는 사회면 톱 기사로 보도되었고 각 방송사 또한 다투어 보도했다.

이 보도를 접한 온 국민이 놀랐지만 그보다 더 놀랐던 것은 서울시장 이하 서울시 간부들이었다. 신임 보건사회국장이 그런 큰 일을 벌이고 있다는 것을 전혀 알지 못하고 있던 차에 너무나 엄청난 보도가 흘러나왔으니 놀랐다고 하기보다는 오히려 당혹감을 느껴야 했다. 박용희 보건사회국장, 윤낙환 보건 2과장이 남산에 있던 정보기관에 연행되어간 것은 부정식품 보도가 나간 지 몇 시간이 지난 그날 저녁 8시경이었다.

정보기관에서는 이 행정조치의 이면에 당시 롯데제과·오리온제과와 경쟁관계에 있던 해태제과 등 다른 업체의 농간이 있었던 것으로 판단하고 그런 측면에서 조사·취조했다. 그러나 이 일에는 경쟁업체의 농간 같은 것이 있었을 리 없었다. 서울시 행정의 생리를 알지 못한 박용희가 공명심 때문에 저질러버린 과잉단속, 과잉조치였던 것이다. 중구 보건소장, 서울시 위생시험소장 등 관계관들이 줄줄이 연행되어가서 호된 조사를 받았다. 3일간에 걸친 취조가 끝나고 15일 저녁에 풀려나왔을 때 박용희·윤낙환 등은 빈사상태에 있었다.

그들이 취조를 받고 있을 때 시 간부들은 이 사건이 빨리 마무리되도록 구수회의를 거듭했다. 이 간부회의의 중심에 기획관리관이었던 손정목이 있었다. 결국 업자에게 "서울시의 행정조치가 부당하니 시정해달라"는 '소청'을 내게 하고 그것이 접수되자마자 "이유 있다고 받아들여 제조정지명령을 취소"했다. 서울시가 취한 그러한 조치에 대해 당시의 매스컴은 기사와 사설로 일제히 비난했다. 거의 모든 신문이 '강자에 약한 서울특별시정'이라는 제목의 사설을 실어 맹렬히 비판했다. 그러나 당시의 서울시 입장에서는 그렇게 하지 않으면 국장·과장·보건소장 등의 간부를 석방시킬 방법이 없었다.

문책인사가 뒤따랐다. 11월 26일자 인사발령으로 박용희 국장은 공무원교육원장으로 밀려났다.[5] 같은 날짜로 윤낙환 보건2과장, 박승익 식품지도계장은 직위해제되었고 김창순 중구보건소장, 김재묵 위생시험소장은 해임되었다. 이 사건은 '롯데껌 사건'이라는 이름으로 당시 서울시 재직자들의 뇌리에 깊이깊이 각인되었다. 거대한 자본력 앞에 서울시 행정이 얼마나 무력한가를 실증한 사건이었다.

롯데재벌의 탄생 - 1970년 11월 13일

롯데제과(주)의 주상품인 바브민트껌, 스피아민트껌, 동양제과(주)의 마미비스킷이 3개월간 제조정지명령을 받았다는 보도가 라디오와 TV를 통해 흘러나오고 있을 때 신격호는 주일대사 이후락과 더불어 KAL기로 귀국하고 있었다. 박 대통령이 이후락 대사에게 신 사장과 같이 귀국하라는 지시를 내렸기 때문이었다.

두 사람의 이력서를 보면 모두 '울산농업학교 졸업'이라고 되어 있지만 두 사람은 같은 학교 선후배간이 아니다. 신 사장이 1936년에 졸업한 학교는 2년제 농업실수학교였고, 이후락이 나온 울산농업학교는 1937년에 개교한 5년제 실업학교였다. 이후락은 1943년 11월 28일에 울산

---

5) 부임한 지 얼마 안 되어 실정을 잘 몰랐다는 이유로 이 정도로 가볍게 처리되었지만 당시 박용희의 배후에는 거물 정치인이 있었던 것으로 알고 있다. 그러나 박용희는 1976년에 서울시를 그만둘 때까지 다시는 본청 국장자리에 복귀하지 못하고 규모가 작은 구의 구청장 자리를 전전했다.

농업학교를 제3회로 졸업했다. 학교 선후배는 아니지만 두 사람의 출신은 같은 울산군으로 동향이었고 신 사장이 2년 위였으니 이후락 대사는 깍듯이 그를 선배로 모셨다. 일본 제일의 교포기업가와 주일 한국대사 사이였으니 친밀한 것은 당연한 일이었다.

신 사장이 롯데껌 제조정지명령의 사실을 알게 된 것은 김포공항에 내린 직후 즉 11월 13일 오후 4시 반경이었다. 그 길로 신·이 두 사람은 청와대로 직행했다. 대통령과의 면담예정시간에 맞춰서였다. 이때 박 대통령과의 면담에 관하여 시게미쓰 다케오는 1988년 6월 5일자 일본 ≪아사히신문≫ '비즈니스 전기'라는 난에서 다음과 같이 기술하고 있다.

> 그것은 소화 45년(1970년)의 일이었던가. (……) 이후락 부장으로부터 전화가 와서 '박 대통령이 만나자고 한다'는 것이었다. 청와대에 갔더니 이씨와 함께 대통령이 나타나 이렇게 이야기했다. "관광공사가 경영하는 반도호텔이 큰 적자 때문에 곤란을 겪고 있다. 국영기업체에 맡겨두어서는 안 되겠다. 어떻게 할 수가 없는가." 국제적인 호텔을 만들라는 이야기였다.
> 당시 나는 한국에 진출한 직후였다. 날벼락 같은 이야기에 해답을 주저하고 있었다. 그런데 이씨가 쿡쿡 찌르면서 "여하간에 이 자리에서는 예라고 대답하라"는 사인을 보내고 있었다. 도리 없이 "예. 알겠습니다"라고 대답했다.

이 회고담은 정확하지 않다. 우선 이후락은 당시에 주일대사였다. 이후락이 중앙정보부장이 된 것은 그로부터 한 달이 더 지난 1970년 12월 19일자 정부발령에서였다. 신·이 두 사람이 같은 비행기에서 내려 청와대로 직행했고 대통령 면담 후 신 사장이 반도호텔에 투숙한 것은 내가 더 정확히 알고 있다. 나는 서울시 기획관리관이었고 '롯데껌사건'의 사후수습책을 강구한 장본인이었기 때문이다. 서울시 경찰국에 의해서 신·이 두 사람의 행적이 소상하게 조사되어 서울시장에게 보고되어 있었고, 그 조사 위에서 '롯데껌사건'의 해결책이 모색되었던 것이다.

1970년 11월 13일 저녁에 있었던 박 대통령·신격호·이후락 세 사람의 청와대 회담내용을 재현해보면 다음과 같다.

"신 사장, 일본 땅에서 사업을 하느라 고생이 많지요?"
"각하, 일본에서의 고생이야 말할 필요가 없습니다. 그것은 처음부터 각오하고 있는 일이 아닙니까. 그러나 자기 나라인 한국에서 이런 대접을 받을 줄은 꿈에도 몰랐습니다. 정말로 억울합니다."
"무슨 말이요? 한국이 어떤 대접을 했다는 거요?"
"각하, 서울시가 오늘 낮에 저희 롯데제과에서 판매하는 껌을 부정식품이라고 해서 3개월간 제조정지처분을 내렸습니다. 롯데 껌은 일본시장을 제압하고 있을 뿐 아니라 동남아시아·구미각국에도 수출해서 크게 호평을 받고 있습니다. 그런 제품을 저의 모국인 한국에서 부정식품으로 판정했으니 이게 억울한 일이 아니겠습니까?"
"이 대사, 임자가 알아봐."
"알겠습니다. 바로 알아보고 조치하겠습니다."
이 대사 옆방에 전화 걸러 나가고 대화 잠시 중단. 이 대사 남산의 정보기관에 연락. 즉각 조사하고 조치할 것을 지시. 이 대사 자리에 돌아옴.
"즉각 조사해서 조치하라고 지시했습니다."
"그건 조치하라고 했으니까 곧 해결되겠지. 그런데 내가 신 사장 좀 보자고 한 것은 다름이 아니라 반도호텔 말이요. 잘 알다시피 반도호텔은 관광공사가 맡아서 경영하고 있는데 실적이 좋지 않아요. 국영으로서는 안 돼. 그 옆에 있는 국립도서관도 불하해줄 테니 신 사장이 맡아서 세계 어디에 내놓아도 손색이 없는 관광호텔을 지어서 경영해주시오. 정부가 할 수 있는 모든 지원을 해주겠소."
신 사장 잠시 망설이다가 이후락 대사의 사인을 받고 대답했다.
"알겠습니다. 각하의 뜻하시는 바에 따르도록 하겠습니다."

1970년 11월 13일, 이 날은 신격호에게 운명의 날이었다. 비록 롯데 껌이 불량식품으로 판정이 되는 수모의 날이었지만 그날은 바로 한국에 '롯데재벌' 탄생이 결정되는 날이었던 것이다.
신격호의 모국투자를 권유하고 설득했으며 이를 환영하고 지원을 아끼지 아니한 것은 박정희·이후락·유창순 등만이 아니었고, 김종필·정일권·박종규 등 당시 권좌에 있었던 모든 사람들의 공통된 바람이고 자세였다. 그것은 당시의 신격호가 사실상 일본인과 다름없었고 일본 부인 몸에서 난 두 아들이 자라고 있었기 때문에 그의 재산의 거의가 당연히 일본에 귀속될 처지에 있었다. 당시 한국정부 요인들 입장에서는 그가 일본에서 모은 막대한 재산의 일부만이라도 모국에 투자하게 하고 모국에 부동산의 상태로 남겨두게 하려는 속셈이었다.

내가 서울시 도시계획국장으로 있던 1973년 10월에 당시의 양택식 시장과 함께 총리실로 불려가서 김종필 총리로부터 호텔롯데 건설에 모든 지원을 아끼지 말 것을 지시받았을 때 김 총리가 강조한 것이 바로 그 점이었다. 즉 신격호가 일본에서 그리고 일본인으로서 모은 재산이니 '모국에의 재산반입'이라는 차원에서 다루어야지 결코 일개 기업을 지원한다는 차원이 아니라는 점이었다. 당시 김 총리의 어조가 워낙 강했기 때문에 나는 그후 오랫동안 신격호가 일본에 귀화한 것으로 착각하고 있었다. 그가 일본인 시게미쓰 다케오가 아니고 한국 국적을 가진 신격호임을 알게 된 것은 이 글을 쓰기 위해 각종 자료를 수집하던 1994년의 어느 날이었다.

1994년 말 호텔롯데는 2,017개의 객실을 갖춘 세계 10위권의 호텔로 성장했다. 그리고 1994년은 49만 6,076명의 외국관광객을 투숙시켜 3억 3천여만 달러의 외화를 획득했다. 그 공로로 신격호는 1995년 9월 27일, 서울 힐튼호텔에서 열린 관광진흥촉진대회에서 금탑산업훈장이 수여되는 영예를 입었다. 신격호의 관광업을 한국을 대표하는 '굴뚝 없는 수출산업'으로 평가한 것이다.

롯데의 호텔건설 검토

『호텔롯데 20년사』는 "청와대에서 박정희 대통령을 만나고 일본으로 돌아간 신 회장은 일본 롯데 내에 '비원 프로젝트팀'을 구성하고 호텔 건립계획을 검토하게 하였다"라고 기술하고 있다(132쪽). 신 회장이 박 대통령을 만난 날이 정확히 몇 월 며칠이었고 어떤 대화가 오갔는지에 관해서는 20년사 편집실이 몰랐던 것이다. 또 신 회장 스스로 며칠 몇 시에 대통령을 만났고 어떤 내용의 대화가 오갔는지 밝히지 않았던 것이다.

'비원 프로젝트팀'의 비원은 '秘園'이었다. 서울 - 창덕궁 - 비원(秘苑)인데 '苑'을 '園'으로 잘못 표기한 것이다. '비원'이라는 이름에는 당분간 비밀리에 추진한다는 뜻도 내포되었을 것이다. 그들이 쓴 '비원'의 영문표기는 'PIWON'이었다. 또 이 프로젝트팀의 소속은 일본 롯데제과(주)나 롯데상사(주)가 아니었고, 각 회사에서 우수한 인재를 뽑아 모아 신 회장 직속의 'PIWON Company'라는 독립기구를 조직·운영한 것이었다. 비원 프로젝트 팀은 사업성이나 투자규모 등을 검토한 50여 쪽에 달하는 종합보고서를 내놓았는데, 호텔사업을 위한 한국에의 투자는 특별한 문제가 없으며 이 사업에 대한 전망도 밝은 것으로 나와 있었다.

비원 프로젝트팀의 보고내용을 요약하면 다음과 같다.

  위치: 서울 중구 을지로·소공동(반도호텔 및 국립도서관 등의 부지)
  투자규모: US $ 4,800만
  건물규모: 대지 6,503평(연건평 5만 920평)
          호텔(3만 4,010평) 지상 33층 지하 3층 객실수 1,205실
          백화점(1만 6,910평) 지상 9층 지하 4층
  공사기간: 32개월

반도호텔 주변은 모두 합해 약 1만 1천여 평 정도 되는 면적이었다. 지목은 대지였고, 예정부지의 소유자는 국가, 주요회사, 그리고 민간인으로 구분되었다. 이 중 롯데 소유의 부지는 중국음식점 아서원 부지의 4백여 평뿐이었고, 국립도서관 2천여 평과 반도호텔 3천여 평이 국가소유였고, 한일은행 1,300여 평과 산업은행 2,400여 평, 그리고 서울은행 등 그 밖의 회사소유지가 400여 평, 일반민간인 소유지가 약 1천여 평이었다.

4. 롯데호텔 부지확보를 위한 배려

반도호텔의 발자취

일제시대 때 함경남도 흥남에 세계 최대규모의 질소비료 공장이 있었다는 것을 기억하는 사람은 아주 많다. 또 압록강에 수풍댐이라는 이름의 수력발전시설이 건설되었다고 하는 것도 거의 모든 사람이 알고 있는 사실이다. 흥남에 본거를 두었던 일본질소비료(주)의 소유주였고, 압록강에 수풍댐을 건설하여 그것을 관리·운영한 회사의 소유주였던 사람이 노구치 시다가후(野口 遵)였다.

1942년에 조선 산업 전분야에 걸쳐 일본 본토자본이 점하는 비율은 74%에 달하는데, 그 중에서 노구치의 일본질소계열 자본이 36%를 점한다는 통계가 있다. 말하자면 당시 조선반도 전산업자본의 36%를 노구치 자본이 차지하고 있었다는 것이다. 1930~40년대를 통해 조선에서 노구치는 '일본질소왕국'을 구축하고 있었고 물론 한반도 최대 최고의 재벌이었다. 일본에서도 능히 10위권에 들어가는 대자본가였다.

1930년대 전반기의 어느 날, 노구치가 흥남의 공사현장에서 입고 있던 모습 그대로인 점퍼와 당꼬바지, 지까다비를 신은 허름한 차림으로 조선호텔을 찾았다. 숙박하기 위해서였다. 그런데 조선호텔 종업원이 그를 몰라보고 "여기는 당신 같은 사람이 출입하는 곳이 아니다"라고 가로막았다는 것이다.

당시의 조선호텔은 외국귀빈이나 일본본토에서 출장나온 고관들, 일본 - 만주 간을 오가던 기업가들이 이용하는 특수호텔이었다. 거기에다 총독부 철도국이 직영하고 있어 종업원들도 모두 콧대가 높고 격식을 따지는 총독부 관리신분이었으므로 허름한 행색의 과객을 대하자 신분도 따지지 않고 문전축객을 해버렸던 것이다.

화가 난 노구치는 조선호텔 바로 뒤 황금정(을지로) 1정목 18번지, 2천 평의 땅을 매입하기 시작했다. 연건평 6천 평 높이 8층짜리로, 당시 이 땅에서 가장 높은 건물이 들어서기 시작한 것은 1935년 가을부터였다. '조선빌딩'이라는 이름의 이 건물이 완공된 것은 1938년 이른봄이었다. 이 건물이 완공되자 노구치는 자기 사무실을 조선호텔의 높이와 같은 5층에 두고 창 너머로 조선호텔을 내려다보는 것을 즐거운 일과 중의 하나로 삼았다고 한다. 이 건물 1~5층은 그가 경영하던 회사와 임대사무실로 사용하고 6~8층은 객실을 만들어 '반도호텔'이라는 이름을 붙였다.

반도호텔이 영업을 시작한 것은 1938년 4월 1일이었다. 당시 조선에서 최고 높이였던 이 건물의 정식이름은 조선빌딩이었지만 광복 전후를 통해서 언제나 '반도호텔'이라는 이름으로 불리었다. 한꺼번에 300명을 수용할 수 있는 연회장까지 갖춘 반도호텔은 그 맞은편에 있는 미스이, 스미토모, 미스비시 지점들과 함께 일제 식민통치하 한반도 경제침략의 거점이었던 것이다.

1945년 광복이 되자 이 건물은 주한 미군사령부 및 미 제24사단 사령부가 되었고 하지 중장 및 그 휘하장교의 사무실·숙소로 사용되었다. 하지 중장을 만나기 위해 이승만·김구·김규식·김성수·장덕수 등 정계요인들이 자주 드나들어 이 나라 정치무대의 막후교섭 장소가 되었다. 우리나라의 '호텔정치'는 이곳에서부터 시작되었던 것이다.

한국전쟁이 일어난 6월 25일부터 27일까지 3일간은 전쟁의 실태를 전세계에 알려 유엔군의 참전을 촉구한 뉴스센터가 되기도 했으며, 서울이 수복된 후는 미8군 서울지구 사령부 및 장교숙소로 사용되었다.

휴전이 성립된 후인 1953년 8월에 우리 정부가 이 건물을 다시 인수하게 되자 이승만 대통령은 이 건물이 지니고 있던 일본풍을 모두 없애고 건물 전체를 서구식 호텔로 개조할 것을 지시했다. 호텔 개·보수공사는 미국인 실내장식가 디한의 설계로 육군 공병단에 의해 공사가 진행되었는데 마무리 작업은 교통부 시설국에서 맡았다.

공사가 한창 진행되던 1953년 12월에는 개관요원으로 10명을 차출하여 샌프란시스코 페이먼스호텔, 팰리스호텔, 성프란시스호텔에 파견, 연수교육을 시킨 후 1954년 10월에 문을 열었다. 200만 달러의 경비를 들여 개·보수공사를 마친 반도호텔은 밴플리트 장군이 추천한 미국인 '듀겐'을 고문 겸 총지배인으로 맞아 영업을 개시했는데 초기에는 외국인 전용호텔로만 운영되었고 미 달러화 또는 쿠폰만을 이용할 수 있었다.

이승만 대통령의 초청으로 내한한 베트남의 고딘 디엠 대통령, 미국의 험프리 부통령, 대재벌 록펠러 등이 이곳에서 묵었으며 밴플리트 장군은 아예 단골손님이었다.

한국인도 이용할 수 있게 된 1950년대 후반, 자유당시대 말기에는 이기붕 국회의장이 809호실을 자주 사용했으며 제2공화국 당시에는 장면 총리가 709·809호실에서 집무를 봐 국무회의가 열리는 장소이기도 했

헐리기 전의 반도호텔.

으니 5·16군사쿠데타 때는 장면 총리 체포의 표적이 되기도 했다.

1940년대 후반에서 1960년대에 걸친 이 나라 현대사의 숱한 비화를 간직한 이 호텔의 운영권은 1963년 3월에 교통부로부터 국제관광공사로 이양되어 1970년대까지 이어오고 있었다.

반도호텔의 주된 수입원은 객실판매, 사무실 및 점포 임대, 영업장, 식당·바·스카이라운지 등의 운영이었다. 1964년도의 운영실적을 보면, 111실의 객실 가동률이 평균 90%로 같은 시기에 관광공사가 인수한 조선호텔의 경우보다 훨씬 높았다. 이는 반도호텔이 조선호텔보다 규모가 크고 업종도 다양하여 이용객이 많았기 때문이다.

1964년 이후부터 (주)호텔롯데 설립 무렵인 1973년까지 반도호텔의 영업수익은 지속적인 신장세를 보였다. 1964년에는 연수익 2억 5천여만 원에 순익 5천여만 원에 불과하던 것이 1973년의 경우 연수익은 7억

5천만 원으로, 순익은 2억여 원으로 신장되었다. 호텔롯데 설립 직전까지 반도호텔은 관광공사의 중요한 재원조달 역할을 담당하고 있었던 것이다.

그러나 1973년 무렵의 반도호텔은 영업에 따른 외상대금의 누적으로 고전을 하게 되었고, 그것이 채산성을 나쁘게 하여 경영전반에 문제가 제기되고 있었다.

롯데의 단독응찰로 인수한 반도호텔

1973년 4월 26일, 서울의 주요신문은 롯데그룹의 신격호 회장이 호텔사업을 위해서 신청한 외국인 투자 및 차관 인가신청서가 경제기획원 외자도입심의위원회 의결로 통과되었다는 보도를 했다. 이 보도는 특히 반도호텔 일대에 국내 최고층 특급호텔을 건립한다는 소식을 같이 전했는데, 이때부터 이미 반도호텔 부지를 매입하는 작업은 진행되었던 셈이다. 그해 5월 5일에 주식회사 호텔롯데가 설립되었고, 이어 8월에는 건설부고시에 의해 반도특정가구 정비지구로 이 일대가 지정되면서 매스컴의 보도는 사실이 되었다.

반도호텔 민영화계획이 확정된 후, 호텔롯데 건립에 대한 보도가 나가고 1974년 3월부터 관광공사와 호텔롯데 간에 반도호텔 매매에 대한 구체적 협의에 들어가자 반도조선아케이드에 입주해 있던 상인들이 '반도호텔 민영화 계획을 철회하라'는 시위를 벌였다.

그런데 반도아케이드 상인뿐만 아니라 반도호텔 종업원들도 자신들의 장래에 대해 걱정을 하면서 이 계획의 보류를 요구하고 나섰다. 이 문제 때문에 종업원들의 퇴직금 부분이 반도호텔 매입금액에 추가되어 호텔롯데의 반도호텔 매입조건은 훨씬 더 악화되었다. 그러나 이미 호텔을 건설·운영하겠다는 결심을 굳힌 신격호가 이 정도의 저항에 굴복할 리가 없었다. 그와 같은 저항은 롯데가 반도호텔 매각 공개경쟁입찰에 참여하기 이전의 일이었지만 호텔롯데의 실무자들은 이 요구를 받아들여 반도아케이드 상인들에 대해 그들의 상권을 보장할 것과 반도호텔 종업원들에 대한 퇴직 등의 처우에 대해서도 충분히 납득시켰다.

반도호텔 매각입찰이 실시된 것은 1974년 6월 3일이었다. 정부가 적극 지원하고 있었으니 말이 일반 공개경쟁입찰이지 호텔롯데의 단독응찰이었음은 당연한 일이다. 낙찰가격은 41억 9,800만 원이었고 4일 후인 6월 7일에 매매계약이 체결되었다.

경영권이 이양될 당시 반도호텔의 규모는 대지 1,836평에 건평이 6,161평이었고, 8층 건물에 객실이 111개였으며 호텔 종업원은 283명이었다. 교통부가 보수공사를 해서 처음 개관하던 1953년에는 명실공히 국내 최대규모의 호텔이었지만, 20년이 지나 (주)호텔롯데에 양도될 당시에는 많이 쇠락해 있었다. 반도호텔이 문을 닫은 것은 1974년 7월 3일 오전 10시의 일이었다. 경영권 일체가 호텔롯데로 넘어간 것은 그로부터 20여 일이 지난 7월 25일이었다.

반도호텔을 매입한 (주)호텔롯데는 우선 침대·탁자·집기 등 호텔 내부 자산을 희망하는 시민에게 매각했다. 매각대금은 9천여만 원이었다. 당시만 하더라도 최고급 호텔에서 쓰던 집기는 일반시민의 입장에서는 선망의 대상이었던 것이다.

건물철거는 1974년 10월 하순부터 시작되었다. 철거를 담당한 회사는 삼부토건(주)이었고 그 대금은 3,800만 원이었다. 이 나라 현대사에 숱한 화제와 애환을 남긴 반도호텔이 역사의 이면에 완전히 묻히게 된 것은 1974년 말이었다.

국립중앙도서관 롯데에 불하

지난날 남별궁이 있던 일대의 땅 중에서 남쪽의 반을 잘라 조선호텔을 지은 조선총독부는 북쪽에 남은 땅에 총독부도서관을 세웠다. 원구단이니 석고단이니 하는 조선시대·대한제국시대의 유물을 시민들의 시야에서 영영 가려버리기 위한 방안이었다.

소공동 4번지의 2호, 5번지의 2호, 그리고 6번지의 1·4·5·8호에 걸친 1,980평의 땅에 조선총독부도서관이 건립된 것은 1923년이었으며 3월에 착공, 12월에 준공되었다. 건립비는 22만 원이었으며 1924년 4월 1일부터 개관되었다. 그것이 1945년에 광복이 되면서 그 이름이 국립중앙도서관으로 바뀌었다.

국립도서관이 시내 중심부인 소공동에 있었던 탓으로 국내에서 가장 번화한 명동에 학생들이 몰려들었으며, 인근의 무교동 일대에도 많은 학사주점과 학생들을 상대로 하는 점포들이 있었다. 국립도서관의 존재는 당시의 시인 묵객들에게도 명동과 무교동 일대를 찾게 했다. 그러나 서울의 인구수가 20여만밖에 되지 않았던 1924년에 장서 28만 권으로 시작한 이 건물은 1945년 광복 당시에는 이미 포화상태였고 도저히 국립중앙도서관으로서의 기능을 다할 수 없는 처지에 놓였다.

문교부는 1969년 3월 29일부터 도서관 청사 이전계획추진위원회를 구성하고 이전계획을 수립했다. 그리고 1970년 7월 14일에는 종합 민족문화센터 건립추진위원회에 부의하여 그 실무위원회에서 국립도서관의 건립계획이 승인된 바 있었다. 이어 1971년 12월 13일에 국립중앙도서관은 그 매각이전을 전제로 총무처 정부종합청사관리 특별회계로 건물관리 일체가 이관되었다. 정부종합청사 관리사무소에서는 1973년 5월에 당시 한창 개발이 진행되고 있던 여의도에 도서관 청사부지를 물색하

소공동에 있던 국립중앙도서관.

고 있었다. 이런 계획이 추진되고 있던 중에 청와대로부터 "남산 어린이 회관을 매입하여 그곳에 이전하라"는 지시가 떨어졌다.

중구 회현동 남산식물원 앞에 박 대통령 영부인 육영수 여사가 주관하는 어린이회관이 착공된 것은 1969년 5월 5일이었고 1970년 7월 25일에 개관되었다. 대지 600평에 지하 1층 지상 18층의 거대한 건물이었다. 당시의 모든 신문은 사회면 톱기사로 이 회관의 개관을 '동심의 궁전, 여기는 우리들 세상, 동양 최대의 어린이회관' 따위의 표제를 달아 대대적으로 보도했다.

그러나 이 건물은 개관 때부터 어린이회관으로는 부적합한 것으로 판명되었다. 접근하는 교통편이 나빴을 뿐 아니라 남산 위에 위치하여 어린이들이 올라가기에는 너무 힘든 장소였던 것이다. 박정희 대통령은 이 어린이회관을 국립도서관에서 쓰고, 소공동의 국립도서관은 호텔롯데에 매각하도록 지시했다. 정말 어이없는 지시였지만 누가 반대할 수 있겠는가.

공원용지인 남산에 어린이회관을 짓게 한 일, 그것을 국립도서관에 강제로 인수시킨 일, 도서관 건물을 호텔롯데에 매각하라고 지시한 일 등 일련의 독재행위를 당시의 어떤 매스컴도 보도하지 않았고 따라서 일반시민은 무엇이 어떻게 이루어진 것인지 전혀 알지 못했다. 제3·4공화국 정권이 어떤 것이었는지 그리고 박 대통령의 절대권력이 얼마나 대단한 것이었는가를 말해주는 사실들이다.

국립중앙도서관이 남산 어린이회관으로 가고 원래의 자리는 호텔롯데에 매각한다는 정부방침이 확정된 것은 1974년 7월이었다. 당시의 중앙정부는 다음과 같은 이유를 들어 도서관 남산 이전을 합리화하고 있다.

이전예정지의 적합성
① 위치 및 환경: 도심지에 위치하고 공원풍치지대로서 도서관에 적합함.
② 구조: 4,145여 평의 현대식 건물로서 국립중앙도서관 기능수행에 알맞도록 시설을 개조할 수 있음.
③ 자금면: 현 청사 매각대금과 대차 없이 이전이 가능함.
④ 현 청사와 이전청사와의 규모

구분	구 청사	새 청사
건립	1923. 10	1970. 7. 25
총건평	1,441평	4,145평
서고면적	593평	1,442평
장서능력	28만 권	100만 권(평당 700권)
열람석	291석	1,152석

다음달에 정부는 8억 4,600만 원에 어린이회관을 인수하고 9월부터 보수공사에 들어갔다. 어린이회관은 성동구 능동 어린이대공원 부지 중 3만여 평을 할애받아 지하 1층, 지상 4층, 연건평 5,200평의 새 회관을

지었다.

국립도서관은 정부청사였기 때문에 그 매각은 일반 공개경쟁입찰의 형식을 취하지 않을 수 없었다. 당시 수유리에 주소지가 있던 한 민간인이 들러리로 참가했다. 단독입찰을 피하기 위한 문자 그대로 들러리였다. 호텔롯데의 낙찰가격은 8억 3,600만 원이었으며 낙찰일은 1974년 11월 20일이었다. 그리고 약 10여 일 후인 12월 2일에 국립도서관은 남산으로 이전 개관했다.

남산 어린이회관을 정부가 8억 4,600만 원에 인수한 후, 국립도서관을 8억 3,600만 원에 매각하고 어린이회관 유지재단(육영재단)은 8억 4,600만 원으로 어린이대공원에 새 건물을 짓는다는 시나리오는 과연 누가 세웠을까? 컴퓨터와 같은 정확성을 지닌 부정행위가 공공연히 자행되고 있었으나 일반국민은 누구 하나 그런 사실을 알지 못하고 있었다.

사실 남산의 어린이회관 건물은 국립도서관으로서는 적합한 건물이 아니었다. 원래 도서관으로 지은 건물이 아니었기 때문에 구조적으로 적합하지 않았고, 지하에 두었던 서고가 지나치게 습하여 장서의 변질·부패가 염려되었을 뿐 아니라 그곳이 남산공원 용지라서 아무리 협소해도 증축할 수가 없다는 결함을 지니고 있었다. 이미 1970년대 말에 장서 수가 많아져 서고 수용능력이 한계점에 도달하고 있었던 것이다.

그리하여 1980년 10월 20일에 전두환 대통령이 이 도서관을 시찰하러 왔을 때 도서관측이 그러한 사정을 호소했고, 이 요청에 따라 현재의 강남구 반포동(산 94번지)으로의 신축·이전이 실현된 것은 1988년 5월 28일이었다.

특정가구정비지구 지정으로 사유지 강제매입

호텔롯데 건립 예정부지는 조선호텔과 원구단, 그리고 산업은행과 한일은행을 제외한 소공동, 을지로1가, 남대문로 등 7천여 평의 면적이었다. 반도호텔과 국립도서관 이외의 땅은 국가권력을 등에 업고 각각의 소유주로부터 반강제로 매입할 수밖에 없었다. 서울시는 이 일대의 땅을 도시계획상 '특정가구정비지구'로 지정했다. 이 제도는 한마디로 말해서 '재개발지구'의 한 특례였다. 그 상태가 아직은 양호하여 재개발지구로 지정하기에는 부적합하지만 '그 위치가 특이하여 그 외관을 바꾸어야 할 필요가 있을 때 재개발지구와 같은 공권력의 지원으로 재개발을 촉진해야 할 경우'에 지정하는 도시계획 수법의 하나였던 것이다.

이 제도를 등에 업은 군소 부지매입 과정을 차례로 고찰하면 다음과 같다.

서울은행 소유지 310평에 동국제강(주)의 5층 건물이 들어서 있었는데 이 토지·건물은 비교적 쉽게 매입할 수 있었다. 롯데의 배후에 청와대가 있었으니 은행이나 민간기업은 매각거부는 물론이고 값을 더 올려 달라는 식의 떼를 쓸 수도 없었다.

반도호텔 서편 옆길에 면하여 아서원이라는 이름의 유명한 중화요릿집이 있었다. 대지가 424평이나 되는 대형 음식점이었다. 이 건물과 부지는 신격호의 둘째동생이며 롯데공업(주) 사장이던 신춘호가 소유하고 있었으나 원소유권자들인 몇몇 화교들과의 소송이 진행되고 있었다. 이 소송은 대법원까지 가서 호텔건립 결정 후 1년도 더 지나서야 확정판결로 마무리가 되었다.

대법원의 확정판결이 있고 난 후에도 이 부지가 호텔롯데의 부지로 되는 데에는 또 한 번의 절차가 남아 있었다. 개인 신춘호 소유의 부지를

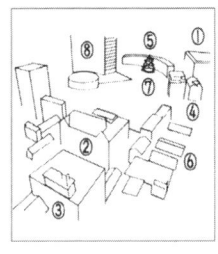

①반도호텔 ②국립중앙도서관
③동국제강 ④아서원
⑤반도아케이드 ⑥민유지
⑦팔각정
⑧조선호텔

반도호텔 중심 일대의 건물군.

주식회사 호텔롯데로 이전해야 하는 것이었다. 그리고 친형제 사이였지만 개인재산과 법인소유는 구분되어야 했기 때문이다. 결국 신격호가 소유하고 있던 동작구 대방동 소재의 부지 및 부산 동래구에 있던 약 1천여 평 부지와 교환하기로 합의했다. 1974년 5월 15일이었다.

1970년 1월 17일 새벽에 있었던 화재로 큰 손실을 입은 반도조선 아케이드도 그 반 정도가 헐리게 되었다. 아케이드 부지 중에서 호텔롯데의 건설예정부지로 책정된 곳은 반도호텔 후면의 145평이었지만 철거되지 않는 부분의 상인들도 동요하기 시작했다. 새 호텔이 건립될 때까지의 향후 5년간 영업에 큰 지장이 생기기 때문이다. 아케이드 상인들은 삼삼오오로 모이고 마침내는 새 호텔 건립반대 시위로까지 발전했다.

신격호는 역시 뛰어난 사업가였다. 철거되는 상인들에게 철거보상비와 별도로 이주비 5천만 원씩을 현금으로 주고, 새 호텔 완성 후 호텔 내 아케이드에 우선 입주케 하는 조건으로 합의에 성공했다. 지금 롯데백화점 지하와 호텔롯데 지하에 있는 '롯데 1번가'라는 최고급 상가는

을지로1가 롯데타운 형성과정 - 외자유치라는 미명하에 베풀어진 특혜 253

이때 철거된 아케이드 상인들을 입주케 한 것이다.

반도호텔과 산업은행 사이, 을지로에 면해서 3개 필지, 그리고 그 뒤쪽 골목길을 따라 19개 필지, 합쳐서 22개 필지의 일반 민간소유지가 있었다. 일제 때 일본인들의 점포와 주택이었던 것을 광복 후에 불하받아 민간인들이 소유하고 있었다. 큰길가에는 (주)중앙석유, 김 치과의원 등이 있었고 뒤로 돌아가면 단층 또는 2층의 주택들이 있었다.

호텔롯데의 실무자는 회사설립 직후부터 이 일대의 민유지를 매입하기 시작했다. 그러나 조각조각 나누어진 개인소유 민유지는 지주를 만나기도 어려웠을 뿐 아니라 '일본재벌 신격호 회장이 매입한다'는 소문 때문에 무작정 매각하지 않겠다고 버티는 경우도 있었다. 이 지역은 '태평로 1가동' 관할이었다. 도시계획국장 손정목의 지시에 의해 당시의 동장이 주민설득에 앞장서기도 했다.

1973년 4월에 28평의 땅을 처음 매입한 후 3년 후인 1975년 4월에 최종적으로 매입하여 조각조각 나누어진 부지를 하나로 통합했다. 부지 매입가격은 일률적이지 않았지만 맨 처음 매입한 부지는 이 일대의 시중지가와 거의 같은 평당 60만 원 선이었고, 마지막까지 버틴 부지는 시중지가보다 2~3배 정도 더 주고 매입할 수 있었다.

5. 외자유치라는 미명 아래 베풀어진 각종 특혜조치

외자도입법에 의한 특혜

신격호를 위원장으로 하는 '호텔롯데 설립추진위원회'가 발족한 것은 1973년 2월 26일이었다. 그리고 이 추진위원회가 외국인투자 인가신청서 및 차관계약 인가신청서를 경제기획원에 제출한 것은 3월 13일이었고 외자도입심의위원회 의결을 거쳐 통과된 것은 1973년 4월 25일이었다.

롯데 신격호 회장이 세계굴지의 호텔을 반도호텔 주변에 건립한다는 소식은 바로 다음날, 4월 26일자 신문에 "롯데, 외자도입심의위원회의 심의를 통과했다"는 소식과 함께 세간에 알려졌다. '서울 도심에 36층'이라는 경제면의 머릿기사와 '동양 제2의 호텔' '1백 92억 들여 연건평 5만 9백평' '5월 착공, 75년 완공' '객실 1천 2백 개' 등 화려한 중간제목으로 보도되었다. 이 보도를 접한 세간의 반응은 놀라워하면서 환영하는 편이었고, 일부에서는 우려의 소리도 나왔다.

이렇게 해서 호텔롯데는 그 얼굴을 나타냈고 다음달인 5월 4일 경제기획원으로부터 외자도입심의위원회 의결결과를 정식으로 통보받았다. 주식회사 호텔롯데가 설립된 것은 다음날인 5월 5일이었다.

1966년 8월 3일자 법률 제1802호로 제정·공포된 외자도입법 제15조는 한국에 자본을 투자하는 외국인에 대해 엄청난 세제상의 특혜를 규정하고 있다. 그것을 요약하면 다음과 같다.

① 부동산취득세 등은 재산을 취득한 그날부터 5년간 부과하지 않는다. 재산세도 또한 같다.
② 소득세·법인세 등은 영업이 시작되어 과세가 기산되는 날부터 5년간 부과되지 아니한다.
③ 위 5년의 기간이 지나간 후의 3년간은 규정된 세액의 50%밖에 부과되지 않는다.
④ 한국 내에서의 기업행위를 위하여 도입되는, 자본재에 대한 관세 및 물품세는 기간의 제한 없이(영구히) 과세하지 아니한다.

엄청난 세법상의 특혜를 받으면서도 외국인 투자자들은 제16조에 의하여 "대한민국 국민과 동일한 대우를" 보장받고 있다.

그런데 이 외자도입법 제2조는 비록 "대한민국의 국적을 보유하는 자연인일지라도 외국에 10년 이상 영주하고 있는 자에 대해서는 '외국인에 대한 조항'도 적용된다"라고 규정하고 있었다. 신격호가 엄연한 한국 국적 보유자였을지라도 일본에 10년 이상 영주한 것이었으니 외자도입법의 적용을 받을 수 있었던 것이다.

그러므로 그가 전액 출자한 (주)호텔롯데는 엄청난 부동산을 취득했음에도 부동산취득세도 재산세도 부과되지 않았고, 또 앞으로 호텔이나 백화점을 짓는 데 소요되는 외국제품, 주방용구·화장실용구, 침구나 책상·의자 등의 목제품, 조명 및 전열기, 라디오·TV 등의 물품을 들여오는데도 그것이 판매용이 아니라 비품용·장치용이면 관세도 물품세도 물지 않아도 되었다. 지금의 호텔롯데는 알 수 없으나 이 호텔이 처음 개관했을 때의 실내외 장식품 일체를 일본제로 치장할 수 있었던 것은 바로 관세가 면제되었기 때문이다.

'특정가구정비지구'라는 제도의 신설

우리나라에서 최초로 도시계획법이 제정된 것은 1962년이었다. 그때까지는 일제가 남기고 간 '조선시가지계획령'이라는 것으로 도시계획도 다루었고 건축행위도 규제했다.

그런데 1960년대 특히 1960년대 후반에 급격한 도시화가 진행되는 과정에서 1962년의 도시계획법이 대단히 허술하고 불완전한 법률임이 판명되었다. 법을 처음으로 만들 때 미처 생각하지 못했던 현상들이 적지 않게 나타났기 때문이다. 그리하여 도시계획법의 전면적인 개정작업이 시작되었고 마침내 1971년 1월 19일자 법률 제2291호로 새 도시계획법이 공포되었다.

이 새 법률이 1962년 법률에서는 전혀 규정되지 않았던 내용들을 적지 않게 규정하였음은 물론이다. 그 대표적인 것이 재개발사업에 관한 규정이었다(제31~53조). 그리고 이른바 '그린벨트'라는 이름으로 지금도 심심치 않게 세간의 화제가 되고 있는 '개발제한구역'이라는 것도 1971년의 도시계획법에 처음으로 규정되고 있다.

그런데 도시계획법을 이렇게 대폭 수정해놓고 보니 그래도 미비한 점이 있다는 것을 알게 되었다. 그 대표적인 것이 바로 호텔롯데가 추진하려고 한 반도지구 재개발사업을 뒷받침할 수 없다는 점이었다. 신도시계획법 제31조는 재개발사업을 실시할 수 있는 지역의 요건을 다섯 가지로 규정하고 있었다. 그 법조문을 한마디로 요약하면 "층수가 낮고 건물이 낡았으며 또 내화구조가 아닌 건물이 다닥다닥 붙어 있어 대형화재의 위험이 있는 지역, 환경이 현저하게 불량해질 염려가 있는 지역" 등이 재개발사업의 대상지역이라고 규정되어 있었다.

1970년대 초, 서울시내 전체 건축물의 높이는 평균 1.5층 정도도 되지 않았다. 도심부에서도 무교·다동·서린지구라든가 소공동지구, 도렴·적선동지구 같은 곳은 거의가 단층의 낡은 목조건물이 밀집되어 있었다. 그러나 신격호가 사업을 실시하게 될 반도지구에 있는 건물들, 반도호텔·국립도서관·동국제강·산업은행·한일은행 등의 건물은 비록 오래되긴 했으나 모두가 탄탄한 내화구조(벽돌)의 다층건물이었을 뿐 아니라 특히 반도호텔은 당시 서울시내에서 열 손가락 안에 들어갈 고층건물이었다.

물론 법령이라는 것은 그 해석 여하에 따라 귀에 걸 수도 있고 코에 걸 수도 있는 것이기는 하나, 서울시 최초의 도심부 재개발사업을 반도호텔지역에 실시한다는 것은 명분이 서지 않는 일이었고 대다수 시민의 상식으로 납득할 수 없는 일이었다. 반도지구사업을 지원하기 위해서는 빠른 시일 안에 또 하나의 법률을 제정하거나 아니면 현재의 법률을 개정할 수밖에는 방법이 없었다.

도시계획법은 1962년에 제정되어 약 10년간 그 효력을 지속한 후 1971년에 전면 개정되었다. 그런데 건축법은 1962년에 구 도시계획법과 같은 날짜에 법률 제984호로 제정·공포된 후 1963과 67년에 크게 개정되었고 1970년 1월 1일자 법률 제2188호로 또 한 번 크게 개정되었다.

1972년 1월 초부터 손정목은 서울시 기획관리관 겸 도시계획국장의 자리에 있었다. 청와대 경제수석비서관 정소영의 주관 아래 관계관들이 모여 대책을 숙의했다. 청와대 관광담당비서관 양윤세, 건설부 주택도시국장 이상구, 서울시 도시계획국장 손정목 등이 주구성원이었고 때로는 재무부 세제국장도 참여했다. 이 모임에서 건축법과 도시계획법의 개정, 세제상 특혜를 규정하는 새 법률의 제정이 논의되었다.

결국 건설부는 새 도시계획법과 새 건축법을 공포한 지 2년도 채 안 된 1972년 12월 30일자 법률 제2434호와 동 제2435호로 건축법과 도시계획법을 개정하여 각각의 법률에 '특정가구정비지구'라는 것을 새롭게 규정하는 한편, 재무부와의 합의 아래 같은 날짜 법률 제2436호로 '특정지구개발촉진에 관한 임시조치법'이라는 엄청난 특혜법률을 시한법으로 발포했다.

호텔롯데의 사업을 적극 지원하겠다는 박정희 대통령의 의도를 따르기 위해서 각 소관부처는 이러한 제도적 장치를 할 필요가 있었던 것이다. 당시의 서울시가 건설부·재무부에 대해 이와 같은 법조문의 제정을 강력히 요구했고 청와대 경제수석비서관이 서울시의 요구를 강하게 뒷받침한 결과의 입법조치였다.

'특정가구정비지구'라는 것의 내용을 알기 쉽게 요약하면 다음과 같다.

① 시가지 내의 한 가구(街區, block)를 단위로 하여 그 가구 내에 들어갈 건축물의 높이·규모·모양 및 벽면의 위치 등을 정비하기 위해서 필요한 때에는 '특

정가구정비지구'라는 것을 지정할 수 있다(도시계획법 제18조 10항 신설).
② 특정가구정비지구(이하 특가구)로 지정된 가구 내의 건축물은 관계법령, 도시계획 또는 건축계획에서 정하는 건축물의 높이·규모·모양 및 벽면의 위치에 관한 제한에 위반하여 이를 건축할 수 없다.
③ 시장·군수는 특가구가 지정된 때에는 지체 없이 당해지구 내에 건축될 건축물의 높이·규모·모양 및 벽면의 위치 등을 표시한 건축계획을 작성하여 일반인의 공람에 공한 후에 건설부장관의 승인을 받아야 한다(건축법 제33조의 2 신설).
④ 특가구 내에서 전조 제2항의 규정에 의하여 정하여진 건축계획에 의하여 각각 다른 소유자가 소유하는 2필지 이상의 토지에 하나의 건축물을 건축하게 된 경우에는, 각 토지소유자는 시장·군수가 정한 기간 안에 건축물의 건축에 관하여 합의를 하여야 한다. 이 경우 합의는 토지의 총면적 및 그 토지상의 건축물의 연면적의 각각 3분의 2 이상에 해당하는 소유자의 찬성으로 결정한다.
⑤ 시장·군수가 정한 기간 내에 전항의 규정에 의한 토지소유자간의 합의가 성립되지 아니한 경우에는, 그 기간 만료일로부터 3월 이내에 서울특별시장·부산시장·도지사에게 재정을 신청하여야 하며 그 재정에 따라 건축물을 건축하여야 한다(건축법 제33조의 3 신설).

도시계획법·건축법에 규정한 특정가구정비지구(특가구)에 관한 조문은 엄청난 위력을 가진 규정이었다. 즉 지정된 지구 내에 3분의 2 이상의 토지를 확보한 시행자와 시장·군수(서울특별시장)가 합의만 한다면 재개발사업보다도 더 강력하게 건축행위를 추진할 수 있는 법규정이었던 것이다.

이 글을 쓰고 있는 1997년 1월 초순, 노조에 의한 파업소동으로 온 나라안이 매우 어수선한 분위기였다. 노동법 개정에 반대하는 노조원들의 파업이 전국규모로 확산되고 있기 때문이다. 법조문을 바꾸고 고치고 하는 것은 그만큼 어렵고 또 많은 파급효과를 가져오는 것을 실감하게 한다. 그런데 1972년 하반기에 청와대·건설부·서울시에 의해 이런 법률적 장치가 마련되고 있다는 것을 일반국민은 전혀 알지 못하고 있었다. 이 일련의 법률로 사업을 시행하게 된 신격호 본인이 과연 이런 입법사실을 알고 있었을까도 의문이다.

그런데 한 가지 밝혀둘 것은 3개 법률의 개정·제정작업은 대단히 쉬운 일이었다. 즉 1972년 10월 17일에 있었던 '백색테러'로 이른바 유신이라는 것이 시작되었고 그날부터 국회도 정당도 해산되고 헌법도 효력이 정지되어 있었다. 계엄령이 선포되어 있었고 '비상국무회의'라는 것이 법률을 만들 수도 바꿀 수도 있었다.

이 3개 법률이 공포된 그날, 즉 1972년 12월 30일에는 국회의원선거법과 정당법개정안도 공포되었다. 이른바 제4공화국 국회의원 선거가 실시된 것은 1973년 2월 27일이었고 3월 12일에 새 국회가 개원했다. 즉 특가구에 관한 규정은 국회의 기능이 정지되고 있던 때에 각부 장관들만의 합의로 만들어진 제도였던 것이다.

을지로1가·남대문로2가·소공동 일부지역 3만 5천㎡의 땅이 '반도특정가구정비지구'로 지정된 것은 1973년 8월 1일자 건설부고시 제315호였으며, 이 나라 안 특정가구정비지구 제1호의 지정이었다. 그리고 이 특가구 지정이 있은 후에 (주)호텔롯데는 동국제강(1973. 12), 아서원(1974. 5. 15), 반도호텔(1974. 6. 3), 국립도서관(1974. 11. 20), 반도조선아케이드(1974), 기타 민간부지(최종완료 1975. 4) 등을 별로 큰 잡음 없이 모두 매입할 수 있었다. 강력한 법제도의 뒷받침이 있었기 때문이다.

특정지구 개발촉진에 관한 임시조치법의 제정

당시의 서울시 도시계획국은 실로 엄청난 일을 동시에 추진하고 있었다. 지금은 강남구·서초구가 되어 있는 영동구획정리 1·2지구 합계 800

만 평의 개발, 신격호의 반도지구 개발, 소공동을 비롯한 도심부 재개발, 여의도 신시가지 건설, 그린벨트 관리, 그리고 당시에는 건축허가 업무까지 도시계획국장의 소관업무였다. 그런 데다가 영동지구·반도지구·도심부 재개발·여의도 건설·그린벨트 등의 업무가 모두 박 대통령 지시사항이거나 깊은 관심사항이었으니, 서울시 기획관리관 겸 도시계획국장이던 손정목의 입장에서는 무엇 하나 소홀하게 다룰 수가 없었다.

'부동산투기억제에 관한 특별조치세법' 약칭 '부동산투기억제세법'이라는 것이 제정 공포된 것은 1967년 11월 29일자 법률 제1927호였다. 양도차액의 50%를 과세하는 그 법의 시행으로 그때까지 천정 모르게 뛰어오르던 토지가격은 크게 억제되었고 그만큼 부동산거래도 위축되었다. 그런데 부동산시장을 훨씬 더 위축시킨 것은 제1차 석유파동이었다.

OPEC(석유수출국기구)에 의한 석유가격 인상으로 국제적인 석유파동이 일어난 것은 1973년 10월 16일부터의 일이었다. OPEC는 1971년부터 서서히 석유가격을 올리고 있었다. 그와 같은 국제 유류가격 인상은 국내에도 파급되어 정부는 우선 1971년 8월 20일을 기하여 각종 석유류 제품 가격을 평균 21% 인상했다. 이때를 기점으로 전세계는 4~5년간에 이르는 기나긴 불경기의 늪에 빠지게 되었다.

불경기를 가장 민감하게 타는 것이 부동산시장인 것은 예나 지금이나 마찬가지이다. 내가 도시계획국장을 맡은 1972년 초부터 서울시내 부동산거래는 거의 중단되었고, 특히 강남개발 촉진, 강북개발 억제의 바람을 타서 소공동·을지로·다동·서린동·종로 일대의 부동산거래는 거의 이루어지지 않고 있었다. 1971년 말경부터 시작된 불경기는 1972년에 들어서자 더욱 심화되어 강북은 물론이고 강남의 부동산거래도 거의 중단되었다.

도시계획이라는 것은 토지를 대상으로 하는 것이고 활발한 토지거래를 전제로 하는 것인데 부동산의 매매가 없으면 그것을 수행할 방법이 없어진다. 내가 궁리 끝에 생각해낸 것이 '정부방침에 의해 개발을 촉진해야 할 지구에 대한 각종 세금의 면제조치'라는 것이었다. 열심히 청와대 경제담당비서관실에 출입했다. 부동산 세금 면제조치를 취하지 않으면 대통령의 지시사항·관심사업은 하나도 추진될 수 없다고 설득했다. 처음에는 잘 듣지도 않더니 끈질긴 설득에 귀를 기울이기 시작했다. 이 특별세법 입법준비는 '특정가구정비지구' 제도와 같이 추진되었다. 정소영 경제담당수석비서관 주재하에 재무부 세제국장, 건설부 주택도시국장, 서울시 도시계획국장이 모여 대체적인 합의에 도달했다.

'특정지구개발촉진에 관한 임시조치법'이 제정 공포된 것은 1972년 12월 30일자 법률 제2436호에서였다. '특정가구정비지구'를 새로 삽입한 개정 건축법이 같은 날짜 제2434호였고 개정 도시계획법이 제2435호였으니 이 3개의 법률은 일련의 상관관계를 가지고 있다. 말하자면 호텔롯데 신격호의 위력은 대한민국 정부로 하여금 3개의 법률을 제정 개정케 한 것이다.

'특정지구개발촉진에 관한 임시조치법'이 규정한 내용은 정부가 특별히 '주택건설을 촉진시키고 싶은 지역' 또는 '재개발을 촉진시키고 싶은 지역'이 있으면 이를 '주택건설촉진지구' 또는 '재개발촉진지구'로 지정한다. 그리고 이렇게 지정된 주택건설촉진지구 내의 주택과 그 대지, 재개발촉진지구 내에서 건축되는 건축물과 그 대지에 대해서는 첫째, 부동산투기억제세, 영업세법에 의한 부동산매매에 대한 영업세, 등록세법에 의한 토지·건물에 관한 등록세, 지방세법에 규정한 취득세·재산세·도시계획세 및 면허세 등의 조세를 면제한다(제5조 조세의 면제).

둘째 이미 납부한 세금은 되돌려준다(제6조 조세의 환부). 개발촉진지구로 지정된 후에 토지·건물을 매각하거나 토지를 취득하여 주택 또는 특정건축물을 건축한 자에 대하여는 그 토지·건물의 매각 또는 취득에 따라 이미 납부한 투기억제세·영업세·등록세·취득세가 있으면 이를 되돌려준다는 것이다.

셋째 자금융자 기타의 지원을 해준다(제8조 지원). 즉 개발촉진지구 내에서 주택을 건축하고자 하는 자에게 주택건설자금을 우선하여 융자해 주고 또 개발촉진지구내의 공공시설(도로·교량 등)을 지체 없이 정비하는 등의 지원책을 강구한다는 내용이었다.

오늘날에는 상상도 할 수 없는 지원책이었다. 그런데 이런 특혜성 법률이 기초되고 국무회의만 통과되면 그만이었으니, 생각해보면 실로 어이가 없는 시대였다.

다만 이 법률의 초안을 작성한 당무자들이 크게 죄책감을 느끼지 않았던 데는 이유가 있었다. 그것이 1975년 12월 31일까지의, 3개년간 한시법이었다는 점이다. 그러나 실제로는 정부가 의도한 대로 3년간 주택건설이 촉진될 수도 없었고 특정건축물이 순조롭게 건축될 리도 없었다. 그리하여 이 법률은 당초에 정했던 기한인 1975년 12월 31일자로 그 기한을 3년간 더 연장하는 개정법률이 제정 공포되어 1978년 12월 31일까지 그 효력이 연장되었다. 물론 이 한시법이 3년간 더 연장 실시되도록 법률이 바뀌었을 때는 국회가 있었고 건설·재무·법사 등 각 분과위원회의 심의를 거쳐 본회의를 통과했다.

신격호의 호텔롯데가 주된 사업인 반도특가구가 '재개발촉진지구'로 지정된 것은 1976년 5월 7일자 건설부고시 제63호에서였다. 이 지정에 의하여 그동안 (주)호텔롯데에 토지·가옥을 매각한 민간인들은 모두 각종 세금을 내지 않을 수 있었고 일단 납부한 세금은 돌려받을 수 있었으며, (주)호텔롯데 또한 취득세·재산세·등록세·영업세·도시계획세 등 각종 세금을 모두 내지 않을 수 있었다. 실로 엄청난 특혜였다.

6. 한국 최고의 호텔 롯데의 준공

36층이냐 45층이냐

1973년에 우리나라 호텔당 객실수는 평균 80실 정도였다. 그리고 특1급 관광호텔의 기준 객실수가 3백 실에 불과했다. 당시 국내 최고층 빌딩은 1971년 3월 3일에 준공한 관철동의 3·1빌딩(지하 2층 지상 31층)뿐이었고, 호텔롯데가 들어설 부지의 바로 서쪽에 지하 3층 지상 29층의 백남빌딩(프레지던트호텔)이 거의 마무리 작업을 하고 있을 때였다.

이러했던 때에 객실 1천여 실의 36층 호텔을 건립한다는 호텔롯데의 발표는 세간에 대단한 관심을 불러일으켰다. 지나치게 호화스럽고 규모가 방대하지 않으냐 하는 의견도 있었지만, 해외관광객의 증가추세와 우리나라가 보유한 객실수를 볼 때 그것은 타당한 것으로 인정되었고 각 일간신문은 동양에서 두번째 가는 세계수준의 최고급 호텔이 들어선다고 대대적으로 보도했다.

초특급 호텔로서 롯데의 조건은 설계면에서도 충족되어야 했다. 당시 이 땅 최고급 건축설계자인 김수근·엄덕문 등과도 접촉을 해보았지만 그들 역시 초대형 호텔을 설계한 실적이 없었다. 결국 호텔롯데의 기본설계는 일본 최고의 건설회사이면서 세계적으로도 널리 그 이름이 알려진 가지마(鹿島)건설이 맡게 되었고 김수근의 공간설계사무소는 파트너가 되었다. 기본설계 계약이 체결된 것은 1973년 8월 1일이었고 1974년 3월 31일까지 최종안을 제시하는 것이 조건이었다.

세계 최고의 설계수준을 자랑하는 '가지마'에서의 기본설계가 진행되는 동안 신격호 회장은 세계 각국의 유명호텔을 시찰했다. 그리고 돌아와서는 가지마측에 여러 측면의 의견을 제시했고 그 의견들 때문에 '가지마'의 당무자들과 자주 대립했던 듯하다. 즉 가지마의 자존심과 신격호 자존심과의 대립이었던 것이다. 기본설계·실시설계는 물론이고 건축공사까지 도급할 생각이었던 가지마의 의도는 기본설계에서의 의견대립 때문에 좌절되고 말았다.

실시설계는 가지마보다 그 위계가 한 차원 낮은 도다건설이 맡게 되었으며 국내의 파트너도 김수근의 공간설계에서 엄덕문설계사무소로 바뀌었다. 도다건설은 일본의 롯데그룹 건물을 건립할 때부터 신 회장과 인연을 맺고 있어서 신 회장의 호텔롯데 구상을 실현시키는 설계회시로서는 적격이었다. 도다건설과의 실시설계 계약이 체결된 것은 1975년 6월 3일이었다.

가지마의 기본설계와 도다의 실시설계 간에는 근본적으로 다른 점이 많았으며 따라서 전혀 새로운 설계나 다름없는 것이 이룩되었다. 가지마의 기본설계도를 도다가 변경한 부분 중 큰 의미를 갖는 부분의 첫째는 건축공법상의 문제였다. 도다는 가지마가 제시한 철근콘크리트 방식(R.C공법) 대신에 철골구조공법을 제시했다. 철골구조공법은 무엇보다 유연성이 있어서 지진과 태풍이 많은 일본에서 크게 유행하고 있었다. 다만 이 공법은 철근콘크리트공법에 비해 비용이 많이 드는 것이 흠이었다.

철골구조공법을 주장한 사람은 신격호였다. 신 회장은 한국에서 최고층 빌딩으로 건축될 호텔이 한국 현대사의 중요한 유물로서 오랫동안 남아 있기를 희망하였기 때문에 이 건물이 어떠한 위험에도 노출되어서는 안 된다고 생각했다. 가지마의 기술진은 한국은 지진이 없고 태풍도 직접적인 영향이 미치지 않기 때문에 굳이 철골공법을 채택할 필요가 없다는 것이었다. 그러나 신격호는 한국에도 1백 년에 한 번은 지진이 발생해왔고, 또 앞으로도 지진이 발생할 수 있다는 것을 전제해야 한다고 하여 철골구조를 고집했다. 신격호의 내심은 지진이니 태풍이니 하는 문제에 앞서 '한국 최고의 건물' '길이 후세에 남을 건물'이 되기 위해서는 비용이 더 들더라도 철골구조여야 한다는 것이었다.

두번째 문제는 건물의 층수였다. 이 호텔건설이 처음 신문에 보도되었을 때의 층수는 지하 3층 지상 33층이었다. 이 호텔을 처음 구상한 '비원프로젝트팀'이 지상 33층을 계획한 데서 비롯되었다. 그런데 가지마의 기본설계에서는 지상 45층이 되었다. 이 45층 높이는 당시의 건축법에서 규정한 높이를 초과하고 있었다. 을지로의 길너비에다 건축후퇴선까지의 너비를 합쳐도 40층 이상의 건물은 세울 수 없었다.

건축법규에 위반되는 건축물은 허가할 수 없다는 것이 손정목 국장으로 대표되는 서울시의 태도였다. 그러나 가지마와 그 파트너인 김수근은 건축법을 고쳐서라도 45층을 지어야 한다고 했다. 알고 보니 45층은 김종필 국무총리의 발상이었다.

당시 일본에서 가장 높은 호텔건물은 도쿄 신주쿠에 세워진 게이오프라자호텔이었고 지상 47층, 170m였으며 1971년 3월에 준공되었다. 김종필 총리는 국제적 규모의 대형호텔을 짓는다면 일본의 게이오프라자보다 더 높은 건물이거나 그에 가까운 것이어야 하며 그것이 건축법이나 건축조례에 저촉된다면 법률·조례를 일시 개정하는 한이 있더라도 높게 지어야 한다는 생각이었다. 아마 그는 일본에 있는 신격호의 재산을 조금이라도 더 가져오게 하려면 더 높고 더 큰 건물을 짓게 하는 것이 상책이라고 생각하고 있었을 것이다.

건물높이가 거론되었던 당시의 (주)호텔롯데 사장은 김종필 총리의 오른팔과 같은 김동환이었다.[6] 김동환이 호텔롯데 초대사장이 된 것은

---

6) 5·16군사쿠데타를 모의하는 과정에서부터 김종필과 행동을 같이했던 김동환은 쿠데타가 성공한 직후에 주미공사를 지냈고, 김종필이 공화당을 만들어 당 의장이 되었을 때는 그 밑에서 초대사무총장을 맡았으며, 제6대(1963. 11. 26), 제7대(1967. 6. 8) 국회의원 선거 때 공화당 전국구후보로 당선되어 원내총무 등의 요직

호텔롯데의 모형도. 처음에는 세계 최고의 설계수준을 자랑하던 일본 가지마건설에서 기본설계를 맡기로 했지만, 신격호 회장과의 잦은 의견대립 때문에 결국 도다건설로 넘어갔다. 신격호는 길이 후세에 남을 건물이 되어야 한다는 생각에서 철골구조공법을 고집했다. 또한 법률을 고쳐서라도 45층은 되어야 한다는 김종필 국무총리의 주장도 있었지만 결국 지하 3층, 지상 37층으로 낙착되었다.

1973년 6월 11일이었고 1974년 12월 말까지 재임했다. 당시 신격호 회장과 김종필 총리의 관계가 얼마나 깊었던가를 알려주는 인사였다.

43층안, 45층안, 48층안 등이 제시되고 검토되고 있을 때 정말 생각지도 않았던 곳에서 제지가 들어왔다. 청와대 경호실이었다. 청와대에서 가까운 시내 한복판에 40층 이상의 건물을 지어서는 안 된다는 것이었다. 미국 CIA 서울지국에서 청와대의 대화를 도청하고 있다는 루머가 퍼지고 있을 때였다. 사실 을지로1가의 40층 건물 위에서라면 청와대가

을 거칠 정도로 김종필 제일의 보좌역이었다.

포격을 당할 수도 있는 거리였다. 청와대 경호상 곤란하다는 의견은 절대적이었다. 김종필 총리의 바람은 물거품이 되고 말았고, 건물높이는 지상 37층으로 낙착되었다. 건물의 넓이 90m, 지하 3층 지상 37층, 높이 150m, 건물 연면적 11만 2,425㎡는 당시의 건축법규가 정하는 최고 한도였다.

유류파동으로 난항을 겪은 공사

호텔 부분 굴토공사가 착공된 것은 1975년 5월 1일이었으며 도다건설과의 실시설계 계약이 체결되기 한 달 전의 일이었다. 그리고 호텔 지상부 기초공사 착공일은 그해 10월 23일이었다. 서울시의 건축허가가 내린 것은 1976년 5월 10일이었으니 호텔롯데는 건축허가가 없는 상태에서 7개월간이나 철골공사가 진행되었던 것이다.

그러나 호텔롯데의 건설이 순조로웠던 것은 결코 아니었다. 그 첫째는 1973~74년에 걸쳐서 일어난 제1차 유류파동이었다. 이 유류파동으로 전 세계는 심한 인플레현상에 시달려야 했고 한국 또한 예외가 아니었으니, 호텔롯데의 건설비도 예상했던 150여억 원에서 2배 이상이나 더 들 수밖에 없었다.

호텔롯데는 외형상 신 회장이 경영하고 있는 일본 롯데에서 투자한 법인체였으므로 추가되는 자금은 경제기획원에 투자 변경신청을 획득하여야 했다. 인플레이션으로 인한 원자재 가격상승으로 투자자금이 예상을 넘기 시작하면서 외국인 투자 변경신청을 되풀이할 수밖에 없었다. 당초에 4,800만 달러를 투자하기로 했던 것이 모두 6회의 변경신청 끝에 개관 직전인 1978년 12월에는 302%나 증가한 1억 4,500만 달러를 투자하게 된다. 총투자액 1억 4,500만 달러는 경부고속도로 건설비와 맞먹을 정도의 거액이었다. 그것은 제1·2차 경제개발 5개년계획 기간인 1962~71년의 10년간에 이루어진, 외국인 투자총액 9,500만 달러를 50%나 상회할 정도의 거액이었던 것이다.

두번째의 문제는 기술인력의 부족이었다. 호텔롯데가 설립되던 1973년 무렵에는 1·2차 경제개발 5개년계획의 성공적인 수행과 경부고속도로의 건설을 계기로 많은 중소 건설업체가 생겨났다. 석유파동 직후에는 이 많은 건설업체들이 과당경쟁을 하게 되었고 덤핑입찰과 부실시공을 유발하여 건설업의 발전성장에 큰 장애요인이 되었다.

정부가 건설업계의 폐단을 막기 위해 1972년부터 2년여 동안 부실건설업체 180여 개를 허가 취소했으나 호텔설립 2차년도인 1974년에도 건설업체가 7백여 개 남아 있었다. 그러나 종합건설회사는 거의 없었고, 건설기술 또한 미숙하여 호텔롯데 건설계획에서도 이것이 큰 장애요인이었다.

그런데 호텔롯데 건설을 시작할 즈음부터 건설업체의 중동진출이 본격화되었다. 석유파동으로 맞은 경제위기를 타개하기 위한 방편으로 건설업 중동진출을 정부가 대대적으로 지원하기 시작했던 것이다. 특히 정부는 1975년 12월에 해외건설촉진법을 제정하여 해외건설의 소득에 대해서는 법인세를 50% 감면해주고 해외공사실시에 대한 지불보증을 5개 시중은행으로 구성된 금융기관에 전담케 함으로써 모든 건설회사가 중동진출을 최우선적으로 시행할 수 있도록 조치했다. 이로 인해 건설업계는 급속히 성장하고 건설기술도 괄목할 만큼 발전했다.

이러한 정책을 근간으로 해외건설은 한국 경제발전의 중추적인 역할을 하다시피 했고, 1970년대 말경에는 아프리카까지 진출하는 등 높은 성과를 올렸다. 당연한 일이지만, 이 때문에 국내 건설현장에서 숙련된 건설기술자를 구하기가 어려워졌고 건설공사현장마다 큰 차질을 빚었다. 호텔롯데도 예외가 아니었다.

세번째 문제는 빈번한 설계변경이었다. 세계 최고의 호텔을 건립하겠다는 신 회장은 기본설계·실시설계가 진행되는 동안은 물론이고 한창 공사가 진행되는 동안에도 몇몇 디자인 관계 실무자를 대동하고 수십 차례에 걸쳐 파리·로마·베니스·비엔나·런던·뉴욕·애틀랜타·라스베가스·로스앤젤레스·런던 등의 호텔을 견학하고 유구한 전통을 자랑하는 서구의 고궁들을 두루 섭렵했다. 그리고 이와 같은 해외시찰에서 얻은 지식을 디자인 설계에 응용토록 실무자 및 관련업체들에게 계속적으로 지시하고 요구했다. 이러한 요구가 빈번한 설계상의 표류를 유발할 수밖에 없었고 그만큼 공사는 지연될 수밖에 없었다.

호텔롯데가 교통부에 관광호텔업을 등록하고 서울시로부터 숙박업 허가를 취득함으로써 부분 개관한 것은 1978년 12월 22일이었고 다음해 3월 10일에 대대적인 개관 축하행사와 더불어 전관 개관했다. 주식회사 호텔롯데가 설립된 지 만 5년 10개월이 소요된 것이다.

7. 호텔지원시설로 지어진 롯데쇼핑센터

강북지역 인구집중 억제정책

나는 1973년 9월 초부터 도시계획국장으로 전임되었다. 그리고 구자춘 시장이 부임한 6개월 후인 1975년 3월에 내무국장으로 자리를 옮겼다. 그런데 손정목이 도시계획국장이었던 1975년 3월까지는 '롯데백화점'이라는 것은 서울시 도시계획상에 전혀 존재하지 않았다.

가지마건설과 도다건설에 의해서 작성된 기본계획에 의하면 호텔건물의 동쪽, 산업은행과 한일은행 사이에는 9층짜리 부속건물이 세워져야 한다. "부속건물의 용도가 무엇이냐"의 질문에 대해 회사측에서는 "확실한 용도는 정해지지 않았으나 아랫부분 1·2층은 호텔 투숙객을 위한 쇼핑센터로 이용되고 나머지는 호텔관련 부속시설로 이용하게 될 것"이라 했다. 그 말을 그대로 믿은 내가 바보였다고 하면 할 말이 없다. 그러나 훗날 그것이 25층으로 고층화되고 아랫부분이 백화점으로 둔갑하리라고는 꿈에도 생각하지 못했던 것이다.

그것을 생각지 못한 데에는 이유가 있었다. 1970년대의 서울시 행정에서 가장 큰 과제는 인구집중 억제 특히 강북지역의 인구집중 억제였다. 대통령 영부인 육영수 여사가 피격 서거한 것이 1974년 8월 15일이었다. 신년에 서울시를 연도순시할 때마다 인구집중 방지책을 강조하던 박 대통령이 1975년 순시 때는 '도심인구의 강남분산'만이라도 빨리 실행하라고 강조하고 있다. 상공부를 비롯하여 한국전력 등 상공부 산하 전기관의 강남이전이 계획되어 크게 발표되기도 했다. 임시 행정수도를 만들어 정부기능 일체를 옮기겠다는 구상을 발표한 것은 1977년 2월 10일의 서울시 연도순시에서였다.

베트남·라오스·크메르 등이 연달아 공산화되어 '공산화의 도미노현상'이라는 것이 입에서 입으로 공공연한 화제가 되었다. 만약에 북한군이 다시 남침해온다면 500만 강북시민을 어떻게 도강·피난시킬 것인가가 중앙정부에서도 서울시에서도 가장 큰 골칫거리로 엄밀히 연구되고 있었다. 강북에 밀집되어 있는 인구와 기업체를 강남으로 이전하는 방법, 그것은 강북지역에 각종시설의 신·증설을 억제하는 것이 가장 급선무라고 인식되고 있었다.

양택식 시장이 바·카바레·나이트클럽·요정·술집·다방·호텔 등 유흥시설 일체를 종로·중구에 한해서 신규 허가하지 않겠다고 발표한 것은

1972년 2월 8일자 기자회견에서였다. 그리고 그해 10월 11일, 서울시는 한강이북 도심부 85.5㎢ 지역을 '특정시설제한구역'으로 지정해달라는 신청서를 건설부에 제출했다. 이때 서울시가 제출한 내용은 종로구·중구·마포구 전역, 그리고 용산·서대문·동대문·성북구의 일부지역에는 앞으로 제조업체, 300평 이상의 백화점, 고속버스정류장, 도매시장, 대학의 신·증설을 금지할 수 있게 조치해달라는 것이었다.

서울시에 의한 이와 같은 요청을 해결하기 위한 방안으로 도시계획법에 '특정시설제한구역'이라는 제도를 신설한 것은 1972년 12월 30일자 법률 제2434호였다. 이렇게 법률적 장치가 마련되었음에도 불구하고 서울의 도심부가 특정시설제한구역으로 지정되지는 않았다. 이런 제도를 함부로 실시하면 자승자박이 될 수도 있으니 공식적인 제도로 하지 말고 서울시의 행정방침으로 밀고 나가는 것이 바람직하다는 것이 중앙정부의 입장이었다. 그와 같은 정부방침에 따라 서울시에서는 종로·중구 일대에 바·캬바레·나이트클럽은 물론 일반요식업도 사실상 허가하지 않았다. 백화점 같은 것을 새로 만든다는 것은 그 누구도 생각지 못할 분위기였다.

구자춘이 서울시장으로 부임한 것은 1974년 9월이었다. 그는 서울시장이 된 다음해 4월 4일에 '한강 이북지역 택지개발금지조치'라는 것을 발표했다. 즉 앞으로 한강 이북지역에 있는 모든 토지의 형질변경·지목변경을 금지한다는 조치였다. 다시 말하면 한강 이북의 전답이나 임야를 택지로 전환할 수 없다는 조치를 단행했다. 모든 매스컴이 그 내용을 크게 보도했고, 많은 일간신문은 사설을 실어 "너무 지나친 것이 아니냐" "완화하는 방법은 없는가"를 호소할 정도의 과감한 조치였던 것이다.

1978년 2월 10일에 서울시를 연두순시한 박 대통령은 "행정·재정적인 지원을 해서라도 가능한 한 빠른 시일 내에 강북에 있는 학교를 강남으로 유치·이전하라"고 지시했다. 우선 중·고등학교만이라도 강남으로 옮기면 강북의 산업과 인구가 강남으로 옮겨갈 것이 아니냐 하는 발상이었다. 이 지시가 내린 후 얼마나 많은 중·고등학교가 강북에서 강남으로 옮겨갔는가는 서울시민 모두가 잘 알고 있는 바이다.

지난날 4대문 안에 있던 경기·서울·배재·휘문·중동·양정 등 남자고등학교들, 그리고 경기·창덕·숙명·진명·정신 등의 명문 여자고등학교들이 모두 강남으로 이전했다. 지금도 아직 4대문 안에 남은 학교는 아마 이화·배화여고 등 2~3개밖에 안 될 것이다. 종로구 내자동에 있던 보인상고, 중학동에 있던 수도전기공업, 돈화문 앞에 있던 국악고등학교, 마포 전차종점에 있던 마포고등학교 등 일일이 열거하면 끝이 없을 정도로 많은 학교가 강남으로 이전해갔던 것이다.

종로학원·대성학원·대일학원·상아탑학원 등도 4대문 밖으로 밀려나갔고 종로·제일 등 예식장도 밀려나갔으며 도심부 호텔에서 거행되던 결혼식도 금지되었다. 이런 조치들 모두가 강북억제책이라는 대의명분 아래서 이루어진 것이었다. 말하자면 1970년대는 강북억제·강남유치의 연대였던 것이다. 다만 관광호텔만은 그 성격상 도심부에 세워져야 했고 또 호텔은 관광객을 위한 숙박시설이었으니 그 때문에 새로운 인구가 정착되는 것은 아니었다.

백화점이 아닌 쇼핑센터가 된 이유

한마디로 반도특가구라고 하나 그 범위는 3만 5천㎡(약 1만 606평)나 되었으니 호텔롯데만이 사업시행자가 될 수는 없었다. 구역 내에 들어간 산업은행은 '산업은행분구'로, 한일은행은 '한일은행분구'로 나누어졌고 나머지 땅이 '롯데분구'가 되었다. 사업시행지별로 그 시행구역이 분할된 것이다.

특가구 제도를 규정한 당시의 건축법 '제33조의 2'에는 "특정가구정비지구가 지정된 때에는 지체 없이 당해지구 내에 건축될 건축물의 높이·규모·모양 및 벽면의 위치 등을 표시한 건축계획을 작성하여 (……) 일반인의 공람에 공한 후 건설부장관의 승인을 받아야 한다"라고 규정되어 있다.

법조문을 형식적으로만 읽으면 서울시내에서 지정된 모든 특가구는 서울시가 건축물의 높이·규모·모양 등의 건축계획을 미리 작성하여 시행자에게 제시하는 것으로 해석될 수 있다. 그러나 실상은 건축계획 자체를 서울시가 세우는 것이 아니라 사업시행자가 세워서 서울시가 승인하는 것이었다. 그러므로 반도특가구 내 롯데분구의 건축계획은 롯데측이 수립하여 서울시에 제출하고 그 내용을 시당국이 좋다고 판단하면 시장이름으로 공람공고를 하는 것이었다. 물론 이 건축계획이 받아들여지는 과정에서 서류가 왔다갔다하는, 홍정과 타협의 절차가 따르게 마련이었다.

롯데분구 건축계획의 공고는 '1976년 3월 13일자 서울시고시 제49호'로 ≪현대경제일보≫와 ≪내외경제신문≫에 고시되었다. 고시된 내용 중 일부를 소개하면 다음과 같다.

1. 사업시행지의 위치: 중구 을지로1가 180번지의 6 일대
2. 사업의 종류 및 명칭: 반도특정가구 호텔롯데분구 정비사업
3. 면적 및 규모
   가. 대지면적: 2만 3,572.124m^2
   나. 건물규모
      ① 호텔: 건축면적 6,701.781m^2 연면적 10만 8,157.03m^2, 지하 3층 지상 37층
      ② 부속건물: 건축면적 3,299.05m^2 연면적 7만 3,770.945m^2, 지하

　　　　　3층 지상 25층
　　③ 플라자: 건축면적 6,193.934㎡ 연면적 2만 4,402.217㎡, 지하 3
　　　　　층 지상 2층
　4. 사업기간 1975년 12월~1978년 5월 31일

　이 인가공고를 보면서 내가 발견한 가장 큰 것은 '부속건물'의 높이가 당초의 9층에서 25층으로 둔갑해버렸다는 사실이다. 내가 도시계획국장으로 있을 때의 기본계획·실시계획에서는 분명히 9층이었는데 왜 25층으로 바뀌었는가? 이 점에 관하여『호텔롯데 20년사』는 "서울시의 도시계획조례에 따라 스카이라인이 조정되어 9층짜리 백화점이 오피스빌딩 겸용으로 25층으로 정정 설계되었다"라고 기술하고 있다(149쪽).

　『호텔롯데 20년사』의 기술을 그대로 읽는다면 첫째, 서울시의 건축관계 조례에 스카이라인에 관한 규정이 생겼고, 둘째, 도심부 건물의 스카이라인을 맞추라는 서울시의 지시가 있어 9층 건물을 25층으로 바꾸었다고 해석할 수 있다. 내가 도시국장 자리에서 물러난 뒤에 바뀐 조례가 있는가를 조사해보았더니 1975년 4월 23일자 조례 제944호로 '미관지구건축조례'가 개정되어 있었다. 이 개정조례에서 스카이라인에 맞춘 고도규제가 있었는가를 찾아보았더니 제8조에서 건축물 높이를 규정하여 "제1종 미관지구 내의 건물높이는 5층 이상으로 해야 한다"는 규정이 있을 뿐이었다. 이 규정은 내가 도시국장으로 있을 당시부터의 규정이고 특별히 개정된 내용이 아니었다.

　스카이라인에 관한 규정이 각종 건축조례에서는 도저히 찾아볼 수 없어 당시의 시관계자를 수소문했다. 구두 또는 공문으로 남대문로의 스카이라인을 맞추기 위해 롯데측에 지시를 한 일이 있는가를 알기 위해서였다. 다행히 당시 서울시 건축과장이었던 심두한과 건축과 미관계장이었고 현재는 주택국장인 변영진을 만나 확인할 수 있었다.

"9층이 25층으로 바뀐 것은 서울시 스카이라인과는 아무런 관계가 없다. 당시는 아직 '스카이라인'이라는 개념마저도 없었던 시대였다. 롯데측에서 26층으로 변경해왔기에 한층 낮추어서 25층으로 승인해준 것이었다. 잘 아시다시피 당시 롯데의 배후에는 청와대와 김종필 총리가 있었고 시장은 박 대통령·김 총리 직계였던 구자춘이었다. 시장 명령대로 따랐을 뿐"이라는 것이었다.

나는 당초에 9층이었던 '부속건물'이 25층으로 변경된 1975~76년을 고비로 신격호의 모국투자에 대한 심경의 변화를 읽을 수 있다고 생각한다. 즉 호텔롯데의 건축이 시작되는 1975년경까지의 신격호는 아직 모국에 본격적인 대규모 투자를 생각하지 않고 있다가 1976년경부터 본격적 투자를 결심했다. 그리고 이렇게 결심하게 된 배경에 박정희 대통령·김종필 총리를 비롯한 한국정부 고위층의 깊은 배려, 그리고 그것이 조성하는 투자환경의 쾌적함이 있었다고 생각한다.

부속건물의 굴토공사가 시작된 것은 공람공고가 고시된 지 한 달 후인 1976년 4월이었고 이어서 도다건설에 9층을 25층으로 바꾸는 설계에 착수케 했다. 『호텔롯데 20년사』는 계약이 체결된 것은 1976년 9월이었고 1977년 2월에 설계가 완료되었다고 기록하고 있다. (주)호텔롯데에 쇼핑사업부가 설치된 것은 1975년 8월 1일이었다. 부속건물은 이때까지는 분명히 외국인관광객을 위한 쇼핑센터였다.

1977년이 되자 25층 건물의 철골이 올라가기 시작했다. 철골공사가 진행되고 부속건물의 뼈대가 드러나기 시작한 그해 6월에 쇼핑사업부를 백화점사업본부로 개편했다. 이때쯤부터는 서울시도 중앙정부도 이 '부속건물'이 백화점이 된다는 것을 인식하기 시작했다. 그러나 그 누구도 그것을 입밖에 내지 않았다. 강북억제정책이 강력히 시행되고 있을 때였으니 누구도 감히 그것을 백화점이라고 발설할 수 없는 분위기였다.

이 부속건물의 공사가 완료된 것은 1979년도 저물어가는 때였다. 서울시에 용도변경 허가를 내었다. '호텔 지원시설로 지어진 건물'을 '백화점과 임대사무실'로 바꾸어달라는 내용이었다. 백화점은 시장법(市場法)의 규제를 받는 시설이었으니 서울시 산업국 소관이었다. 1972년 이래로 시행되어온 강북억제책으로 요식업 허가도 내주지 않을 때였으니 백화점 허가를 내줄 방법이 없었다.

"경제발전을 위해서는 유통구조의 개선이 필수적이다" "유통 및 관광사업의 발전을 위해서 선진국과 같은 운영기술과 현대적 시설을 갖춘 백화점이 필수적이다"라는 것이 롯데측의 주장이었다. 신격호에게 모든 지원을 아끼지 않겠다고 약속한 박 대통령도 내심은 허가해주고 싶었다. 대통령의 의중을 읽은 정상천 시장도 허가해줄 의향이었다. 경제기획원장관·상공부장관 등 각료들도 모두가 내심은 허가 쪽이었다.

당시의 서울시 산업국장은 김택수였다. 김 국장은 실로 죽을 지경이었을 것이다. 강북억제책의 구체적 내용 중에 "백화점 허가는 않는다"고 명기되어 있는데 무슨 방법으로 롯데백화점을 허가해줄 것인가. 그런데 산업국 상정과의 한 직원이 기상천외한 안을 내놓았다. "백화점 허가는 금지되어 있습니다. 롯데의 판매시설을 굳이 백화점이라고 이름 붙일 필요가 없지 않습니까. 쇼핑센터라고 하면 되지 않습니까"라는 제안이었다. 실로 어이가 없는 발상이었다.

백화점(department store)이 최초로 생긴 것은 1852년 파리의 봉마르셰(Bon Marche)였다. 미국에는 1858년에 뉴욕 번화가에 메이시(Macy)가 생겼으며 영국 런던에는 1863년에, 독일에는 1870년에 생겼다. 일본에서는 1904년에 도쿄 니혼바시에 생긴 미스코시가 처음이었다. 서울 충무로 1가에 미스코시 지점이 생긴 것은 1906년이었고, 조지아(丁子屋)·미나카이(三中井)·화신(和信) 등의 백화점이 있었다.

쇼핑센터(shopping center)는 제2차 세계대전 후 미국에서 자동차가 크게 보급되어 '주택의 교외화'가 진행된 데서 비롯되었다. 즉 교외의 주택단지 중심에 '다수의 소매점이 계획적으로 형성된 집합상가'가 그 시초였다. 1954년에 디트로이트 교외에 도시계획가 빅터 그루엔(Victor Gruen)이 계획한 것이 최초였다고 한다.

서울에 쇼핑센터라는 이름의 대규모 생활용품 소매점이 생긴 것은 1975년에 여의도에서 개점한 한양쇼핑센터가 처음이었고, 그후 그것은 각 주택단지마다 파급되고 있었다. 지금은 백화점에서 취급하는 상품과 쇼핑센터에서 취급하는 상품 간에 별로 차이가 없고 도심부나 교외를 막론하고 상호 입지하고 있다. 그러나 연혁적으로 보면 백화점은 도심부나 부도심에 생긴 것이고 쇼핑센터는 교외의 신흥주택단지에 입지한 것이다. 그리고 그 규모에 있어서도 백화점에 비해 쇼핑센터는 한 차원 작은 것이 일반적이다. 그리고 백화점은 경영주가 동일인인 것이 원칙이고 쇼핑센터는 '다수 소매점의 집합상가'인 것이 보편적인 모습이다.

그러나 여하튼 이렇게 해서 구멍은 뚫렸다. 그동안 강북억제책으로 서울시가 강력히 규제해온 것은 백화점이었지 쇼핑센터가 아니었으니 롯데백화점을 쇼핑센터라고 한다면 궁색하지만 명분은 세울 수가 있었다. 부랴부랴 '백화점 허가신청'이 '쇼핑센터 허가신청'으로 바뀐다. 그 명칭을 어떻게 붙이건 간에 도심부에 대형 백화점 설립을 허가하는데 서울시장 단독으로 결정할 성질의 것이 아니었다. 시장이 청와대로 가서 대통령의 재가를 받았다. 재가가 나자 바로 허가가 났고 즉시로 롯데측에 통보되었다. 1979년 10월 26일이었다.

이 허가통보가 있은 지 몇 시간이 지난 그날 밤 7시 40분경에 청와대 앞 '궁정동 안가'에서 박 대통령은 저 세상으로 갔다. 말하자면 롯데쇼핑센터는 박 대통령이 신격호에게 준 마지막 선물이었던 것이다. 실로 값어치 있는 선물이었음을 실감한다. 만약에 이 허가조치가 그날 내리지 않고 며칠만 더 지연되었더라면 전두환을 필두로 한 신군부세력에 의해 신격호는 엄청난 고역을 치러야 했을 것이다.

그 명칭이야 어떻든 간에 외국법인이 백화점 영업을 할 수는 없었다. (주)호텔롯데는 재일교포 시게미쓰 다케오가 전액출자한 외국법인이었고 외자도입법에 의한 여러 가지 특혜를 받고 있었다. 롯데가 정식으로 백화점 영업을 하기 위해서는 이 백화점이 들어서는 부분에 그동안에 외자도입법에 의해 면세조치된 여러 가지 세금을 다시 납부하고 신격호라는 한국인이 전액출자하는 내국법인을 새로 설립해야 했다. 즉 10월 26일에 내린 허가는 바로 조건부허가였던 것이다.

신격호가 전액출자한 내국법인 '롯데쇼핑 주식회사'가 설립된 것은 1979년 11월 15일이었다. 부속건물 25층 중 1~7층까지를 사용한 최초의 롯데쇼핑이 개관된 것은 그해 12월 17일 정오였다. 박 대통령 사망 후의 혼란 중이었으니 이 개관식에 참석한 내빈은 겨우 박충훈 무역협회장 정도였으나 매장 총면적은 7,853평으로 30만여 종의 상품이 전시되었다. 그 규모에 있어 신세계·미도파 등 기존 백화점의 2배를 능가하는 국내 최대의 백화점이었던 것이다.

이 백화점에 붙어 신관이 개점된 것은 1988년 1월 28일이었고 그해 11월 12일에는 잠실점이, 1991년에는 영등포점이, 1993년에는 청량리점이 개점했다. 아마 오늘날 롯데백화점이 거느리고 있는 본점·지점의 점포면적을 모두 합치면 서울시내 전체 백화점 매장면적의 3분의 1 정도는 되리라 생각한다. 이렇게 대규모로 발전했지만 아직도 이 회사의 정식명칭은 '롯데쇼핑(주)' 그대로이니 생각해보면 우스운 일이다.

8. 산업은행 본점의 기구한 운명

조선식산은행 후신인 산업은행

3·1운동이 일어나기 1년 전인 1918년 6월 7일자 조선총독부 제령 제7호 '조선식산은행령'에 의하여 '조선식산은행'이 설립되었다. 조선에서 기업활동을 하는 일본인이나 친일 조선인에게 장기·저리융자를 해주는 특수은행이었다. 식민지 착취를 가장 효과적으로 할 수 있는 금융기관이었던 것이다.

조선식산은행은 전라북도 일본인 대지주에 대한 융자, 간척사업 지원, 정어리기름을 원료로 비누 등을 제작하는 공장에 대한 융자, 경성방송국에 대한 융자, 광산업에 대한 융자, 일본 군수산업에 대한 거액융자 등으로 많은 화제를 남겼다. 박흥식의 화신산업이 화재를 만났을 때 거액의 복구자금을 융자해준 것도 식산은행이었다.

식산은행은 융자뿐만 아니라 직접 대주주가 되기도 했다. 서울에서 춘천까지 가는 경춘철도(주)의 대주주이기도 했고, 부평에 대규모공장이 있었던 군수기업 일본고주파중공업(주)의 대주주이기도 했다. 지금 제일은행이 된 조선저축은행, 지금 서울은행이 된 조선신탁(주)도 식산은행의 투자에 의하여 설립된 금융기관이었다.

일제시대 식산은행이 투자한 기업이 너무 많아서 이른바 '식산은행계'라고 하는 그룹이 생겨났을 정도였다. 당시의 식산은행은 바로 재벌그룹의 오너였던 것이다. 그리하여 식산은행 행장은 '민간인 조선총독'이라고 불려질 정도로 한반도 경제계에서 큰 비중을 차지하고 있었다.

남대문에서 종각에 이르는 '남대문로'에는 지금도 이 나라를 대표하는 금융기관 본점이 집중되어 있다. 한국은행·상업은행·국민은행·서울은행·외환은행·조흥은행·제일은행 등이 그것이다. 금융기관 본점의 남대문로 집중현상은 일제시대 때부터 내려온 전통이었다.

이 남대문로의 중심은 '을지로 입구'이다. 이 을지로 입구의 남서쪽, 남대문로 140번지에 2층짜리 붉은 벽돌의 식산은행 본점 건물이 세워진 것은 아마 식산은행이 설립된 직후인 1918~20년이었던 것 같다. 그 위치로 보나 그 크기로 보나 당시 경성시내를 대표하는 건물 중의 하나였을 터인데, 이상하게도 이 건물의 정확한 건축연도나 설계자가 알려져 있지 않다. 처음엔 2층으로 지어진 이 건물은 영업 규모가 커지고 직원 수가 늘어남에 따라 한 층이 더 올려져서 3층 건물이 되었다.

1945년에 광복이 되고 난 뒤에도 식산은행은 그대로 남아 있었다. 다만 광복 후에서 한국전쟁을 겪는 1953년까지, 식산은행이 어떤 업무를 집행했는가에 관한 기록은 현재 전혀 남아 있지 않다.

'한국산업은행법'이 국회를 통과하여 공포된 것은 1953년 12월 30일자 법률 제302호에서였다. 대한민국 정부가 전액출자하는 특수금융기관으로서 1954년 4월 1일에 정식으로 발족했다. 정부 단독출자에 의한 국책은행인 산업은행은 1950년대에는 전쟁복구사업에, 1960년대 이후 되풀이된 경제개발계획 수행에는 전력·시멘트·철강 등 기간산업에, 이어 1970년대에 들어서는 기계·전자·석유화학·조선 등 중화학공업에 중점적으로 장기·저리자금을 공급하여 산업구조의 고도화정책을 금융면에서 뒷받침하는 한편 수출산업 설비금융을 실시함으로써 수출산업 기반 조성에도 지대한 역할을 담당했다.

그동안 우리나라에는 산업은행 이외에도 몇 개의 국책은행이 있었다. 외환은행·국민은행·주택은행 등이 그것이다. 그러나 그 중 외환·국민의 2개 은행은 점차 일반시중은행과 다를 바 없게 되었고 따라서 지금은 국책은행이 아니게 되었다. 주택은행은 아직도 국책은행이지만 그것은 일반서민 주택보급이라는 특수목적 때문에 주로 일반인 상대이지 기업체를 상대하지 않는다. 그런데 산업은행은 일반인을 상대하지 않으며 원칙적으로 '국가기간사업의 설비자금 융자'만을 담당하고 있다. 따라서 많은 지점도 없으며 일반인의 예금 같은 것도 취급하지 않는다. 문자 그대로 '국가경제정책 수행을 위한 특수은행'인 것이다.

박 대통령의 부동산투자 인식

박 대통령은 고급공무원의 사생활에 대하여 비교적 관대한 부분이 있었는가 하면 결코 용서하지 않는 부분이 있었다. 신분여하를 막론하고 도박행위에 대해서는 용사하지 않았다. 그러므로 우리나라 고급공무원 사회에는 마작이나 포커 등의 도박행위는 성행하지 않았다.

이렇게 도박행위는 엄금한 대신에 여성관계와 축재행위에는 비교적 관대한 편이었다. 장·차관이 외국에 나가서 외도를 하는 일, 거느리는 여비서와 사적인 관계를 맺는 일 등도 여러 정보기관을 통해 이중삼중으로 보고를 받고 있었지만 그것이 노출되어 사회적인 물의를 일으키지 않는 한, 크게 문제삼지 않았다. 아마 대통령 스스로가 화려한 여색편력을 했기 때문이었을 것이다.

고급공무원이나 국회의원이 직무수행 과정에서 축재를 하는 점에도 비교적 관대했다. 그러나 그 축재의 형태에는 제한을 두었다. 호화주택에 살거나 토지를 사모으는 등 부동산에 투자하는 것은 용서하지 않았다. 박 대통령은 공·사석에서 자주 이런 말을 했다.

> 나는 고급공무원을 지낸 자가 자리에서 물러난 후에 빈곤하게 산다는 것을 듣는 것을 원치 않는다. 장·차관을 지낸 자가 생활에 곤란을 느낀다는 것은 결코 바라지 않는다. 그러므로 어느 정도의 축재는 모른 척 보아넘길 수 있다. 다만 그

축재의 방법에는 문제가 있다. 번 돈을 집안의 장롱 속에 쌓아둔다든가 남몰래 예금을 해두는 것은 좋다. 그러나 호화주택에 산다든가 많은 토지를 사 모은다든가 하는 것은 용납하지 않는다. 부동산 투자는 많은 사람의 눈에 띄기 때문이다.

이러한 그의 소신은 정부투자기관 또는 정부의 감독하에 있는 기관의 부동산 투자에도 적용되었다. 즉 박 대통령은 정부투자기관이나 정부의 지휘 감독하에 있는 기관이 일반 국민의 눈에 잘 띄는 장소에 호화로운 건물을 지어 세력을 과시하는 행위를 용납하지 않았다. 그 대표적인 예가 대한상공회의소 건물이었다.

대한상공회의소는 상공회의소법(1952. 12. 20 법률 제274호)에 근거를 둔 공법인이다. 말하자면 정부의 지도 감독하에 있는 특수행정기관인 것이다. 이 상공회의소 건물은 일제강점기인 1920년부터 중구 소공동 111번지에 위치하고 있었다. 조선호텔 서쪽 건너편의 3층 건물이었다.

이 건물은 6·25한국전쟁 때 크게 파괴된 것을 1956~67년에 걸쳐 복구했지만 1970년에는 건물도 낡았고 설비는 제 기능을 하지 못하여 조만간에 이전 신축해야 할 처지였다. 쌍룡그룹 창업자인 김성곤은 공화당 정권 당시인 1963년부터 제6·7·8대 국회의원을 지낸 경제계·정치계의 거물이었고 박 대통령의 두터운 신임을 받고 있었다. 그는 이른바 '4인 방항명사건으로' 정계를 은퇴한 뒤인 1973~75년에 상공회의소 회장의 자리에 있었다.

남대문 바로 서쪽에 일제시대 일본인 자녀들이 다녔던 남대문소학교 자리가 빈터로 남아 있었다. 중구 태평로2가 45번지였다. 김성곤이 회장이었던 상공회의소는 이 남대문소학교 땅을 매입하여 그 자리에 18~20층의 건물을 지어 이전할 계획을 세웠다. 건물의 반은 회의소에서 쓰고 나머지 반은 임대하여 상공회의소 운영비로 충당하겠다는 계획이었다.

김성곤 회장이 그 계획서를 가지고 청와대로 갔는데 박 대통령은 한마디로 "안된다"는 것이었다. 국보 제1호인 남대문 바로 옆에 그것도 공법인인 상공회의소가 대형건물을 짓는 것은 바람직하지 않다는 이유에서였다. 바로 내가 서울시 도시계획국장이었던 때였다. 의기양양하게 청와대로 갔던 김 회장이 의기소침해져서 서울시장실을 찾아왔던 모습을 아직도 생생하게 기억하고 있다.

태평로2가 45번지에 상공회의소가 들어선 것은 박 대통령이 서거한 뒤, 제5공화국 시대인 1980년대의 전반이었다. 그러나 건물높이는 김 회장이 의도했던 18~20층이 아니라 지하 3층 지상 12층이었다. 바로 이웃에 같은 시기에 지어진 삼성생명빌딩이 지상 25층이고 삼성본관빌딩이 지상 26층인 것과 비교하면 보기 딱할 정도로 빈약함을 느끼게 한다.

고급공무원, 정부투자기관의 부동산 투자억제에 관한 박 대통령의 소신은 1970년대에 들어 서울시의 강북억제책, 건설부·무임소장관실에 의한 수도권인구 집중방지책이 추진됨에 따라 점점 더 굳어갔다. 정부 및 정부투자기관이 강북지역에 새 건물을 짓는 것을 허락하지 않았고 1970년대 후반부터는 비록 강남이라 할지라도 서울시 행정구역 내에 입지하는 것은 허락하지 않았다. 대통령 스스로가 정부 제2종합청사를 서울시를 벗어난 과천에다 지었고 행정수도를 만들어 숫제 충청남·북도로 내려갈 방침을 추진하고 있었다. 산업은행 본점 건물, 그리고 강남에 집중 입지할 것을 계획했던 이른바 '상공부단지'라는 것 등이 박 대통령의 소신 때문에 희생된 대표적인 사례였다.

산업은행 본점의 기구한 운명

을지로1가, 남대문로2가, 소공동 일부지역 3만 5천㎡의 땅이 '반도특정가구정비지구'로 지정된 것은 1973년 8월 1일자 건설부고시 제315호에서였다. 당시 을지로1가 140번지에 위치한 산업은행 본점 건물이 이 반도특가구 내에 포함된 것은 당연한 일이었으며 '산업은행분구'가 되었다.

3만 5천㎡의 넓이였던 반도특가구는 처음부터 3개의 분구로 나뉘었다. 롯데분구·산업은행분구·한일은행분구의 3개였다. 삼화빌딩이라는 것이 포함되는데 그것은 한일은행분구의 일부가 되었다고 기억하고 있다.

산업은행분구의 넓이는 2,471평 정도였고 남대문로에 면하여 3층짜리 본관건물, 안뜰에 7층 건물 1동, 6층 건물 1동이 서 있었다. 은행업무가 신장되고 직원수가 많아짐에 따라 광복 전후에 증축된 것이었다. 반도특가구가 지정되고 (주)호텔롯데가 활발한 토지매입에 이어 건축활동을 시작하자 산업은행도 서서히 기본설계를 시작했다 .

당시의 모든 은행, 국책은행은 물론이고 시중은행까지도 대한민국 정부의 관할 아래 있었다. 즉 5·16군사쿠데타가 일어나면서 시중은행 민간인 대주주의 소유주식을 정부가 모두 몰수했기 때문에 정부가 가장 큰 주주였다. 그러므로 당시는 은행에 대한 실권 일체를 중앙정부가 가지고 있었다. 중역의 인사권은 물론이고 본점점포의 확장이라든가 지점·출장소의 설치도 일일이 재무부장관의 결재를 받고 이루어졌다. 특히 본점점포의 신축·개축은 반드시 대통령의 사전재가가 필요했다.

사정이 그러했으니 비록 반도특가구 내에 들어갔다 할지라도 대통령의 의중을 타진해야 했다. 문제는 "누가 대통령에게 가서 그 의중을 타진하는가"였다. 섣불리 말을 꺼냈다가는 본전도 찾지 못할 수가 있기 때문이었다. 산업은행 본점 점포를 개축하는 데 큰 서광이 비치게 된 것은 1970년대에 들면서였다.

산은 본점 바로 길 건너에 지상 16층의 국민은행 본점점포가 신축되었다. 1969년 12월 30일에 기공식을 거행했고 1972년 10월 25일에 준공되어 업무를 개시했다. 국민은행 바로 남쪽에 지하 3층 지상 18층의 서울(신탁)은행 본점이 신축된 것은 1973~75년이었다. 1973년 3월 3일에 기공식을 올리고 1975년 10월 20일에 준공·개관되었다. 산업은행 내부에서는 국민은행·서울(신탁)은행이 신축되었으니 산은 본점도 신축될 수 있으리라는 기대가 부풀었다. 당시는 국민은행도 산업은행과 똑같은 처지의 국책은행이었다.

산은과 동일하게 반도특가구에 들어 있던 한일은행에 본점을 신축해도 좋다는 박 대통령의 재가가 내린 것은 1977년이었다. 이 재가가 내려진 것과 거의 동시에 산업은행은 본점점포 신축허가원을 서울시에 제출했다. 1977년 8월 31일이었다. 아마 이 건축허가원을 서울시에 제출했을 당시 산은 총재는 적어도 재무부장관, 대통령 경제수석비서관까지는 승낙을 받았고 "대통령 재가도 받아줄 터이니 걱정하지 말라"는 정도의 약속도 받았을 것으로 추측된다. 당시의 산은 총재는 재무부차관을 지낸 김원기였고 재무부장관은 김용환이었다.

재무부장관으로부터 "본점 신축계획을 보류하라"는 지시가 내린 것은 건축허가원을 낸 지 10일이 지난 9월 10일이었다. 산은이 건축허가원을 제출했다는 통보를 받은 재무부장관이 부랴부랴 대통령의 의중을 타진했고 대통령이 "안 된다"고 지시한 때문이었다.

이때 박 대통령이 산은 본점 건립을 안 된다고 한 데에는 이유가 있었다. '수도권인구재배치계획'이라는 것이었다.

1976년 2월 18일의 대통령지시에 의해 약 1년간에 걸친 연구 끝에 결실을 본 '서울에의 인구집중 억제책'이 수도권 인구재배치계획이란 이름으로 대통령(관계장관 배석)에게 보고된 것은 1977년 3월 7일이었고, 그때부터 그 내용은 국가의 기본계획으로 확정이 되었다. 그리고 이 계획에서 가장 강조된 것이 '강북에서의 도시기능 신·증설 억제, 강남으로의 이전권장'이었다. 아마 이 당시 박 대통령은 "얼마 안 가서 행정수도가 될 것인데 새로 조성되는 행정수도에 한국은행·한국산업은행은 당연히 따라가야 한다"고 생각했을 것이다. 박 대통령이 '임시행정수도 건설구상'을 발표한 것은 1977년 2월 10일에 있었던 서울시 연두순시에서였고 청와대 제2경제수석비서관실에서는 이미 3월 초순경부터 임시수도 건설을 위한 연구가 시작되어 있었다.

여하튼 간에 '안 된다'는 결정을 내린 1977년 9월 초순을 경계로 을지로입구 산업은행 본점 신·개축은 물 건너간 일이 되어버렸다.

재무부장관에 의한 본점신축 보류지시가 수도권 인구재배치계획에 의거한 것임을 알게 된 산업은행측은 수도권문제실무위원회7)에 '산은 본점 신축을 허용해달라'는 신청안을 제출했다. 1978년 2월 15일이었다. 그러나 20여 일이 지난 3월 6일자 무임소장관 공문으로 "그 안건은 실무위원회에 회부할 수 없다"는 회시를 받았다.

강북지역인 을지로 입구에 본점건축이 불가능해진 것을 알게 된 산업은행은 부랴부랴 강남구 논현동 140번지 1만 2,507평의 부지에, 지하 2층 지상 11층 규모의 본점건축계획을 수립, 서울시에 건축허가원을 제출했다. 1978년 8월 31일이었다. 이 부지는 산은이 다른 용도로 사용할 계획으로 1976년 11월에 미리 확보해두었던 땅이다. 그러나 논현동 본점신축도 허가되지 않았다. '정부기관 및 정부투자기관의 서울시내 신증

---

7) 수도권 인구재배치계획이 정부의 기본방침으로 확립되자 대통령 직속하에 '수도권문제심의위원회'라는 것이 설치되었다. 1977년 4월 29일자 대통령령 제8554호에서였다. 위원장은 국무총리, 부위원장은 경제기획원장관·무임소장관 2명이었고 내무·재무·국방·문교·건설·보사 등 각 장관과 서울시장 등이 위원이었다. 은행·학교 등 공적 시설이나 대규모 공장 등이 수도권 내에 입지하기 위해서는 사전에 이 위원회의 의결을 거치도록 규정되었다. 그리고 이 위원회 산하에는 '실무위원회'도 구성되었다. 수도권 내 시설입지가 가능하기 위해서는 '실무위원회 - 심의위원회 - 대통령 재가'라는 단계를 거쳐야 했다.

축 잠정금지조치'라는 것에 걸려서였다.

'시내 중심지역 주차시설확보방안'이라는 것이 대통령 재가를 받아 정부방침으로 확정된 것은 1979년 4월 24일이었다. 그리고 이 정부방침으로 을지로 입구의 산업은행 본점자리는 호텔롯데를 비롯한 반도특가구 내 부족 주차장 용지 및 녹지시설 용지로 결정되었다. 산업은행으로 봐서는 실로 어이없는 결정이었다.

업무량과 직원수는 늘고 본점 건물은 새로 지어야 되겠고 당시 본점 자리에 신축할 수는 없고, 이렇게 궁지에 몰린 산은이 생각해낸 대안이 여의도 진출이었다. 마침 여의도광장 옆에 지난날 서울시청을 짓기 위해 확보해 둔 서울시 소유지가 있었다. 당초에는 1만 4천 평이나 되었지만 북쪽의 일부는 팔리고 남쪽의 9,280평이 남아 있었다. 이 여의도 땅에 본점신축계획을 수립한 산은은 미리 수도권문제심의위원회에 상정하여 통과되었다. 1982년 3월이었다.

그해 6월에 여의도 부지를 매입한 산은은 8월에 본점신축본부를 설치하는 한편 다음해 4월과 9월에 을지로 본점과 논현동 부지를 각각 (주)호텔롯데와 (주)동산토건에 매각했다. 그런데 이번에도 제동이 걸렸다. 수도권내 행정기능 이전과 관련된 정부시책에 따라 여의도에 산은 본점을 지을 수 없다는 것이었다. 실로 어이없는 일이었지만 승복하지 않을 수 없었다.

산은이 을지로 본점을 호텔롯데에 넘겨주고 다동에 있는 한국관광공사 빌딩을 빌려 이전한 것은 1984년 초의 일이었다. 그리고 그해 10월 말에 종로구 관철동의 삼일빌딩을 삼미사로부터 매입했다. 새로 짓기를 못하니 기존의 건물을 매입한 것이다. 본점을 삼일빌딩으로 이전한 것은 1985년 3월 14일이었다.

본점을 짓기 위해 매입해두었던 여의도 16번지의 땅에 산은 전산센터

건물을 짓기 시작한 것은 1992년 3월 10일부터였으며 1995년 1월 26일에 준공되었다. 그리고 1996년부터 이 전산센터 바로 옆에 대망의 본관 건축에 착수했다. 1996년 6월 27일에 착공한 이 여의도 본관의 준공예정은 2000년 2월이었다. 그러나 이 대망의 본점 건물도 국회사무처에 의한 건축물 고도제한으로 지하 4층 지상 8층으로밖에 짓지 못하게 되어 있다.

생각해보면 '한국산업은행 본점 건물'이라는 것은 실로 기구한 운명을 지닌 것이었다. '주차장법'이라는 것이 제정·공포된 것은 1974년 4월 17일자 법률 제3165호이었다. 이 법은 제19조 제2항에서 "주차장을 설치할 건축물의 용도별 규모 및 주차장 설치기준은 대통령령으로 정한다"라고 규정하고 있다. 이른바 '주차장부치의무'라는 것이다.

건축물의 규모가 크면 클수록 주차할 차량의 수는 더 많아진다. 가령 300평짜리 건물에 6대분의 주차장이 필요하다면 500평짜리 건물에는 15대분의 주차장이 필요해진다. 건물의 용도에 따라서도 주차장 수요가 달라진다. 일반사무실 건물, 금융기관, 백화점, 호텔, 관람시설 등 건물의 성격에 따라 주차장 소요면적은 여러 가지로 달라진다.

건설부와 서울시는 이 주차장법 시행에 앞서 각 시설별로 소요 주차장 대수의 기준을 연구했고 그 기준을 서울시내 대표적인 건축물에 해당시켜 얼마나 부족하냐, 그 부족분을 어떻게 충당시킬 것인가를 면밀히 검토했다. 이른바 주차정책 방향의 요강을 미리 정해두고 그 방안에 맞추어 '주차장법시행령'을 제정 공포하자는 속셈이었다. 주요 건축물의 주차장 현황, 부족분의 충당방안 등에 관한 사전검토 없이 막연히 주차장법 시행령을 공포했다가는 큰 혼란이 일어날 우려가 있었기 때문이다.

검토대상이 된 대표적 건축물 중에 '호텔롯데 및 롯데쇼핑'이 들어가 있었음은 당연한 일이었다. 서울을 대표하는 건물, 서울시내 최대 최고의 건축물이었을 뿐 아니라 시내에서 가장 번화가에 위치해 있고 또 '호텔·백화점'이라는 특수용도의 건물이기 때문이었다.

1979년 4월, 호텔롯데는 가사용허가가 나서 영업을 하고 있었고 롯데쇼핑이 될 25층짜리 부속건물은 아직 완공되기 전이었다. 건설부·서울시가 이들 2개 건물의 주차 소요대수를 검토해보았더니 이미 확보된 주차장만으로는 크게 부족했다. 그 부족분을 어떻게 충당할 것이냐. "산업은행 본점은 어치피 그 자리에 신축할 수 없을 것이다. 롯데측에 산은 본점을 구입하게 하여 그 자리를 주차장으로 쓰면 문제는 해결될 수 있다"라는 방침을 세웠다.

'서울시내 중심지역 주차시설 확보방안'이라는 것이 성안된 것은 1978년 말경이었다. 그 '방안'의 내용 중에는 '산은 본점, 호텔롯데에서 인수, 그 자리를 부족주차시설로 충당'한다는 것이 포함되어 있었다. 건설부가 주축이 되어 작성한 이 방안은 청와대·국무총리실·건설부·교통부·서울시 등 관계관 회의에서 합의되었고 당연히 경제차관·장관회의에서도 합의를 보았다. 대통령 재가가 난 것은 주차장법이 공포된 지 1주일이 지난 1979년 4월 24일이었다. 이때부터 '서울시내 중심지역 주차시설 확보방안'이라는 것은 정부방침이 되었고, 그 내용 중에는 '호텔롯데 부족 주차장 - 산업은행 이전부지에 확보'라는 것도 포함되었다.

이때의 결정에서 이해할 수 없는 부분이 있다. 그 첫째는 모든 법률은 그 법이 생긴 이후의 일에만 효력이 있으며 그 이전의 일에는 효력이 미치지 않는다. '법률불소급의 원칙'이라는 것이다. 어떤 건축물이 종전의 법령에 의하여 건축허가가 났으면 그 후의 법률이 어떻게 바뀌더라도 건축허가 당시의 법령에 의하여 준공이 되는 것이 원칙이다. 그런데 이 '서울시내 중심지역 주차시설 확보방안'이 주차장법 공포 이전에 허가되어 건축된 건축물을 대상으로 한 것이 이해가 되지 않는다.

이해가 되지 않는 점의 둘째는 정부청사·국영기업체의 건물이 왜 민간건축물 때문에 희생되어야 했는가라는 점이다. 새로 지어진 호텔롯데의 부족 주차장 확보를 위해서 무엇 때문에 별로 문제 없이 수십 년간 잘 지내 온 국책은행 건물이 쫓겨나야 하는가, 왜 그와 같은 발상이 이루어졌는가 라는 점이다.

어떤 지방의 시장·군수가 그런 발상을 해서 그것을 실천에 옮겼다면 국유재산에 막대한 손실을 끼쳤다고 해서 감사에 걸리고 검찰에서 조사를 받고 마침내는 형무소살이를 할 그런 일이, 왜 롯데의 부족 주차장 해결을 위해서는 이렇게 자연스럽게 결정되었는가를 이해할 수 없다. 자기 은행건물이 민간기업체의 주차장용지로 전환된다는 내용이 정부방침으로 결정되었다는 사실을 한쪽 당사자인 산업은행에서는 전혀 모르고 있었으니 더욱 기막히는 일이다. 그러나 여하튼 1979년 4월 24일의 시점에서 산은 본점은 축출될 운명이 되어버렸다.

호텔롯데의 주차장이 된 산업은행분구

『호텔롯데 20년사』와 『신라호텔 30년사』의 권말에 실린 연표를 보면서 느끼는 것이 있었다. 이렇게 대형호텔을 운영하는 당사자는 필연적으로 '친여' '친정부'가 아닐 수 없겠다는 점이다. 바꾸어 말하면 대형호텔 운영자는 항상 그때마다의 정권과 유착이 되어야만 한다는 것이다. 그것은 이들 대형호텔에 투숙한 외국귀빈의 명단과 거기서 개최된 국제회의 등을 보면 쉽게 알 수 있다.

신격호와 그가 운영하는 기업체를 아낌없이 지원한 박 대통령이 서거한 것은 1979년 10월 26일이었다. 그리고 약 한 달 반이 지난 12월 12일의 쿠데타로 전두환이 주축이 된 신군부가 정권을 잡았다. 이른바 제5

공화국의 시작이었고 1988년 2월 24일까지 계속되었다.

앞서 나는 박 대통령을 가리켜 '절대권력자'였다는 말을 여러 차례 되풀이했다. 그런데 전두환 정권은 박 대통령 정권보다 한층 더한, 엄청난 절대권력을 휘둘렀다. 5·18광주사태에 대한 무자비한 무력진압, 국가보위비상대책위원회(국보위) 설치, 김종필·이후락 등 이른바 '권력형 부정축재자' 및 '국가기강 문란자'의 체포와 재산몰수, 고급공무원 232명과 기타 공직자 8,601명 숙청, 이른바 사회악 일소 특별조치령이라는 것에 의해 5만 7,561명을 검거하여 그 중 3,052명을 재판에 회부했고 3만 8,259명을 '삼청교육대'에 보낸 일, 사회개혁을 명분으로 내세운 언론기관 탄압으로 711명의 언론인·기자가 숙청되었고 수많은 언론사가 통·폐합되었다. ≪신아일보≫ ≪서울경제신문≫ ≪내외경제신문≫ 등의 일간신문이 없어졌으며 6개의 통신사가 없어졌거나 통합되었고 동아방송(라디오)·동양방송(TV, 라디오)이 KBS에 통합되었다.

실로 엄청난 일을 저질렀다. 독재정치라기보다는 오히려 공포정치였다. 이러한 분위기 속에서 재벌기업체가 살아남기 위해서는 돈을 갖다바치는 길밖에 다른 방법이 없었다. 이른바 통치자금이라는 것이었다.[8]

그렇게 돈을 갖다바친 재벌회장들 중에 롯데의 신격호도 들어 있었으리라 추측된다. 그러나 롯데 신 회장이 다른 재벌회장들보다 더 많은 액수를 갖다바쳤다고는 생각되지 않는다. 그런데도 롯데그룹은 제5공화국시대 대림그룹·한일그룹 등과 더불어 가장 크게 성장한 기업의 하나

---

8) 전두환은 평소에 『남로당』『지리산』『바람과 구름과 비(碑)』등 엄청나게 많은 문학작품을 남긴 작가 이병주를 가까이 했다. 1987년 봄에 이병주와 만난 전 대통령은 다음과 같은 이야기를 털어놓았다고 한다. "대통령이 돈에 욕심내면 돈에 치여 죽을 정도가 된다. 내가 대통령이 되고 나니 재벌회장들이 돈을 막 싸가지고 오는데 놀랐다. 한 번에 1백억 원도 가져온다. 하지만 결국 그렇게 갖다주고 몇천억 원 더 벌려는 속셈이 아니겠느냐(≪동아일보≫ 1995년 10월 24일자, 6면)."

로 꼽히고 있다(「제5공화국하의 성장기업」, ≪월간중앙≫1988년 11월호). 확실한 것은 전두환은 국보위 의장 때부터 대통령의 재임기간이 끝날 때까지 언제나 롯데그룹의 사업을 적극적으로 지원했다는 점이다. 그 가장 대표적인 예가 잠실 '롯데월드'였다.

내가 여러 사람을 만나 탐문한 바에 의하면 전두환이 정권을 잡은 초기, 그를 둘러싼 이른바 신군부측은 롯데 신격호를 별로 달갑지 않게 생각했다. 그런데 그런 분위기가 확연히 바뀐 것은 전·신 두 사람의 단독면담이 이루어진 직후부터였다고 한다. 전·신 두 사람을 그렇게 친근하게 한 데는 물론 막대한 통치자금의 수수에도 원인이 있었겠지만, 전·신 두 집안의 친근성에 더 큰 원인이 있었다고 추측한다. 영산 신씨의 본가인 경남 창녕군 영산면과 옥산 전씨가 집단 거주하는 창녕군 대합면 및 합천군 덕곡면은 지리적으로 매우 가까운 거리에 있다. 그뿐 아니라 두 가문이 모두 희성이라서 상호간에 매우 빈번한 혼인관계가 이루어졌다. 결국 두 문중은 사돈관계가 겹친 집안이었으며 그러한 혈연의식 때문에 전두환·신격호의 깊은 유착관계가 이루어진 것으로 추측하는 것이다.

'주차장법시행령'이라는 것이 공포된 것은 1980년 8월 8일자 대통령령 제13066호이었다. 이 주차장법시행령에 '주차장부치의무'라는 것이 규정되었다. 관광호텔 건물은 2개실마다 1대, 백화점·쇼핑센터는 80㎡마다 1대씩의 주차장을 갖추어야 한다는 것이 의무화된 것이다.

완전한 준공검사는 받지 않았지만 이미 건물이 완공되어 가사용허가를 받아 영업을 하고 있던 호텔롯데·롯데쇼핑에는 건물 안팎에 모두 512대분의 주창장밖에 확보되지 않았다. 그런데 이 시행령대로 따르면 모두 1,220대분의 주차장이 더 필요했다. 결국 708대분의 주차장면적이 더 필요하게 된 것이다.

이미 활발하게 영업활동을 전개하고 있는 호텔·백화집 건물의 준공조치를 언제까지나 미룰 수는 없었다. 준공이 안 되면 보존등기도 할 수 없고 보존등기가 안 되면 금융기관에 담보로 제공할 수도 없었으니 빨리 준공조치해달라는 롯데측의 독촉이 빗발 같았다.

서울시가 기안한 '반도특가구 롯데분구 준공조치방안'이라는 것이 대통령의 재가를 받은 것은 1981년 1월 27일이었다. 이 결재내용에서는 "롯데가 산업은행 본관 부지·건물을 빨리 매수하고 산은을 이전시킨 후 그 자리에 부족 주차장 708대분을 조성할 것을 조건"으로 하고 있었다. 대통령의 재가를 받았으니 이것도 '정부방침'이 되었다. 롯데가 산은 본점을 매수하고 산은은 빠른 시일 내에 이전해야 하는 운명이 결정되었다.

전두환이 통일주체국민회의에서 제11대 대통령으로 당선된 것은 1980년 8월 27일이었다. 그러므로 1981년 1월 27일자 정부방침은 전 대통령에 의한 것이었다. 반도특가구 롯데분구가 준공된 것은 그로부터 2주일이 지난 2월 10일이었다. 이때부터 반도특가구의 도면이 새로 그려졌다. 즉 종전까지 있었던 '산업은행분구'는 없어지고 그 자리가 '부족 주차장 및 시설녹지지구'로 바뀌어버린 것이다.

이 시점부터 서울시는 롯데측과 산은측에 압력을 가하기 시작했다. 롯데측에 대해서는 "빨리 산은 본관부지를 매입해서 부족 주차장을 확보하라"는 이른바 '부설주차장 설치명령'이라는 것이었고, 산은에 대해서는 "이렇게 정부방침이 결정되었으니 빨리 팔고 나가라"는 압력이었다. 롯데측에서는 정말로 반가운 압력이었지만 산업은행 입장에서는 실로 어이없는 압력이었다. 을지로 본점자리에도 못 짓는다, 강남구 논현동에도 못 짓는다, 여의도에도 못 짓는다. 이렇게 본점신축을 금지하면서 무조건 나가라고만 하니 이러지도 저러지도 못할, 정말로 딱한 처지가 되어버렸다.

서울시는 국무총리 행정조정실에 문제해결을 의뢰했다. 이 의뢰를 받

헐리기 전의 산업은행 본점 건물(일제시대의 식산은행).

은 총리 행정조정실(제3조정관실)이 관계관회의를 소집했다. 1981년 7월 9일과 8월 12일의 두 차례였다. 8월 12일에 개최된 회의에서의 각 부서 관계관 의견은 다음과 같았다.

    건설부: 현 위치에 산은 본점을 신축하는 것은 곤란하다. 산은은 조속한 시일 내에 이전해가고 롯데가 매입해서 주차장을 확보하라. 다만 롯데가 인수하더라도 새로운 고층건물을 신축하는 것은 곤란하다.
    재무부: 문제는 주차장이 아닌가. 산업은행으로 하여금 현 위치에 본점을 짓게 하고 그것을 지을 때 지상·지하에 충분한 주차장이 확보될 수 있도록 하면 되지 않느냐.
    산업은행: 롯데가 그 땅을 매입한 후에 주차장으로만 쓰고 다른 건물은 짓지 않는다는 것을 보장하라. 그것이 보장되면 매각하겠다. 그러나 양수를 받은 롯데가 다른 용도의 고층건물을 짓는다면 산은만 손해보는 것이 아닌가.
    서울시: 이미 결정된 정부방침대로 산은은 이전해가고 롯데는 그 자리에 부족

주차장과 시설녹지를 조성하라
롯데: 그 땅을 매입하게 되면 바로 주차장을 확보하겠다. 주차장을 확보한 뒤에도 남은 땅이 있으면 건축법에 따라 건물도 짓겠다. 다만 그 건물이 어떤 규모의 것이 될 것인지는 앞으로 연구할 문제다.

이러한 회의는 열 번을 해도 결론이 날 수가 없었다. 총리 행정조정실은 "산업은행이 이전하는 것을 원칙으로 하되 관계기관끼리 잘 협조해서 빠른 시일 안에 해결되도록 하라"는 것을 결론으로 하고 산회했다.

제5공화국 정권과 산업은행 본점 축출

롯데 신격호 회장은 롯데호텔 건설 초기부터 산업은행 부지를 탐내고 있었다. 그것까지 인수하게 되면 문자 그대로 세계 어느 곳에 내놓아도 손색이 없는 롯데타운이 형성될 수 있다는 기대감에서였다.

독일의 소도시 바덴바덴에서 개최된 제84차 IOC총회가 하계올림픽 개최지로 서울을 결정한 것은 1981년 9월 30일이었다. 온 나라 안을 환희의 물결 속에 잠기게 한 이 결정은 롯데측에는 말할 나위 없는 행운이었고, 반대로 산은측에는 큰 불행을 예고하는 것이었다. 올림픽 개최를 위해 호텔시설 확장이 국민적 과제로 등장하게 되었던 것이다.

청와대로부터의 이전지시가 내렸는지 아니면 산은 간부회의에서 버티어보았자 별 소득은 없고 오히려 정부 고위층의 미움만 사게 된다고 스스로 판단한 것인지는 알 수가 없다. 1983년 초에 들면서 산은 본점 이양에 관한 가격홍정이 시작되고 있고 산은은 이전할 자리를 본격적으로 찾기 시작했다.

산업은행 본점부지는 원래 2,471평이었고 그 위에 연면적 5,697평의 건물이 3개 들어 있었는데, 1977년에 있었던 서울시 남대문로 확장에 의하여 롯데에 이전할 당시에는 2,187평 대지에 7·6·3층 등 3개동, 연건평 5,141평이었다. 이 대지 및 건물의 평가액이 어떻게 산출된 것인가는 알 수가 없다. 사무실용 대지 및 건물로 평가될 수도 있고 반대로 '주차장 및 시설녹지용지'로 평가될 수도 있다. 아마 두 가지로 평가되었고 적절한 선에서 절충되었을 것이다.

정식 매매계약이 성립된 것은 1983년 4월 4일이었다. 산업은행에 문의하여 알아보았더니 이때의 양도가격은 305억 5천만 원이었다. 가격이 여하튼 간에 산업은행 본점은 (주)호텔롯데에 의해 축출된 것이었다. 롯데는 애당초 산업은행 본점을 매입하여 그곳을 '부족 주차장과 시설녹지'로만 쓸 생각은 조금도 없었다. 호텔 신관 건설과 백화점 매장확장이 목적이었다. (주)롯데호텔에 '신관 건설본부'가 발족한 것은 정식 매매계약이 체결되기 3일 전인 1983년 4월 1일이었고, 구관의 설계를 맡았던 일본의 도다건설에 신관설계를 발주했다.

1970년대에 호텔롯데 본관이 건설된 후 많은 재벌기업들은 사옥의 대형화를 계획하기 시작했다. 너도나도 큰 건물을 짓겠다고 나선 것이다. 본사 사옥의 크기가 바로 기업의 재력이나 신용도의 기준으로 생각되었던 것이다. 세종로네거리에 대한교육보험빌딩이 들어섰고 태평로에 삼성본관빌딩, 삼성생명빌딩이 들어섰고, 창덕궁에 바로 이웃한 휘문고등학교 터를 매입한 현대그룹은 그 자리에 20층짜리 고층건물을 계획하고 있었다.

이 즈음 도심부에서의 건물대형화가 시가지 조경면에서, 또 환경·교통 등의 측면에서 바람직한 일이냐 아니냐가 심각하게 논의되기 시작했다. 건축가·도시계획가는 물론이고 일반 식자들의 견해도 찬반으로 엇갈렸다. 그러나 찬성과 반대를 막론하고 일치하는 점이 하나 있었다. 즉 "도심건축물의 고층화에는 뚜렷한 기준과 원칙이 있어야 한다. 특히 북한산·남산의 경관을 마구 가려버리는 것은 곤란하다"는 것이었다.

도심부 특히 을지로를 경계로 그 북쪽일대의 고층화는 청와대 경호실에서 난색을 표했다. 남산 위에서 청와대 쪽을 향해 함부로 사진을 찍는 것도 허용되지 않던 시대였다. 서울시는 서울시립대학교 부설 수도권연구소에 '도심 고도제한 기준에 관한 연구용역'을 발주했다. 이 연구를 총괄한 것은 손정목이었고 그 중 스카이라인에 관한 부분은 건축계의 원로인 강명구 교수가 맡았다. 강명구는 4대문 안의 주요간선도로의 동서남북에 걸친, 당시의 건물고도를 면밀히 검토하여 각 블록별 최고고도를 제시했다. 을지로1가·소공동을 중점으로 남산과 북악산에 접근할수록 낮아지는 피라미드식 스카이라인을 제안한 것이었다.

서울시는 이 보고서에 의거하여 주요간선도로변의 건축물 최고고도 기준을 책정, 그것을 대통령에게 보고하여 이른바 '정부방침'으로 정했다고 한다. 이 방침의 내용은 각 간선도로별로 현존 최고건물보다 더 높은 건물은 지을 수 없다는 것이었다. 법적 효력을 지닌 것은 아니었으나 행정지도의 지침으로 하고자 한 것이었다. 당시 서울시가 책정한 이 지침에 의하면 을지로1가는 37층이었고, 남대문로는 25층이 최고고도였다. 을지로1가는 기존의 호텔롯데 건물보다 더 높은 건물은 지을 수 없고 남대문로는 롯데쇼핑보다 더 높은 것은 지을 수 없게 된 것이다.

롯데 신관의 고도가 문제가 되었다. 을지로1가에도 면하고 동시에 남대문로에도 면하는 모서리땅이었기 때문이다. 이 문제를 둘러싸고 롯데측 건설관계자와 서울시 건축담당자 간에 여러 차례 접촉이 있었다. '올림픽 경기에 대비한 호텔증축'이라는 대의명분이 강하게 내세워졌다. 남대문로변 25층이 을지로1가 37층에게 양보했다. 신관의 높이도 본관과 동일한 지상 37층으로 결정되었다.

신관설계가 시작되던 당시의 건축법시행령, 서울시 건축조례에 의하

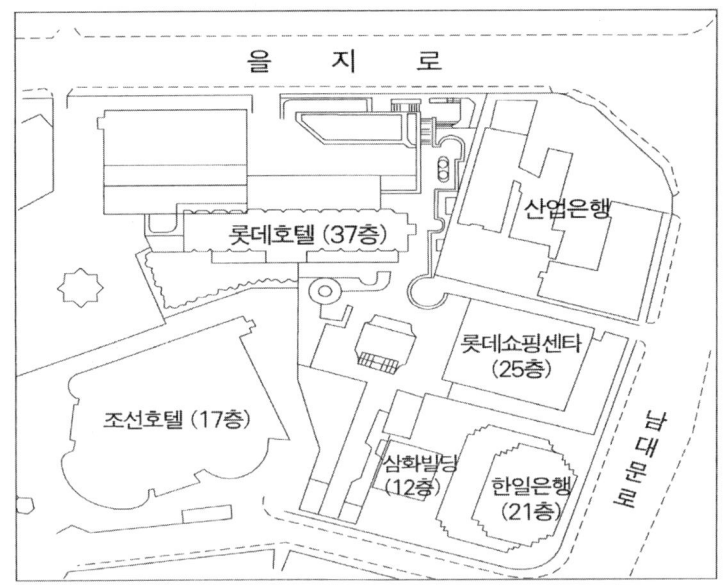

반도특정지구 정비지구 도면. 1980년 당시 주차장법시행령이 공포되면서 이미 가사용허가를 받아 영업을 하고 있던 호텔롯데와 롯데쇼핑 건물이 준공을 받기 위해서는 상당한 주차장부지가 더 필요했다. 이에 서울시는 반도특정가구의 도면을 새로 만들어 산업은행분구를 '부족주차장 및 시설녹지지구'로 바꾸었다. 그 뒤 롯데는 반도특정가구 계획 변경안을 통과시켜 여기에다 호텔 신관을 짓기에 이른다.

면 특정가구정비지구 내의 건폐율은 45%로 규정되어 있었다. 설계는 두 가지가 작성되었다. 건폐율 45%에 맞추어 두 개의 백화점으로 구분하는 안과 건폐율을 50%로 하여 두 개의 백화점이 하나가 되는 안 두 가지였다. 그러나 그들 건축법규도 건축허가 신청이 서울시에 접수되기 이전에 '건폐율 50%'로 바뀌었다. 롯데라는 자본력 앞에 이런 정도의 법규개정은 별로 어려운 일이 아니었던 것이다.

신격호는 롯데신관 건설을 위해서도 일본에서 자금을 들여와야 했다. 경제기획원으로부터 '외국인 투자인가'를 받은 것은 1983년 12월 29일이었고 9,361만 7천 달러의 돈을 들여오게 되었다.

그런데 이 신관의 건축허가가 나기 위해서는 한 가지 해결해야 할 문제가 있었다. 산업은행 본점자리가 반도특정가구 계획상 '부족 주차장 용지 및 시설녹지'로 지정되어 있었기 때문이다. "부족 주차장 용지로 쓰고 나머지 땅은 시설녹지로 조성해야 한다"라고 계획된 자리에 거대한 새 건축물을 세우려면 서울시 도시계획위원회·건축심의위원회의 의결을 거쳐 반도특정가구계획 자체가 바뀌어야 하는 것이다.

롯데가 서울시에 「반도특정가구 정비지구사업 변경인가 신청서」를 제출한 것은 1984년 12월 1일이었다. 나는 취재를 하다가 우연히 한 친구를 만났다. 그는 당시 서울시청 간부로 있으면서 '당연직 건축심의위원'이었다. 그에게 이 계획변경 안건이 통과되었을 때의 사정을 들을 수 있었다. 그의 말을 그대로 인용하는 것이 가장 빠를 것 같다.

> 반도특정가구 계획변경 즉 롯데신관 건축을 허가할 것인가에 관한 안건이 상정되었을 때 갑자기 분위기가 굳어지는 것을 느꼈습니다. 아무도 발언하는 사람이 없었어요. 미리 로비가 되었으니 반대발언을 할 수가 없고 그렇다고 앞장서서 찬성발언도 할 수가 없었던 것이지요. 회의를 주관하던 건축국장이 "의견이 없으십니까" 하고 물었는데 여전히 장내가 조용했습니다. 몇 분이 지난 후 건축국장이 "의견이 없으시면 찬성하시는 것으로 알고 통과시키겠습니다" 했어요. 그것이 끝입니다.

서울시 건축심의위원은 언제나 건축·조경·도시계획 등에 관한 학계의 권위자들로 구성된다. 거대한 자본력 앞에서는 이름난 학자들도 맥없이 굴복해버렸던 것이다. 건설부장관 산하에 있는 수도권정비위원회에서 가결되었다는 통보를 받은 것은 1985년 1월 21일이었다. 신관건축을 추진하는 데 걸림돌이 되는 모든 요인은 제거되었다. 굴착공사가 시작된 것은 1985년 2월 1일이었다. 지하철 2호선 을지로입구역에서 롯데신관

신관 건축 후의 호텔롯데.

을 잇는 에스컬레이터 설치와 계단건설의 허가를 받은 것은 1986년 11월이었다.

문제는 주차장의 확보였다. 원래의 부족 주차장 708대분에다가 신관 건설로 추가되는 주차 소요대수 또한 적지 않았다. 신관 지하 3층에서 지하 5층까지 자동기계식 주차장을 만들어 850여 대분의 주차장을 만들었다. 그래도 부족한 주차장용지는 지상에 만들 수밖에 없었다.

호텔롯데 본관을 만들 때 '플라자'라는 휴식공간이 만들어졌다. 1~3층으로 단이 지어진 넓이 2만 4,402㎡(약 7,400 평)나 되는 확 트인 공간이었다. 이 공간은 가지미 설계팀과 김수근의 구상이었다. 김수근은 나를 만날 때마다 이 플라자를 자랑했다. 그것은 젊은 남녀들의 청춘의 광장으로 각광을 받았다. 서울 도심의 자랑거리의 하나였던 것이다. 그런데 롯데는 신관을 세우면서 이 플라자를 폐쇄하여 주차장으로 했을 뿐 아니라 건물과 건물 사이 구석구석에 남아 있던 좁은 공간들을 모두 모아 주차장용지로 합산했다.

본관이 지하 3층 지상 37층인데 신관은 지하 5층 지상 35층으로 건축되었다. 신관에 들어갈 객실을 보다 호화롭게 하기 위해 방의 크기를 넓혔고 그에 따라 천장도 높게 설계했기 때문이다. 9층까지가 백화점, 10·11층은 식당가, 12층은 스카이플라자로 설계되었으며, 15~35층에 376개의 호텔객실이 조성되었다. 본관은 지상이 37층인데 신관은 지상 35층으로 층수는 다르지만 외관으로 봐서는 같은 높이의 트윈타워가 되었다. 신관 백화점이 개관된 것은 1988년 1월 28일이었고 그해 8월 10일에 전관이 개관되었다.

이 글을 쓰면서 지난날 산업은행 본점이 있던 자리를 찾아가보았다. 분명히 녹지대가 조성되어 있었다. 내 눈에는 약 200평 정도로밖에 보이지 않는 작은 정원이었다. 일본식도 한국식도 아닌 정원이었다. 그렇다고 결코 서양식도 아니었다. 이 정원의 중앙에 가로 세로 16m에 높이 10m가 되는 대형조형물(추상조각)이 자리하고 있었다. 스테인리스스틸로 만든 여러 개의 구체를 여러 방향으로 집합시킨 모뉴먼트였다. 조형물의 서쪽 중앙부에 'Cosmonergy 1988 정관모'라고 새겨진 동판이 있었다. 조각가 정관모가 1988년에 제작한 것이고 그 이름이 'Cosmos+energy' 즉 '우주의 기운이 여기에 모였다'는 뜻임을 알 수 있었다. 문득 세운상가 기공식을 할 때 '세계의 기운이 이곳에 모인다'는 뜻으로 '세운상가'라고 했다는 김현옥 시장의 발상과 같은 것임을 느낄 수 있었다.

끝맺으면서

반도특정가구 롯데분구는 이렇게 완성되었다. 이 계획이 처음 시작될 때 서울시 도시계획국장으로서 하수인 노릇을 한 내 입장에서 이 거대한 건물군을 평가할 자격은 없다. 다만 두 가지 점은 이야기할 수 있을 것 같다. 첫째 이 건물군이 들어섰기 때문에 서울시가지 중심부, 을지로1가의 도시다움은 훨씬 돋보이게 되었다는 점이다. 지난 30년간의 서울의 발전을 이야기할 때 그 대표적인 지역 열 군데 정도를 고르라고 하면 이곳은 반드시 들어간다.

둘째는 롯데쇼핑 본관·신관 때문에 유발된 교통혼잡도의 크기는 계산을 할 수 없을 정도로 대단하다. 토요일·일요일 오후, 승용차로 롯데쇼핑에 온 가족 중 부인과 아이들은 차에서 내려 쇼핑을 즐기고 남편은 주차할 곳이 없어 소공동 - 을지로1가를 몇 바퀴씩 돌면서 가족들을 기다려야 한다. 그런 승용차의 불필요한 회전 때문에 남대문로 일대는 물론이고 동쪽은 을지로3·4가로부터, 서쪽은 서소문·아현고가도로에 이르는 일대가 막심한 교통체증에 시달리고 있다. 변명이 되어버리지만, 내가 반도특가구 계획을 세웠던 1973~74년 당시 나는 훗날 이곳에 대형 백화점이 들어서리라고는 꿈에도 생각하지 못했던 것이다.

'반도특가구 - 을지로 롯데타운 형성과정'을 쓰면서 몇 가지를 뼈저리게 느낄 수 있었다.

그 첫째는 자본력과 공권력이 결탁하면 못할 짓이 없고, 안 되는 것이 없다는 점이다. 여기서 공권력이라는 것은 국가의 최고권력을 의미한다. 나는 취재과정에서 이 계획에 관여했던 수많은 사람과 만났고 또 통화를 했다. 그리고 그 과정에서 "뒤에 청와대가 있었지 않습니까"라는 말을 되풀이해서 들었다. 즉 청와대가 지원하는 사업이니 그렇게 될 수밖에 없었다는 것이다.

결코 대통령이 "그 사업 잘봐줘라"고 하지는 않았을 것이다. "그것 잘되어가나" 혹은 "그 사업 필요한 게지" 정도의 암시만 있으면 관계장관·서울특별시장에서 실무국장·과장에 이르기까지 동물적 감각에 의해 충실한 하수인이 되었던 것이다. 그리고 그 숱한 하수인들에게는 겨우 점심식사 정도가 한두 번 제공되었을 것이다.

둘째는 한국은행·산업은행 총재니 시중은행 행장이라는 자리가 형편없는 자리라는 점이다. 반도특정가구 사업이 추진되고 산업은행 본점이 축출되기까지 모두 4명의 총재가 재임했다. 김원기(1972. 8. 3~1978. 12. 22), 김준성(1978. 12. 30~1980. 7. 5), 하영기(1980. 7. 30~1982. 1. 4), 최창락(1982. 1. 5~1983. 10. 30)의 넷이다. 2명의 김 총재는 그후 승승장구하여 경제기획원장관 겸 부총리까지 지냈고 하·최 두 총재도 한국은행 총재까지 지냈다. 그런데 그들은 자기가 총재로 있는 은행본점 건물 하나도 제대로 지키지 못하고 윗사람 눈치만 살피다가 떠나간, 한갓 월급쟁이에 불과했다.

마침 내가 이 글을 쓰고 있을 때 한보철강 부도사태가 나서 전 현직 산업은행 총재, 시중은행 행장들이 줄줄이 불려가고 구속되기도 했다. 자기은행 본점 건물 하나 제대로 지키지 못하는 자리에 있으면서 몇천억 원에 달하는 거액을 자기책임하에 융자해줄 수 있었다는 것은 결코 믿어지지 않는 일이다.

셋째는 자료수집의 어려움이다. 나는 내가 관여하지 않았던, 이 글의 후반부를 쓰면서 취재의 어려움 때문에 위장이 뒤틀리는 아픔을 느꼈다. 우리가 처한 현실에서 '정보공개'라는 것은 아득한 꿈에 불과한 것임을 절감했다. 그러나 그렇다 할지라도 내가 이 글에서 쓴 날짜와 그 밖의 숫자들, 그리고 회의내용이나 결정사항 등은 한치의 오차도 없이 정확한 것임을 자랑하고 싶다.

1970~80년대에 걸쳐 특정가구 정비사업이 실시된 곳은 반도특정가구 이외에 3곳이 더 있었다. 금문도지구, 광화문지구 그리고 을지로5·6가 지구이다.

　금문도지구는 을지로1가 194번지, 즉 백남빌딩과 센터빌딩 사이에 있던 금문도라는 중국음식점을 개축하는 사업이었다. 3층이 12층 정도로 개축되었지만 그 앞을 지나가보면 여전히 초라해 보인다.

　광화문지구라는 것은 세종로 191번지와 200번지, 즉 광화문지하도를 세종문화회관 쪽으로 나가면 바로 마주치는 삼각지대가 그것이다. 세종로 100m 길과 도렴동·적선동으로 가는 작은 길 사이에 생긴 삼각지를 특정가구사업으로 정비한 것이며 시행자는 현대건설이었다.

　을지로5·6가 지구라는 것을 서울시 도시재개발과에 문의해봤더니 옛날 사범대학 부속초등학교가 있던 자리 옆에 군부대가 사용하던 땅이 있었는데 특정가구방식에 의해 재개발했다고 한다.

　여하튼 특정가구제도에서는 반도특정가구만이 풍성한 화젯거리가 되고 나머지 세 지구는 별로 이렇다 할 문제없이 소리없이 진행되었다.

　현행 도시계획법·건축법에도 특정가구제도는 존속되어 있으나 최근에 이 제도가 시행되었다는 사례는 전혀 들어본 일이 없다.

(1997. 2. 6. 탈고)

참고문헌

『관광공사 25년사』, 1987.
國立中央圖書館. 1973, 『國立中央圖書館史』, 國立中央圖書館.
＿＿＿. 1983, 『國立中央圖書館史 資料集』, 國立中央圖書館.
＿＿＿. 1984, 『國立中央圖書館의 기능과 책임』, 國立中央圖書館.
＿＿＿. 1992/1993, 『국립중앙도서관 요람』, 國立中央圖書館.

『롯데건설 30년사』, 1989.
『롯데알미늄 20년사』, 1987.
『産業銀行 40年史』, 同 別冊, 1994.
『서울信託銀行 30年史』, 1989.
『워커힐 30년사』, 1993.
『日本外交史 辭典』, 山川出版社, 1992.
『朝鮮鐵道史』 제1권, 1929.
佐原 武. 1994, 『比較日本の會社(食品メーカー)』, 實務敎育出版社.
한국건축가협회. 1994, 『韓國의 現代建築』, 한국건축가협회, 1994.
『韓一銀行 30年史』, 1993.
『호텔롯데 20년사』, 1993.
『호텔신라 20년사』, 1994.
半島特街區 관련 公文綴, 서울시 재개발과 보관.
會社年鑑(각 년도), 官報, 신문, 年表, 人名辭典 등.

■지은이

손정목

1928년 경북 경주에서 태어나 경주중학(구제), 대구대학(현 영남대학교) 법과 전문부(구제)를 졸업하였다. 고려대학교 법정대학 법학과에 편입하자마자 6·25 전쟁이 발발하여 학업을 포기하고 서울을 탈출, 49일 만에 경주에 도착하였다. 1951년 제2회 고등고시 행정과에 합격하여 공직 생활을 시작하고 1957년 예천군에 최연소 군수로 취임하였다. 1966년 잡지 ≪도시문제≫ 창간에 관여, 1988년까지 23년간 편집위원을 맡았다. 1970년부터 1977년까지 서울특별시 기획관리관, 도시계획국장, 내무국장 등을 역임하였다. 1977년 서울시립대학(당시 서울산업대학) 부교수로 와서 교수·학부장·대학원장 등을 거쳐 1994년 정년퇴임하였다. 중앙도시계획위원회 위원, 서울시 시사편찬위원회위원장 등을 역임하였다. 한국의 도시계획 분야에 큰 발자취를 남기고 2016년 5월 9일 향년 87세를 일기로 타계하였다.

저서
『조선시대 도시사회연구』(1977),
『한국개항기 도시사회경제사연구』(1982),
『한국개항기 도시변화과정연구』(1982),
『한국 현대도시의 발자취』(1988),
『일제강점기 도시계획연구』(1990),
『한국지방제도·자치사연구』(상·하)(1992),
『일제강점기 도시화과정연구』(1996),
『일제강점기 도시사회상연구』(1996),
『서울 도시계획 이야기』(1~5)(2003),
『한국 도시 60년의 이야기』(1·2)(2005),
『손정목이 쓴 한국 근대화 100년』(2015)

1982년 한국출판문화상 저작상,
1983년 서울시문화상 인문과학부문 등 수상

서울 도시계획 이야기 2
서울 격동의 50년과 나의 증언

ⓒ 손정목, 2003

지은이 | 손정목
펴낸이 | 김종수
펴낸곳 | 한울엠플러스(주)

초판 1쇄 발행 | 2003년 8월 30일
초판 14쇄 발행 | 2022년 12월 30일

주소 | 10881 경기도 파주시 광인사길 153 한울시소빌딩 3층
전화 | 031-955-0655
팩스 | 031-955-0656
홈페이지 | www.hanulmplus.kr
등록번호 | 제406-2015-000143호

Printed in Korea.
ISBN 978-89-460-4772-3 03980

* 가격은 겉표지에 표시되어 있습니다.